国家自然科学基金项目(51674253、51734009)资助

砚北煤矿防治冲击地压体系

主　编　曹富荣
副主编　传金平　曹安业　南　雄　吴学松

中国矿业大学出版社
·徐州·

内容简介

本书系统阐述了砚北煤矿在构造-岩层结构运动型冲击地压灾害形成机理上的不断探索与实践、在冲击危险监测预警及防治解危技术上的创新与优化、在矿井组织管理上的构建与完善，总结了煤矿在冲击地压防治工作中的实践经验，提出了砚北煤矿冲击地压防治体系。本书对类似条件下矿井冲击地压的防治工作具有一定的指导意义，并且对其他受冲击地压威胁的矿井在组织管理上具有一定的参考意义。

图书在版编目(CIP)数据

砚北煤矿防治冲击地压体系 / 曹富荣主编.—徐州：中国矿业大学出版社，2020.12

ISBN 978-7-5646-4909-8

Ⅰ.①砚… Ⅱ.①曹… Ⅲ.①煤矿—冲击地压—灾害防治—甘肃 Ⅳ.①TD324

中国版本图书馆 CIP 数据核字(2020)第 269326 号

书　　名　砚北煤矿防治冲击地压体系
主　　编　曹富荣
责任编辑　李　敬
出版发行　中国矿业大学出版社有限责任公司
（江苏省徐州市解放南路　邮编 221008）
营销热线　(0516)83884103　83885105
出版服务　(0516)83995789　83884920
网　　址　http://www.cumtp.com　**E-mail**:cumtpvip@cumtp.com
印　　刷　苏州市古得堡数码印刷有限公司
开　　本　787 mm×1092 mm　1/16　**印张** 13.25　**字数** 259 千字
版次印次　2020 年 12 月第 1 版　2020 年 12 月第 1 次印刷
定　　价　60.00 元

《砚北煤矿防治冲击地压体系》
编写委员会

主　编：曹富荣

副主编：传金平　曹安业　南　雄　吴学松

参　编：陆祖军　薛成春　于贵良　辛　龙
马明东　缪　喜　李　宏　高富堆
朱　军　张海风　田文辉　李小刚
张孝义　马连兄　邢　娟　成明遐
陶志杰　蔡巧莲　令　旭

前　言

冲击地压(又称“冲击矿压”)是一种特殊的矿山压力现象,其典型表现特征为煤岩体的瞬间、猛烈动态破坏,常导致巷道和工作面严重破坏,设备损坏,甚至人员伤亡。冲击地压还可引发冒顶、煤与瓦斯突出、透水、瓦斯爆炸、煤尘爆炸等次生灾害。冲击地压以其发生原因复杂、影响因素多、发生突然、破坏性极大而成为矿山岩石力学、矿山压力研究中的重大问题。

砚北煤矿开采的煤5层是矿井主采煤层,其余为不可采或局部可采煤层。矿井从开采煤5层主采区的二采区起,冲击地压灾害就已凸显。随着开采深度、开采尺度的增加,煤岩体中的应力水平越来越高,冲击地压显现次数日趋频繁,冲击危险性也日渐加剧,严重威胁了矿井安全生产,冲击地压成为困扰和制约砚北煤矿可持续发展的重大安全问题。

砚北煤矿自2006年起就与科研机构、高等院校合作,不断加大冲击地压机理和防治研究的攻关力度:引进波兰矿山研究总院的SOS微震监测系统,对全矿井微震进行实时监测、分析;引进徐州弘毅科技发展有限公司的KJ470矿山地震波监测系统,基于主、被动震动波反演技术和预警指标体系,大范围、高分辨率和高效率监测采掘范围的波速分布,确定采掘工作面区域内的应力场,划分冲击危险区域;并结合钻屑监测法、地音监测法、顶板动态监测系统等多种手段进行综合监测和分析预测。在之后冲击地压防治技术的探索过程中,砚北煤矿又与中国矿业大学合作,联合开展了基于SOS微震监测系统、KJ470矿山地震波监测系统的冲击地压危险性预测与评价技术研究,进一步开发了微震监测系统的潜能,提高了冲击地压预测预报水平。

近些年,砚北煤矿与中国矿业大学等科研院所合作,通过系统研究矿井冲击地压显现机理及微震活动规律，进一步完善了矿井冲击地压灾害预测预报和综合防治体系，使矿井冲击地压防治水平再上一个新台阶。

本书共6章，第1章介绍冲击地压的基本概念；第2章介绍煤矿冲击地压影响因素；第3章介绍褶皱构造区冲击地压显现机理；第4章介绍冲击地压危险性评价与监测预警；第5章介绍冲击地压危险的防范与解危；第6章介绍砚北煤矿冲击地压管理技术措施。

受作者水平所限，书中难免存在疏漏和不足，恳请同行专家及读者批评指正！

作　者

2020年11月

目　　录

第 1 章　煤矿冲击地压概述

1.1　冲击地压的现象、特点及分类

1.1.1　冲击地压的现象

冲击地压是指煤矿井巷或工作面周围煤(岩)体由于弹性变形能的瞬时释放而产生的突然、剧烈破坏的动力现象，常伴有煤(岩)体瞬间位移、抛出、巨响及气浪等。在我国，冲击地压作为一种特殊的矿压显现形式，已成为煤矿开采，特别是深部矿井开采的主要灾害之一，严重威胁煤矿的安全生产。

冲击地压发生的原因复杂，影响因素多，不同煤矿的冲击地压显现形式也不同，但同一矿区或矿井，由于地质条件与煤岩性质相似，采掘方法基本相同，冲击地压往往具有区域相似性。因此，查明本矿区或矿井的冲击地压发生原因，找出冲击的力源，掌握发生的规律，对为冲击地压防治工作提供理论依据及采取针对性防冲措施是非常重要的。

1.1.2　冲击地压的特点

冲击地压可直接产生动力，将煤、岩抛向巷道，引起岩体的强烈震动，产生剧烈声响，造成岩体的破断和裂缝扩展，因此，冲击地压具有如下明显的显现特征：

(1) 突发性。冲击地压一般没有明显的宏观前兆，部分冲击地压或有矿震声响等短时前兆，冲击过程突然且迅速，持续时间为几秒到几十秒，难以提前准确确定事故发生的时间、地点和强度。

(2) 复杂性。在自然地质条件上，各种煤种都记录到冲击现象，采深从 100 多米到 1 000 多米，地质构造从简单到复杂，煤层从薄层到特厚层，倾角从水平到急倾斜，顶板包括砂岩、灰岩、油母页岩等都发生过冲击地压。在生产技术条件上，不论水采、炮采、机采或是综采，全部垮落法或是水力充填法等各种采煤工艺，不论长壁、短壁、房柱式、分层开采还是倒台阶开采等各种采煤方法都出现过冲击地压，只有无煤柱长壁开采法冲击次数较少。

(3) 巨大破坏性。冲击地压发生时，顶板可能有瞬间明显下沉，但一般并不冒落；有时底板突然开裂鼓起甚至接顶；常常有大量煤块甚至上百立方米的煤体

突然破碎并从煤壁抛出，堵塞巷道，破坏支架，同时会产生强烈的冲击波，造成人员伤亡和巨大的财产损失。

（4）诱发复合动力灾害。冲击地压还会引发或可能引发其他矿井灾害，尤其是瓦斯爆炸、煤尘爆炸、火灾以及水灾，干扰通风系统，严重时造成地面震动和建筑物倒塌等。

（5）瞬时震动性。冲击地压发生过程急剧而短暂，像爆炸一样伴有巨大的声响、强烈的震动、设备位移、人员弹起摔倒，震动波及范围可达几千米甚至几十千米，地面有震感，但一般震动持续时间只有几十秒。

1.1.3 冲击地压的分类

冲击地压是一种复杂的矿山动力现象，存在不同的类型，按照冲击地压位置及影响因素的不同，可分为四种类型，即煤柱型、褶曲构造型、坚硬顶板型和断层型。

1.1.3.1 煤柱型冲击地压

如图 1-1 所示，煤柱型冲击地压的破坏形式主要为煤柱的压破坏及底板的瞬间鼓起。冲击力源上，以煤柱中集中静载应力为主体，附加矿震震动应力波扰动而诱发，集中静载应力主要为垂直应力。巷道帮部煤体主要受垂直应力作用，巷道底板主要受水平应力作用，包括自身承载的水平构造应力作用和帮部煤体所受垂直应力在底板内转化的水平应力作用。

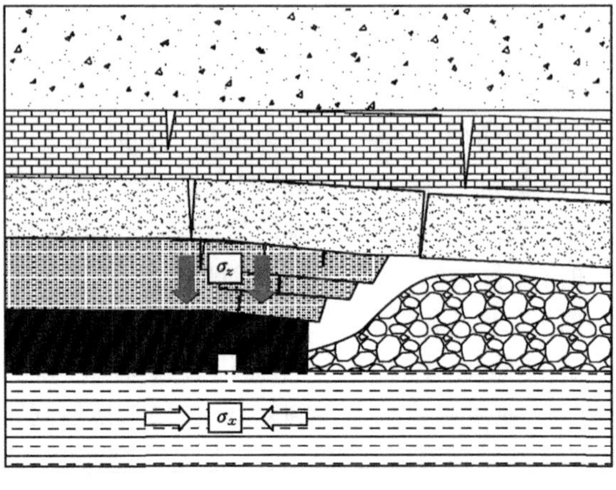

图 1-1 煤柱型冲击地压机制示意

1.1.3.2 褶曲构造型冲击地压

如图 1-2 所示，褶曲构造型冲击地压的破坏形式主要为底板的瞬间鼓起及帮部破坏。冲击力源上，以煤体中集中静载应力为主体，附加矿震震动应力波扰动而诱发，集中静载应力主要为水平应力。巷道底板主要受水平应力作用，帮部煤体主要受垂直应力及由底板水平应力在帮部煤体中转化的垂直应力作用。

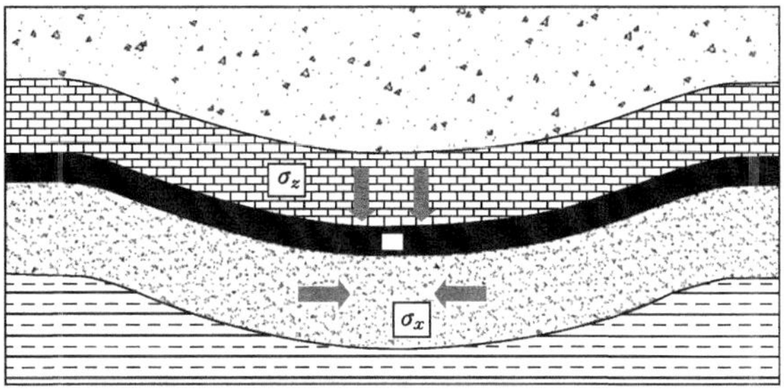

图 1-2　褶曲构造型冲击地压机制示意

1.1.3.3　坚硬顶板型冲击地压

如图 1-3 所示，坚硬顶板型冲击地压的破坏形式主要为煤岩体强烈震动、重型设备移动、底板瞬间鼓起、煤帮破坏及锚网索断裂。冲击力源上，以坚硬顶板破断滑移运动时形成的震动应力波（矿震动载）为主体，附加煤炭中集中静载应力。

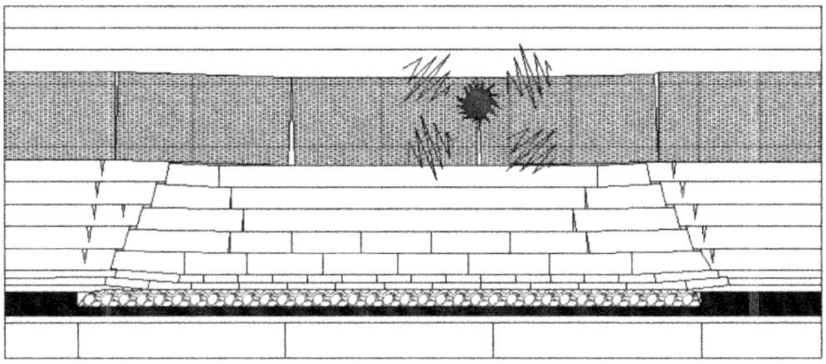

图 1-3　坚硬顶板型冲击地压机制示意

1.1.3.4　断层型冲击地压

如图 1-4 所示，断层型冲击地压的破坏形式主要为煤岩体强烈震动、重型设备移动、底板瞬间鼓起、煤帮破坏及锚网索断裂。冲击力源上，以断层活化运动时形成的震动应力波（矿震动载）为主体，附加煤炭中集中静载应力。

上述四种类型的冲击地压均受静载应力场和震动应力场的叠加影响，是煤岩体中静载应力和矿震应力波双重作用的结果，不同点是静载应力和动载应力波在冲击地压发生时的贡献大小不同。

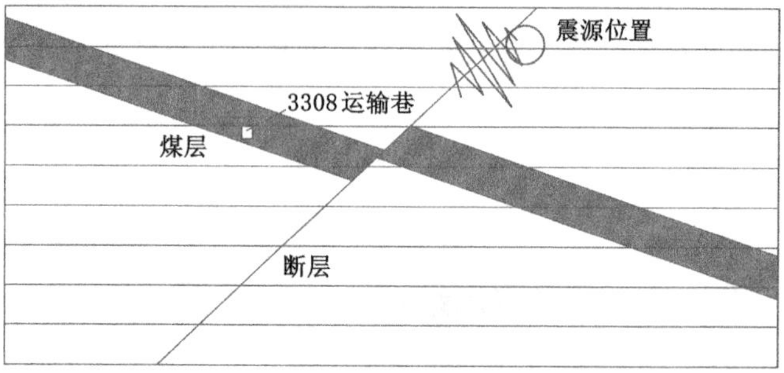

图 1-4　断层型冲击地压机制示意

1.2　冲击地压研究综述

冲击地压是煤矿开采中典型动力灾害之一，最早记录并报道其的历史可以追溯到1738年发生在英国南史塔福煤田的莱比锡煤矿。从那时起到现在的280余年里，其危害几乎遍布世界各采矿国家，德国、波兰、苏联、南非等20多个国家和地区都不同程度地受到冲击地压灾害的威胁。如1989年3月13日德国Merker附近发生一起开采导致的冲击地压显现，并引起局部地震，震级5.4级，造成地面3人受伤和建筑物部分损坏。2001年6月21日法国东北部洛林矿区的Merlebach煤矿发生了一起震级3.6级的冲击地压，摧毁巷道200 m。

1965年，Cook依据南非多年的微震监测数据，首次对冲击地压的本质作出了有重大意义的解释，认为矿体围岩系统破坏时所释放的能量大于所消耗的能量，就会发生冲击地压，释放的能量源则来自重力或构造应力储存的弹性变形能。1967年，Obert和Duvall将冲击地压定义为岩石在其围岩体中发生突然、剧烈的爆炸，其原因是应力超过岩石的强度。现在人们已认识到，冲击地压是矿山井巷和采场周围煤、岩体由于弹性能释放而产生的以突然、急剧、猛烈的破坏为特征的动力现象。

由于冲击地压破坏后果的严重性和发生机制的复杂性，其研究引起了各国的关注，国际岩石力学局成立了冲击地压研究小组专门进行研究，1977年，在收集整理世界各国有关岩爆（冲击地压）事件的详细资料和数据的基础上，编写了《1900—1977年岩爆注释资料》一书。近年来，几乎所有国内外岩石力学学术会议都有有关冲击地压或岩爆研究的成果发表。

自世界上开展冲击地压研究以来，冲击地压研究主要集中在冲击地压机理、冲击地压预测预报和冲击地压治理三个方面。

1.2.1 冲击地压机理

冲击地压机理是预测和防治冲击地压发生的理论基础，是国内外学术界和工程界的重要研究内容。各国学者在实验室研究和现场调查的基础上，从不同的角度先后提出了一系列重要的理论，主要有强度理论、刚度理论、能量理论、冲击倾向性理论、“三准则”理论和变形系统的失稳理论等。这些理论从不同角度研究了冲击地压发生的条件和机理，但各个理论都有其自身的特点和局限性。

强度理论以及随后的煤岩体夹持理论具有简单、直观和便于应用的特点。井巷和采场周围煤岩体经常出现局部应力超过其强度极限的现象，但即使是具有强烈冲击倾向的煤层在多数情况下都能平稳进入峰后变形阶段，只在少数情况下才发生突然破裂形成冲击地压，说明强度理论只能判断煤岩体是否破坏，不能回答破坏的形式是静态破坏还是动态破坏。它是冲击地压发生的必要条件，而不是充分条件。

刚度理论用于判别煤柱稳定性具有简单、直观的特点，但这一理论没有正确反映煤体本身在煤体-围岩系统中不但能积蓄能量而且还可以释放能量这一基本事实。另外，矿山结构的刚度在概念上并不十分明确，且矿山结构达到峰后强度后的刚度难于确定。

能量理论认为，矿体-围岩系统在其力学平衡状态破坏时所释放的能量大于所消耗的能量时就会发生冲击地压，其从能量转化的角度解释了冲击地压的成因，是冲击地压理论研究的一大进步。但能量理论并没有说明矿体-围岩系统平衡状态的性质及其破坏条件，特别是围岩释放能量的条件，因此冲击地压的能量理论判据尚缺乏必要条件。

冲击倾向性理论用一组冲击倾向性指标来评价煤岩体本身的冲击危险具有实际意义，然而冲击地压的发生与采掘条件和地质环境有关，而且实际的煤岩物理力学性质随地质与开采条件的不同有很大的差异，实验室的测定结果往往不能代表各种环境下的煤岩性质，这也给冲击倾向性理论的应用带来了局限性。

“三准则”机理模型是我国学者李玉生提出的，该模型比较全面地揭示了冲击地压的发生机理，作为机理模型相对来说是比较完善的，但这只是一个原则性的表达式，特别是强度准则和能量准则，由于影响因素众多，各参数几乎无法确定，因此该模型的实际应用难度很大，这正是目前预测方法和冲击地压机理之间脱节的重要原因。

稳定性理论认为煤岩介质受采动影响而在采场周围形成应力集中，煤岩体内高应力区局部形成应变软化介质与尚未应变软化(包括弹性和应变硬化)的介质处于非稳定平衡状态，在外界扰动下动力失稳，形成冲击地压。由于其较符合采矿现场实际，因而得到了广泛的应用。

强度弱化减冲理论具有三个方面的含义：一是在冲击危险区域，采取松散煤岩体的方式，降低煤岩体的强度和冲击倾向性，使得冲击危险性降低；二是对煤岩体的强度进行弱化，使得应力高峰区向岩体深部转移，并降低应力集中程度；三是采取一定的减冲解危措施，使得发生冲击地压时，冲击的强度降低。

窦林名等提出动静载叠加作用机理，指出煤岩体中静载应力与矿震形成的动载应力叠加大于煤岩体冲击破坏的临界应力时，可诱发冲击地压。

在目前的研究中，以断裂力学、损伤力学和稳定性理论为基础的围岩近表面裂纹的扩散规律、能量耗散和局部围岩稳定性研究备受关注。Vardoulakis 研究指出近自由表面的裂纹一旦开始扩展，将失去稳定，导致表面局部屈曲，临界屈曲应力随自由表面与裂纹间距离的减小而急剧减小。Dyskin 对壁面附近裂纹扩展方式及裂纹贯穿后的壁面稳定性进行了分析，认为压应力集中造成初始裂纹以稳定的方式平行于最大压应力方向扩展，这种扩展与自由表面相互作用加速了裂纹的增长并最终导致失稳扩展，裂纹面出现分离，分离层屈曲破坏形成冲击地压。黄庆享、高召宁采用了断裂力学中的 Griffith 能量理论及能量判据，考虑了材料的损伤积累，把裂纹扩展过程与材料损伤过程耦合起来，确定了发生冲击地压的临界应力。缪协兴、张晓春、冯涛等分别从断裂力学角度出发，建立了煤矿巷道片帮型冲击地压和岩爆的层裂板结构失稳破坏模型，认为采场或巷道壁面的局部失稳是由高应力集中区形成的层裂板结构区的稳定性控制的，冲击地压或岩爆是煤壁形成的层裂板结构区的局部压曲造成的。齐庆新等建立了冲击地压的摩擦滑动失稳模型，开展了煤岩摩擦滑动实验研究，用摩擦滑动中的黏滑现象解释了冲击地压的发生机理。窦林名、何学秋建立了煤岩体冲击破坏的弹黏脆性体突变模型，该模型可以反映煤体材料在应力作用下的脆性破坏特征，也可以反映煤岩体材料在载荷作用下的时间效应及其稳定或脆性破坏特征，较好地解释了冲击地压的发生、载荷的突变对煤岩体破坏的影响、煤岩体从流变到突变的破坏特征、煤岩体破坏过程中释放的能量大小等。

近几年，窦林名领导的冲击地压研究小组取得了如下主要进展：① 提出了冲击地压的动静载叠加作用机理，建立了煤岩强度弱化减冲理论，指出煤岩体中静载应力与矿震形成的动载应力叠加大于煤岩体冲击破坏的临界应力时，可诱发冲击地压；② 针对煤系地层结构特点，研究了组合煤岩试样的冲击倾向性特征，得出组合煤岩的冲击倾向性与顶板的强度及厚度、煤样强度之间的关系，并依此建立了组合煤岩的强度弱化减冲原理；③ 基于煤岩介质中应力波传播理论和巷道围岩强度理论，提出了冲击震动巷道围岩的强弱强结构控制机理，认为可以在巷道周边围岩支护体小结构与冲击应力波传递大结构之间设置一个衰减弱化冲击震动波的松软层弱结构，使得作用在支护体小结构上的冲击应力小于支护体的承载能力，从而达到保护巷道围岩免受冲击的目的；④ 针对坚硬顶板型冲击地压，提出了顶板岩层诱发冲击的冲能理论，研究认为顶板岩层诱发冲击的机理分为顶板处于稳定时的“稳态诱冲机理”和处于运动态时的“动态诱冲机理”两种类型，建立了顶板岩层断裂与滑移突变模型，给出了顶板岩层影响下煤体冲击危险的“诱冲关键层”判别准则和顶板型冲击控制关键技术；⑤ 针对断层构造型冲击地压，深入研究了采动影响下断层滑移诱发煤岩冲击机理，建立了断层滑移诱发煤岩冲击的力学模型，揭示了断层冲击地压力学机制，分析了采动影响下断层活化矿震活动规律；⑥ 针对褶曲构造区域冲击地压，通过研究最大水平应力对冲击地压的作用机制、褶皱区最大水平应力与采动应力分布规律及其和冲击地压的关系，提出了针对褶皱区工作面防冲优化布置方案和控制对策；⑦ 针对采场大范围覆岩破断运动诱发冲击地压，提出了覆岩整体空间结构模型与演化规律及诱冲机理；⑧ 针对大面积开采应力场测试困难，无法掌握大范围应力场分布规律，研究了弹性波与震动波层析成像反演应力场技术及其预测煤矿冲击危险原理，为区域应力场分布规律的快速获取提供了可能。同时，对于放顶煤、孤岛工作面、残采区、煤柱区域、炮采、水力采煤、解放层开采工作面等不同区域和不同开采技术条件下的冲击地压显现机制与规律也进行了深入研究。

以谢和平教授为首席专家的国家自然科学基金创新研究群体以复合型能量转化为中心的冲击地压分类为基础，结合以往冲击地压机理研究和实际发生条件的现场调研，将冲击发生机理归结为三条定律：① 能量聚积定律；② 地质弱面的能量释放定律；③ 工程释放定律。

近年来，现代非线性科学的分叉混沌理论、突变理论、自组织理论、耗散结构理论、神经网络方法这些新理论与新方法也开始渗入冲击地压的发生机理、预测预报研究领域中，有些理论成果已在现场付诸应用。尽管其中有些理论仅仅是将概念引入冲击地压研究领域，并未提出实质性的、可操作性的冲击发生判据等指标，但已能反映出冲击地压的发生具有对初始条件的敏感依赖性以及能量的耗散特性，同时也具有在表现形式上的随机性和无序性，在无序中孕育着发生的周期性，较好地吻合了现场冲击地压显现的非线性特点，因此受到岩石力学与工程学术界的高度重视。

以上几个主要的冲击地压发生理论都是从不同角度对冲击地压的发生条件和发生过程进行描述和论证。虽然很多学者对于冲击地压机理的研究付出了很多努力，也得出了很多有益的成果，但是由于冲击地压发生的复杂性且影响因素众多，时至今日我们仍不能说已经完全了解和掌握了冲击地压的发生规律和发生机理，它仍然是岩石力学和采矿工程中最困难的研究课题之一。

1.2.2 冲击地压预测预报

冲击地压监测预警是针对性防治冲击地压的前提。目前我国冲击地压监测、预测预报主要是围绕冲击地压发生的强度理论和能量条件进行的。总结可知,国内冲击地压危险监测预警方法大致可分为两类。第一类是采矿方法,包括根据采矿地质条件确定冲击地压危险性的综合指数法、数值模拟分析法、钻屑法、煤岩层冲击地压倾向性分类法等。

(1) 综合指数法是综合各种影响冲击地压的发生因素,并确定各因素对冲击地压的影响程度及其危险指数,然后综合评定冲击危险状态的一种早期区域预测方法,常常在早期进行采区设计、工作面布置和采煤方法选择时应用,确定主要冲击地压危险区域。

(2) 数值模拟分析法可确定工作面中的应力分布状态,也可以预测开采空间、开采参数、开采历史对冲击地压的影响。该种方法对煤岩体进行了简化处理,只作为一种近似方法使用,数值模拟结果对确定冲击地压危险区域是有效的,但不能作为即时预测。

(3) 钻屑法是根据最高煤粉量、与煤壁的距离及钻进过程中出现的动力现象来判定冲击地压危险程度。钻屑法设备简单,检测结果直观,便于现场操作和判别,但其对冲击地压危险的监测在时间上是不连续的,监测范围有限,且监测结果可靠性受施工设备及操作人员的技术和经验等人为因素的影响,故经常作为一种辅助、配合的监测手段。

(4) 巷道围岩变形监测和顶板离层监测也是常规的冲击地压监测方法,在一些矿区仍起着重要作用。

第二类是系统监测法,包括微震监测法、弹性波 CT 成像、电磁辐射法、地音法等采矿地球物理方法,以连续记录岩体内出现的地球物理参量变化来预警冲击动力危险。

(1) 微震监测法可对全矿范围进行矿震和冲击地压危险监测,是一种区域性监测方法,可自动记录矿震活动,实时进行震源定位和矿震能量计算,为评价全矿范围内的冲击地压和强矿震危险提供依据。其具有远距离、动态、三维、实时监测的特点,能够给出震动后的各种信息,并可根据震源情况确定破裂尺度和性质,具有不损伤煤体、劳动强度小、时间和空间连续等优点。该技术目前被公认为是对于煤岩动力灾害,特别是煤矿冲击地压进行预测预报最有效和最有发展潜力的监测方法之一。

(2) 弹性波 CT 成像通过人工爆破或重锤敲击激发震动波,获得工作面区域内波速分布特征,实现冲击地压危险区域划分与危险预评价。该技术在国内还属于应用起步阶段,是未来发展的一个趋势和方向。

(3) 电磁辐射法认为,煤岩电磁辐射是煤岩体受载变形破裂过程中向外辐射电磁能量的一种现象,与煤岩体的变形破裂过程密切相关,电磁辐射信息综合反映了冲击矿压等煤岩灾害动力现象的主要因素,电磁辐射信号可以反映煤岩体破坏的程度和快慢,主要记录指标有电磁辐射信号强度幅值和脉冲次数。近年来,有学者用混沌、分形理论分析电磁辐射参数曲线的分形特征,用关联维数描述电磁辐射强度、电磁辐射脉冲数等参数随时间的变化规律,为电磁辐射监测数据的处理方法提供了新的思路。

(4) 地音法是以脉冲形式记录弱的、低能量的地音现象。地音变化与煤体应力变化过程相似,地音活动集中在采区某一部位,且地音事件的强度逐渐增加时,预示着冲击地压危险。但该技术易受到施工环境和条件的制约。

(5) 煤体应力在线监测实时监测工作面采动应力变化及掘进巷道支护设备承压变化等。该方法也是一种局部监测手段,往往与微震监测配合使用,以对采动煤岩体的"震动-应力"信息进行耦合分析评价。由于发生冲击地压的时间、地点、区域、震源等的随机性、复杂多样性和突发性,所以冲击地压的预测工作极为困难复杂,是亟待解决的世界性难题。

(6) 振动法一开始被用来研究开采层的连续性及揭露其构造的非均匀性,其测量参数为地震波的传播速度,后来被用来确定矿压参数,特别是确定巷道周围的应力应变状态。

(7) 重力法是根据地层中岩石介质质量分布的不均匀性来测量重力的异常变化,主要应用于开采引起的岩体体积变化测量、地层震动的预测、小范围内煤层构造的变化测量、局部空洞的定位等。

目前普遍采用的预测方法单一、适用范围有限,存在漏报的问题,可靠性低。为了更好地解决上述问题,窦林名建立了冲击地压的分级预测准则,形成了冲击地压的分级预测技术体系,即通过连续监测预警技术和系统集成,应用综合指数法、微震法、电磁辐射法和钻屑法,形成冲击地压的时空分级预测技术体系,在时间上对冲击危险进行早期综合分析预测与即时预测相结合,在空间上进行区域预测与局部监测、点预测相结合,根据危险指数的大小,对冲击地压的危险性按无、弱、中等和强冲击危险分 4 级进行预测,根据预测的冲击地压危险等级,采取加强监测、解危甚至撤人等防治对策。目前,该技术在现场得到了广泛的运用,并取得了良好的效果。

1.2.3　冲击地压治理

冲击地压研究的最终目的是有效地防止冲击地压的发生。冲击地压灾害的防治,实质上就是改变煤岩体应力状态或控制高应力产生,以确保煤岩体不足以产生失稳破坏或非稳定破坏。冲击地压的防治包括提前防范和主动解危治理两方面。

(1) 提前防范是指在煤矿开拓布置与开采方式选择时就将冲击地压因素考虑进去,采用合理的开采设计预防冲击地压的发生。我国现采取的冲击地压防范措施主要以避免应力集中、减少动力扰动为原则,包括开采保护层、合理的巷道开拓布置与开采方式、工作面接替顺序、护巷煤柱合理宽度留设及推进速度等,及防治冲击地压的支架及支护方式选择,并且从组织管理规章制度方面来预防冲击地压的发生。例如,开采解放层后,被保护层冲击危险性大为降低;煤柱越窄对冲击地压防治越有利;工作面推进速度越快,产生的矿山震动就越多,冲击危险性就越高,同时,工作面保持匀速推进对防冲最为有利。

(2) 冲击地压的主动解危以限制其强度、刚度、能量及冲击倾向性条件为出发点,主要原则是将高应力区向煤岩体深部转移、减小应力集中程度、降低煤岩体的冲击倾向性及应力集中区的能量聚积程度。主要解危措施有煤层注水、大直径钻孔卸压(煤层、底板等)、煤体卸压爆破、顶板深孔爆破等。以上方法已在我国普遍推广使用,使用效果因矿区条件不同而有所差别。而顶板水力致裂法、高压水射流煤层割缝卸压等则是近几年兴起的防冲新技术,目前正处于试验研究阶段。

(3) 对于冲击地压巷道的支护技术,很多学者已认识到其对于冲击地压防治的重要性,但该方面的研究工作非常有限。南非学者 DaveOrtle 提出了冲击地压巷道的支护系统不仅要有静态巷道要求的支护抗力,还需有一定的让压特性。KaiSer 针对冲击地压条件下巷道锚杆支护,对锚杆承受冲击载荷的能力进行了试验研究,证实了锚杆支护对冲击地压区域支护的良好效果。高明仕等提出了冲击地压巷道围岩"强-弱-强"结构控制模型,并提出了"减小外界震源载荷,合理设置弱结构,提高支护强度"的防冲击地压对策。总体说来,冲击地压巷道支护技术的研究还处于起步阶段,但已开始认识到冲击地压危险巷道对于支护体特性的特殊要求。

1.3 砚北煤矿冲击地压防治

1.3.1 矿井基本概况

砚北煤矿位于甘肃省平凉市华亭县东华镇,属于华砚煤田,地处六盘山东麓,所处的大地构造位置系鄂尔多斯地块(陕甘宁盆地)的西南缘或是西缘断褶带的南端;因长期受区域上南西-北东向以及东西向的挤压作用,尤其是印支运动后的燕山运动,本区承受了来自西南方向的主动挤压应力,受该次应力的影响,区内活动已达到高潮并经燕山运动后使西缘断褶带的构造形态基本定形。

砚北井田从详查到精查及在开采过程中，都未曾发现断层及岩浆岩。井田基本构造形态在 3 904 500 纬距线以北，西部为一较宽缓背斜，东部为一不对称向斜，以南则仅为不对称向斜的东翼。背、向斜轴线向北抬起，向南倾伏，且背斜轴较短，其南北两端均呈向向斜轴收敛的趋势。煤系地层倾角在西部和中部较平缓，东部为倾斜-急倾斜，其产状沿倾向和走向都有一定变化。

砚北煤矿煤炭资源条件优越，煤 5 层为全井田主要可采煤层，位于延安组第一段中上部，厚度为 5.68～76.44 m，煤层可采厚度为 5.68～64.58 m，平均 42.92 m，为特厚煤层，位于＋1 171～＋860 m 水平，全井田广泛分布，较稳定。

1.3.2　冲击地压防治工作开展

砚北煤矿于 1998 年开始生产时，在南翼采区巷道掘进过程中就有冲击地压显现。随矿井开采深度的增加，一水平和二水平采煤工作面及掘进工作面冲击地压显现明显，尤其是在二水平 2502 采区第一个工作面 250205 上工作面掘进及回采过程中，冲击地压显现频繁、破坏强度大，同时生产的一水平 1502 采区及开拓的 1504 采区也出现了不同强度的冲击地压，给矿井的安全生产带来了极大的威胁和挑战。

砚北煤矿结合矿井生产实际情况，秉承“少人则安、无人则安”的安全理念，坚持“区域先行、局部跟进、分区管理、分类防治”的冲击地压防治原则，遵循“健全机构、监测预警、防范治理、效果检验、安全防护、教育培训”六位一体的冲击地压防治思路，开展了煤层及其顶板冲击倾向鉴定、冲击危险性评价工作。自 2006 年开始多次与高校及科研院所合作，投入大量人力、物力，积极开展冲击地压监测预警技术、冲击地压综合卸压、冲击地压危险区域安全管理等课题研究与实践。随着砚北煤矿冲击地压综合防控技术的改进和提高，矿井冲击地压灾害有明显的改观，基本保证了矿井的安全生产和作业人员安全。

1.3.3　砚北煤矿防治冲击地压体系

砚北煤矿在冲击地压防治工作方面已拥有了国内外先进的监测设备与技术，且拥有了专业的冲击地压防治队伍。结合矿井生产情况，在多年防治冲击地压实践过程中积累了大量经验，逐步摸索出一套适用于砚北煤矿自身冲击地压的防治体系，如图 1-5 所示。

1.3.3.1　机构组成

冲击地压防治管理机构包括组织领导机构和专门防冲机构。组织领导机构为以矿长为组长的冲击地压防治领导小组，强化部门之间的协调配合，进一步落实安全生产责任，保障冲击地压防治工作的顺利开展。专门防冲机构为冲击地压防治办公室和冲击地压防治队，配备专门冲击地压防治技术人员。冲击地压防治办公室负责冲击地压防治日常工作开展，冲击地压防治队负责

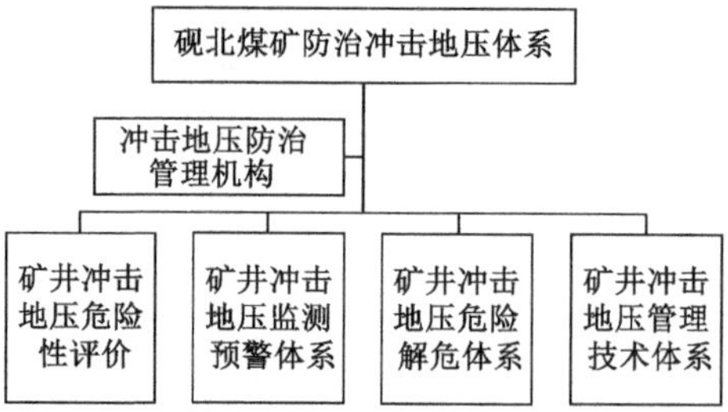

图 1-5　砚北煤矿防治冲击地压体系

现场防治工作落实。

1.3.3.2　矿井冲击地压危险性评价

冲击地压发生的原因是多方面的，针对煤矿开采特点以及煤矿地质和开采条件，冲击地压的影响因素整体上可以分为三类，即自然因素、技术因素和组织管理因素。

自然因素中，原岩应力是最基本的因素，主要由煤岩体的重力和构造残余应力组成。煤岩体自身物理力学特性决定着煤岩冲击倾向性等级。从采矿技术因素分析，开采引起局部应力集中，其主要原因是开采系统不完善，或具有坚硬的顶板悬顶，而且悬顶又较大，造成较大的应力集中。针对砚北煤矿地质及开采技术条件，对矿井进行先期冲击地压危险性评价，确定主要影响因素，为后期工作面开采过程中冲击地压防治提供基础。

1.3.3.3　冲击地压监测预警

矿井冲击地压监测预警体系主要包括区域监测的微震法以及局部监测的地音法、钻屑法、在线应力监测法、CT 反演法、电磁辐射法等。采用上述时间上早期综合分析与即时监测预警相结合，空间上区域预测与局部监测、点预测相结合，构成可靠性高、简单易行、行之有效的冲击地压危险性预测技术体系。采用微震指标、钻屑指标、应力监测指标（采煤工作面）作为冲击危险性预警指标，根据现场实际考察资料和积累的数据确定预警临界指标。冲击地压防治办公室每天对监测数据进行分析，通过预警指标判定有冲击地压危险时，分黄、橙、红三级进行预警，按照预警响应措施进行处置。

1.3.3.4　冲击地压卸压解危体系

在冲击地压卸压解危上，砚北煤矿整体布局，综合治理，科学编制防冲设计和防冲作业规程，实现分区管理、分类防治，使卸压解危工程施工有主有次有序，充分发挥不同卸压措施的卸压效果。自 2006 年就开始应用煤体卸压爆破、顶板深孔爆破、底板深孔爆破等卸压技术，2011 年引进大直径钻孔卸压技术，2012 年引进高压水力冲孔技术，2019 年引入水力致裂技术。依据分析监测预警的结果，确定冲击地压危险程度等级，并根据冲击地压危险的不同等级，针对性地制定冲击地压防范解危措施，以确保工作面采掘工作的顺利进行。

针对砚北煤矿冲击地压危险的监测预警体系和解危技术体系，提出砚北煤矿防治冲击地压体系，包括：冲击地压危险等级的确定与危险区域划分→冲击危险区域的优化设计布置→冲击危险的静载动载分级监测预警→防范与解危措施的实施→冲击危险解危效果的检验→采掘正常作业，如图 1-6 所示。

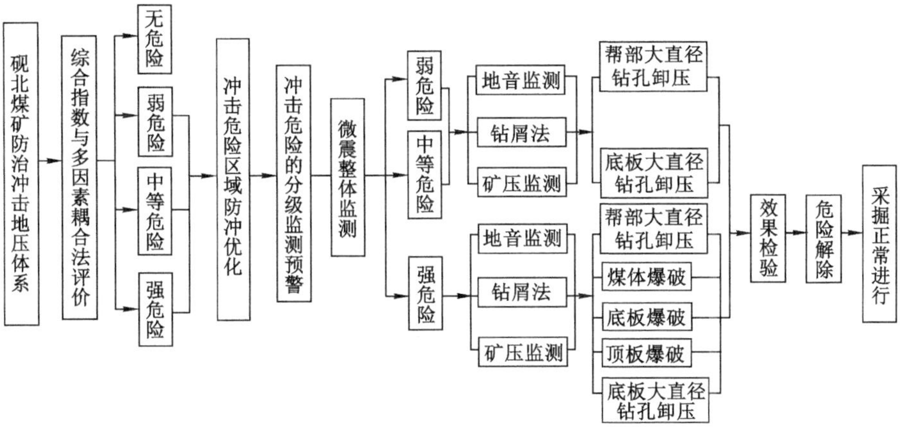

图 1-6　砚北煤矿防治冲击地压体系

1.3.3.5　冲击地压管理技术体系

综合多年的冲击地压防治经验发现，以现有理论和防治技术还无法做到彻底解决冲击地压问题，因此，冲击地压显现危险区域内的安全管理尤为重要。砚北煤矿经过近十年的探索与实践，总结出了“以制度规范为根本、以均衡生产与‘三限’管理为核心、以安全生产标准化工作为抓手、以个体防护与安全培训为保障”的冲击地压安全管理方法，为砚北煤矿的安全生产奠定了坚实基础。

砚北煤矿以《煤矿安全规程》《防治煤矿冲击地压细则》以及国家相关标准规范为依据，建立完善了《砚北煤矿冲击地压防治实施细则》《砚北煤矿防治冲击地压管理制度》，包括《冲击地压防治安全技术管理制度》《冲击地压防治岗位安全生产责任制度》《冲击地压监测防治技术文件审批制度》《冲击地压防治技术资料存档管理制度》《冲击地压防治分析例会制度》《冲击地压定期检查和隐患排查制度》《冲击地压监测、治理工程现场检查验收制度》《冲击地压安全防护用品发放与使用制度》《冲击地压防治安全教育培训制度》《冲击地压防治投入保障制度》《冲击地压灾害预防管理制度》《冲击地压事故应急救援制度》《冲击地压监测管理制度》《冲击地压实时预警、处置调度及处理结果反馈制度》《冲击地压事故(事件)报告和分析建档制度》《冲击地压防治安全防护与现场安全管理制度》《冲击地压危险区域人员准入制度》《砚北煤矿生产组织通知单制度》《冲击地压防治工作奖惩考核制度》《冲击地压事故应急救援预案》等。

在人员素质提升上，科学合理制订年度培训计划，组织开展“三员”与管理干部培训、科室工程技术人员防冲安全培训、基层职工防冲技能培训，坚持开展现场防冲走动式培训，持续提高管理人员防冲现场管理能力和工人素质。同时加强对外交流学习，有计划邀请专家进行专题培训讲座，组织防冲技术人员外出学习培训，加强冲击地压防治专业人才培养，培养和锻炼一批理论扎实、技术熟练、敢于创新、吃苦耐劳的矿井防冲技术人才。

在现场管理上，细化考核办法及考核标准，严格对照表格检查、考核，对标管理，并全面开展日常巡查、专项检查、区队自查工作，针对常见问题制定针对性常态化管控措施，不断查漏补缺，对现场管理再完善，再提高。

第 2 章　煤矿冲击地压影响因素

2.1　冲击地压影响因素分析

冲击地压发生的原因是多方面的，针对煤矿开采特点以及煤矿地质和开采条件，冲击地压的影响因素整体上可以分为三类，即自然因素、技术因素和组织管理因素。其关系如图 2-1 所示。

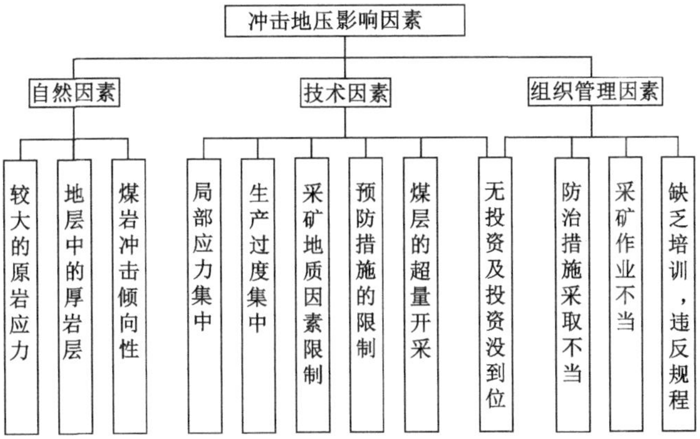

图 2-1　冲击地压影响因素

自然因素中，原岩应力是最基本的因素，主要由煤岩体的重力和构造残余应力组成。实践表明，在一定采深条件下，比较强烈的冲击地压一般会出现在煤系地层中具有高强度的岩层中，特别是在煤层顶板中有坚硬厚层砂岩的情况下。

煤岩体自身物理力学特性决定着煤岩冲击倾向性等级。总的来说，煤的强度越大，弹性越好，发生冲击地压的倾向性就越高。但这并不是说强度小和弹性差的煤层就不会发生冲击地压，只是在这种情况下，发生冲击地压的应力值比强度大、弹性好的煤层小得多，并且取决于加载方式和加载速度。

从采矿技术因素分析，开采引起局部应力集中，其主要原因是开采系统不完善，或具有坚硬的顶板悬顶，而且悬顶又较大，造成较大的应力集中；或由于开采历史造成，如煤柱停采线造成的应力集中传递到邻近煤层。

从生产实践来看，生产的集中化程度越高，越容易发生冲击地压。开采设计或防治措施无法实现，是冲击地压危险性增加的因素之一，这主要发生在多煤层开采情况下。多种灾害，如冲击地压、火、瓦斯等一起出现时，有时无法选择更有效的冲击地压防治措施。从技术和管理相互交叉的因素来看，如投资没有到位、采矿作业没到位、支架和技术装备没到位、没有选择有效的冲击地压预报仪器和防治的装备等，也容易发生冲击地压。

2.2 自然条件对冲击地压的影响

2.2.1 开采深度

随着我国煤炭生产的发展，矿井开采深度正在以每年平均 8～10 m 的速度加深着。矿井开采在向深部推进的同时，必将引起一系列安全问题。随着开采深度的增加，煤层中的自重应力增加，煤岩体中聚积的弹性能也增加。

由弹性能理论可知，煤层在采深为 H 且无采动影响的三向应力状态下，煤体中的应力可表示为：

$$\sigma_1 = \gamma H \tag{2-1}$$

$$\sigma_2 = \sigma_3 = \frac{\mu}{1-\mu}\gamma H \tag{2-2}$$

式中，γ 为岩层容重；μ 为泊松比。

于是，煤体因体积变化而聚积的弹性能可表示为：

$$U_V = \frac{(1-2\mu)(1+\mu)^2}{6E(1-\mu)^2}\gamma^2 H^2 \tag{2-3}$$

因形状变化而聚积的弹性能为：

$$U_f = \frac{(1+\mu)(1-2\mu)^2}{3E(1+\mu)^2}\gamma^2 H^2 \tag{2-4}$$

式中，E 为煤体弹性模量。

若煤层中的形变能全部用于煤体的塑性变形，体变能全部用于破坏煤体并使其运动，则：

$$U_V = \frac{C}{6E}\gamma^2 H^2 \tag{2-5}$$

式中：

$$C = \frac{(1-2\mu)(1+\mu)^2}{(1-\mu)^2}$$

假设煤的单向抗压强度为 R_C，则破碎单位体积煤块所需能量 U_1 为：

$$U_1=\frac{R_C^2}{2E} \tag{2-6}$$

由于巷道周边煤体处于双向受力状态，所以其所需的破碎能量比 U_1 要大，此时考虑系数 $k_0(k_0>1)$，则破碎单位体积煤块所需能量 U_2 为：

$$U_2=k_0\frac{R_C^2}{2E} \tag{2-7}$$

按冲击地压的能量条件有：

$$U_V\geqslant U_2$$

从而得到：

$$\frac{C}{6E}(\gamma H)^2\geqslant k_0\frac{R_C^2}{2E} \tag{2-8}$$

这样就可求得发生冲击地压的初始采深 H 为：

$$H\geqslant 1.73\frac{R_C\sqrt{\dfrac{k_0}{C}}}{\gamma} \tag{2-9}$$

释放出来的动能为：

$$\Delta U=U_V-U_2=\frac{C\cdot(\gamma H)^2-3k_0R_C^2}{6E} \tag{2-10}$$

上述情况仅仅是考虑自然应力状态，推导只具有物理意义。因为对于具体矿井来讲，实际条件比这复杂得多，式(2-10)只是说明开采深度是产生冲击地压的一个基本条件，实际矿井冲击地压发生的临界深度的具体数值因煤层性质和地质条件的不同而各不相同。

进一步分析表明，开采深度越大，冲击地压发生的可能性也越大。开采深度与冲击地压发生次数的关系如图 2-2 所示(图中横坐标为采深，纵坐标为冲击指数 W，即开采百万吨煤炭的冲击地压指数)。结合图 2-2 的结果，并考虑到安全界限，可以确定一般情况下：$H\leqslant 350$ m 时，冲击地压不会发生；350 m$<H\leqslant 500$ m 时，在一定程度上冲击危险逐步增大；$H>500$ m 时，随开采深度的增加，冲击危险急剧增加。当采深非常大时，冲击指数的梯度将会减小，但其值非常大。

我国煤矿的开采实践表明，矿井不是在开始投产时就发生冲击地压，而是在开采到一定深度后才发生冲击地压。

砚北煤矿平均采深 503 m，其中 2502 采区开采深度约 400～600 m，2503 采区开采深度约 300～400 m，1502 采区开采深度约 500～600 m，1503 采区开采

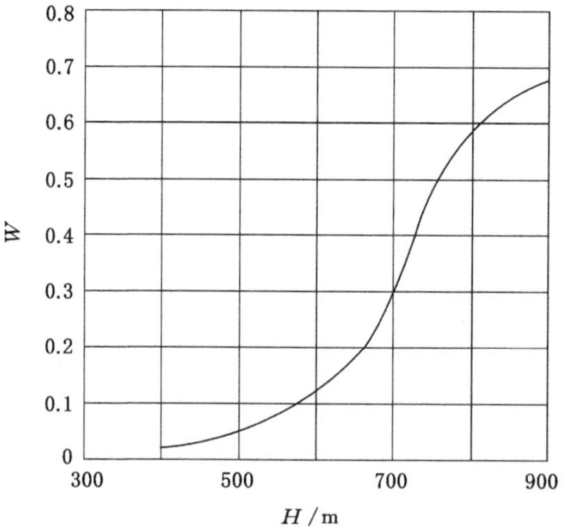

图 2-2　采深与冲击地压的关系

深度约 400～500 m，1504 采区开采深度约 410～470 m。从采区开采深度的角度考虑，采区内工作面开采深度虽已达到发生冲击地压的最小采深，但煤层整体受采深影响不大，在部分深部工作面局部区域，工作面一定程度上会受开采深度影响。

2.2.2　煤岩层物理力学性质

对于具体矿井而言，煤岩层的物理力学性质（包括煤岩体的冲击倾向性、厚度、强度、弹脆性和含水率等）对冲击地压是否发生具有显著影响，是冲击地压发生的内在本质影响因素。

生产实践与试验研究均表明：

（1）在一定的围岩与压力条件下，任何煤层中的巷道或工作面均有可能发生冲击地压危害。

（2）煤的强度越高，引发冲击地压危害所要求的应力越小；反之，煤的强度越小，引发冲击地压危害所要求的应力越大。

（3）煤的冲击倾向性是评价煤层冲击性的特征参数之一。

冲击倾向性是煤（岩）介质产生冲击破坏的固有能力或属性，是产生冲击地压的必要条件。在工作面开采过程中，当煤岩体应力和能量积聚到一定程度，且具备临空面条件的离层空间，会产生强烈动力冲击破坏。《冲击地压测定、监测与防治方法 第 2 部分：煤的冲击倾向性分类及指数的测定方法》（GB/T 25217.2—2010）规定煤的冲击倾向性分类见表 2-1。

表 2-1　煤的冲击倾向性分类

类别	Ⅰ类	Ⅱ类	Ⅲ类
冲击倾向	无	弱	强
动态破坏时间 D_T/ms	>500	50～500	≤50
冲击能量指数 K_E	<1.5	1.5～5.0	≥5.0
弹性能量指数 W_{ET}	<2.0	2.0～5.0	≥5.0
单轴抗压强度 R_C/MPa	<7	7～14	≥14

根据砚北煤矿煤、岩样物理力学测试资料，煤 5 层冲击倾向性各项指数如表 2-2 所列。结果表明，煤 5 层具有强冲击倾向性。

表 2-2　煤 5 层冲击倾向性指数及测定结果

煤层	指数				测定结果	
	D_T/ms	W_{ET}	K_E	R_C	类别	名称
砚北煤矿煤 5 层	1 023.4	7.06	12.79	9.85	Ⅲ类	强冲击倾向性

根据《冲击地压测定、监测与防治方法 第 1 部分：顶板岩层冲击倾向性分类及指数的测定方法》(GB/T 25217.1—2010)，顶板岩层的冲击倾向性分类按弯曲能量指数值的大小分为 3 类，如表 2-3 所列，底板岩层冲击倾向性参照顶板岩层鉴定标准。

表 2-3　顶板岩层冲击倾向性分类及指数

类别	Ⅰ类	Ⅱ类	Ⅲ类
冲击倾向性	无	弱	强
弯曲能量指数/kJ	$U_{WQ}\leq 15$	$15<U_{WQ}\leq 120$	$U_{WQ}>120$

经冲击倾向性鉴定，砚北煤矿煤 5 层顶板为泥岩，冲击倾向性类别为Ⅱ类，即为弱冲击倾向性。砚北煤矿煤 5 层底板为砾砂岩，冲击倾向性类别为Ⅱ类，即为弱冲击倾向性。

由此可见，砚北煤矿区域内煤 5 层、顶底板物理力学特征是影响该矿冲击危险性的一个重要的内在因素。

2.2.3　顶板岩层结构特征

围岩性质主要是顶板岩性和厚度及其在煤层开采后的可冒性，这是影响冲击地压的重要因素。基本顶是厚层砂岩或其他坚硬岩层，底板也是坚硬岩层结构的煤层更具冲击危险性。厚层坚硬顶板的悬露下沉首先表现为煤层的缓慢加压或压缩，经过一段时间后可以集中表现为一天或几天的突然下沉，载荷极快上升达到很大的值。在悬露面积很大时，不仅顶板本身弯曲积蓄变形能，而且在附近地层中（特别是基本顶折断处）形成支承压力。当基本顶折断时还会造成附加载荷，并传递到煤层上，通过煤层破坏释放变形能和位能，产生强烈的岩层震动引起冲击地压，而且底板也参与冲击地压的显现。

根据苏联阿维尔申的观点，煤层内的弹性能由体变弹性能 U_V、形变弹性能 U_f 和顶板弯曲弹性能 U_w 三部分组成，即：

$$U = U_V + U_f + U_w \tag{2-11}$$

其中顶板弯曲弹性能 U_w 为：

$$U_w = \frac{1}{2}M\varphi \tag{2-12}$$

式中 M——煤壁上方顶板岩层的弯矩，kN・m；

φ——顶板岩层弯曲下沉的转角，(°)。

由此可得顶板初次垮落期间的弯曲弹性能为：

$$U_{w初} = \frac{q^2L^5}{576EJ} \tag{2-13}$$

相应地可得顶板周期垮落期间的弯曲弹性能为：

$$U_{w周} = \frac{q^2L^5}{8EJ} \tag{2-14}$$

式中 q——顶板及上覆岩层附加载荷的单位长度载荷，N/m；

L——顶板来压步距，m；

E——顶板岩层弹性模量，Pa；

J——顶板端面惯性矩，m^4。

由式(2-11)～式(2-14)可以看出，顶板弯曲弹性能 U_w 与岩层悬伸长度的5次方成正比，即顶板跨距（悬顶）L 值越大，积聚的能量也越多。一般情况下，厚度越大的坚硬岩层越不容易冒落，形成的跨距（悬顶）L 值也就越大，所以厚度越大的坚硬岩层顶板发生冲击地压的可能性越大。

研究发现，影响冲击地压发生的岩层约为煤层上方 100 m 范围内岩层，其中岩体强度大、厚度大的砂岩层起主要作用。以砂岩为标准的顶板岩层厚度特征参数为：

$$L_{st} = \sum h_i r_i \tag{2-15}$$

式中 h_i——顶板在 100 m 范围内第 i 种岩层的厚度，m；

r_i——所给岩层的弱面递减系数。

统计分析结果表明，冲击地压常发生在具有坚硬顶板岩层的条件下，且顶板岩层厚度特征参数 $L_{st} \geqslant 50$。根据砚北煤矿煤岩层综合柱状图，通过顶板 100 m 范围内岩层分层情况可以得出煤 5 层顶板岩层厚度特征参数值为 85～98。可知砚北煤矿顶板岩层结构特征对矿井冲击地压的发生起着重要作用。

2.2.4　顶板活动的影响

研究表明，顶板活动，特别是煤层上方坚硬、厚层顶板活动是影响冲击地压危害的主要因素之一，其主要原因是坚硬厚层顶板容易聚积大量的弹性能。在坚硬顶板破断或滑移过程中，大量弹性能突然释放，形成强烈震动，导致冲击地压灾害的发生。

顶板发生初次和周期断裂期间，工作面附近煤体应力将会产生明显变化，这种煤体应力的变化一方面是顶板悬顶长度达到极限，对煤体施加的夹持力增大造成的，另一方面是坚硬厚层顶板岩层发生断裂时产生的较强震动引起的。一般情况下，在顶板来压期间，煤体的冲击危险性会有所升高，此间，煤体可在高夹持应力作用下发生破坏，聚积的能量突然释放形成冲击地压，也可以是处于较高应力状态的煤体在坚硬厚层顶板岩层突然破断产生的强烈震动作用下发生冲击破坏，两种情况如图 2-3 所示。

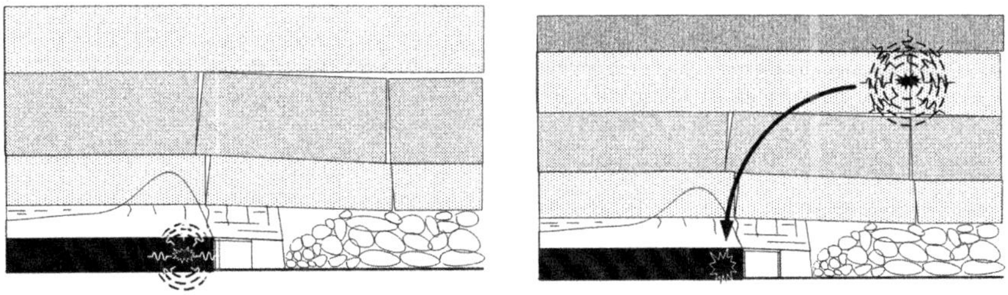

(a)　　　　(b)

图 2-3　诱发冲击地压的两种情况

(a) 煤层高应力诱发冲击地压；(b) 顶板活动诱发冲击地压

直接顶的垮落不足以填满采空区，从而造成基本顶悬露，基本顶岩梁将自身及其上部岩层重量都加到采煤工作面周围的煤体上，随着工作面的继续回采导致厚层基本顶的破断与初次垮落以及随后的周期回转失稳，对工作面的冲击地压显现造成强烈的影响，这种影响对工作面冲击地压危害的发生起到诱发作用，若发生整层断裂将对工作面产生强冲击危险。

砚北煤矿 5 煤层各工作面回采过程中受上覆厚硬砂岩顶板影响强烈，尤其在工作面基本顶初次破断、“见方”破断期间，释放大量弹性能，导致工作面冲击危险程度进一步增大，需对顶板活动进行重点监测，提前采取钻孔卸压、强制放顶等处理措施，确保避免工作面发生顶板动力危害。

2.2.5 褶皱构造因素

通常，在地质构造带中尚存有一部分地壳运动的残余应力，形成构造应力。在煤矿中常有褶曲和局部异常（如底板凸起、顶板下陷以及煤层分岔、变薄和变厚等现象）等构造带，冲击地压常发生在这些构造应力集中的区域。

根据砚北煤矿地质构造特点，采区范围内褶曲构造发育，矿井范围内褶皱展布特征如图 2-4 所示，可知褶曲构造是影响砚北煤矿冲击地压危险的一个重要因素。

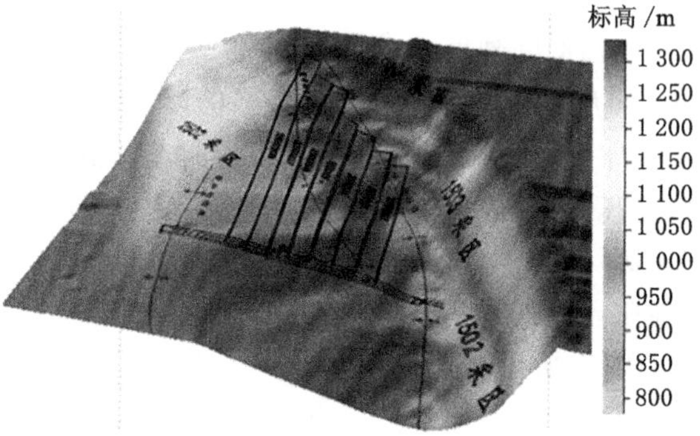

图 2-4 砚北煤矿褶皱展布特征图

各采区内地质构造概况如下：

(1) 2502 采区地质构造。

2502 采区为一复式向斜构造，煤层产状变化大，构造较复杂。东部以向斜轴为界，背斜轴基本处于采区中部，250203 上至 250208 上工作面由南向北穿过背斜轴部进入向斜轴部，背斜轴向由北向南由 165°转向 150°，向南东倾伏，因此工作面北高南低。背斜西翼煤层走向 270°～254°，倾向 180°～164°，倾角 4°～6°。背斜东翼煤层走向 360°，倾向 90°，倾角 12°～16°。背斜轴和向斜轴之间沿走向发育有次级褶曲，煤层赋存呈波浪起伏，起伏幅度最大达 20.1 m，造成各工作面两平巷亦呈波状起伏。背斜西翼煤层走向仍为宽缓的背斜形式。

(2) 1504 采区地质构造。

1504 采区位于向斜东翼北部，采区内为单一倾斜构造，沿走向呈宽缓褶曲，煤层底板起伏不平。煤层产状由南向北：走向为 304°～324°～285°，倾向为 214°～234°～195°，倾角为 30°～10°。煤层倾角由南向北逐渐减小，沿倾斜由上向下变小，至向斜轴部最小，采区北部以向斜轴为界。

(3) 1503 采区地质构造。

1503 采区位于向斜东翼中部，采区内为单一倾斜构造，沿走向呈宽缓褶曲。煤层产状由北向南：走向为 344°～328°，倾向为 254°～238°，倾角为 32°～28°。本采区煤层倾角变化小，构造简单。

(4) 1502 采区地质构造。

1502 采区位于向斜东翼南端，采区内为单一倾斜构造，沿走向呈宽缓褶曲。煤层产状由北向南：走向为 341°～356°～341°，倾向为 251°～266°～251°，倾角为 10°～55°。随开采深度的增加，开采区域接近向斜轴部，煤层倾角变化较大，采区由北向南倾角逐渐增大，沿倾斜由上向下倾角逐渐减小，特别是在采区北部倾角减小为 10°左右，而在各工作面开切眼处倾角最大，也是井田内倾角最大区域。

根据砚北煤矿褶皱地质构造特点，矿井范围褶曲构造发育，可知褶曲构造是影响砚北煤矿冲击地压危险的一个重要因素。

2.2.6　煤层厚度变化

根据统计分析，冲击危险程度与煤层厚度及其变化密切相关。煤层越厚，冲击地压发生得越多、越强烈；同时，煤层厚度变化对冲击地压显现有较大影响，在厚度突然变薄或者变厚处，因为支承压力升高，往往易发生冲击地压，如图 2-5 所示。

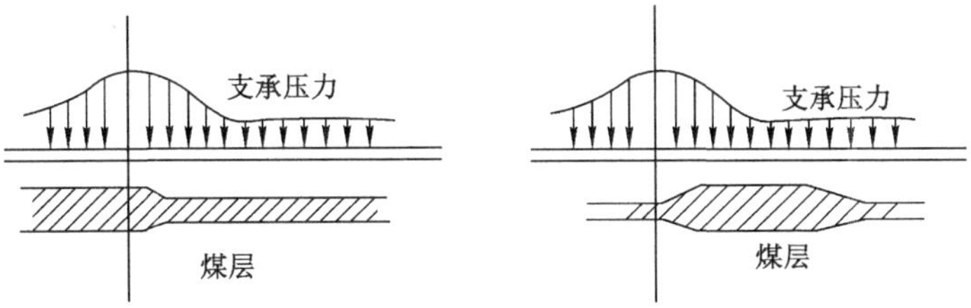

图 2-5　煤层厚度变化对工作面支承压力的影响

煤层局部厚度变化对应力场的影响规律为：

(1) 煤层厚度局部变薄和变厚所产生的影响不同。煤层厚度局部变薄时，在煤层薄的部分垂直地应力会增加；煤层厚度局部变厚时，在煤层厚的部分垂直地应力会减小，而在煤层厚的部分两侧正常厚度部分垂直地应力会增加。而且煤层局部变薄和变厚，产生的应力集中的程度不同。

(2) 煤层厚度变化越剧烈，应力集中的程度越高。

(3) 当煤层变薄时，变薄部分越短，应力集中系数越大。

(4) 煤层厚度局部变化区域应力集中的程度与煤层和顶、底板的弹性模量差值有关，差值越大，应力集中程度越高。

根据砚北煤矿矿井地质勘探资料可知，煤5层总体为较复杂结构煤层，煤层厚度变化如图2-6所示：沿倾向，煤层厚度在背斜及西部向斜轴部变薄，在井田中部单斜部位增厚；沿走向，煤层厚度总体由北向南增厚，局部区域厚度变化梯度较大。

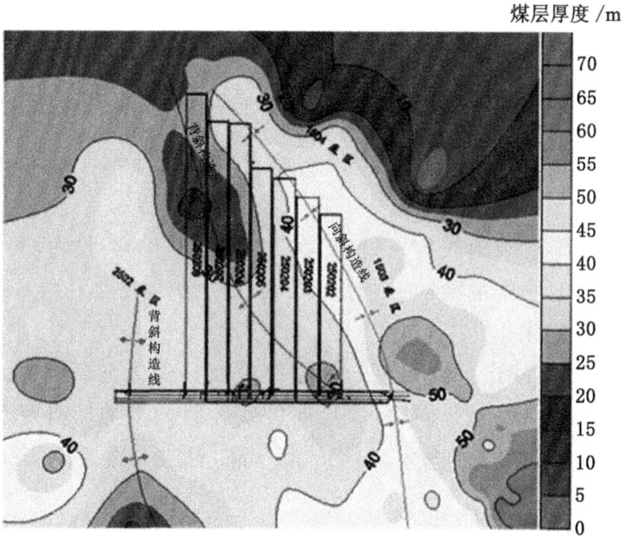

图 2-6　砚北煤矿煤5层厚度变化示意图

2.2.7　煤层倾角因素

煤层倾角对采场围岩所受压力有着较大的影响，尤其在倾斜和急倾斜煤层中。煤层倾角越大，发生冲击地压的危险性越大。煤层倾角越大，工作面煤体倾向应力降的梯度越大，应力梯度的大小反映了煤体积蓄能量的大小，应力梯度越大，煤体积蓄能量越多，发生冲击地压的危险性越大。且随着倾角的增大，煤体应力峰值点向煤帮处转移，有可能导致工作面动压区范围的前移。煤层倾角的变化主要对煤体内的侧向支承压力有所影响。随着煤层倾角增大，煤体内侧向支承压力的应力峰值距煤壁距离在不断减小。

砚北煤矿煤5层大部分地区为缓倾斜，部分地区为倾斜，局部地区为急倾斜，例如1502采区、1503采区煤层为倾斜或急倾斜煤层。在煤层倾角越大的区域，工作面开采时发生冲击地压的危险性越大。

例如，急倾斜特厚煤层分层开采后的顶、底板岩层破断垮落的形式复杂且具有周期性，一般开采多个分段后会产生较大的岩层破断运移，因此矿压显现情况也较为复杂。图2-7为特厚煤层分层开采后顶、底板覆岩结构破断失稳演化过程图。

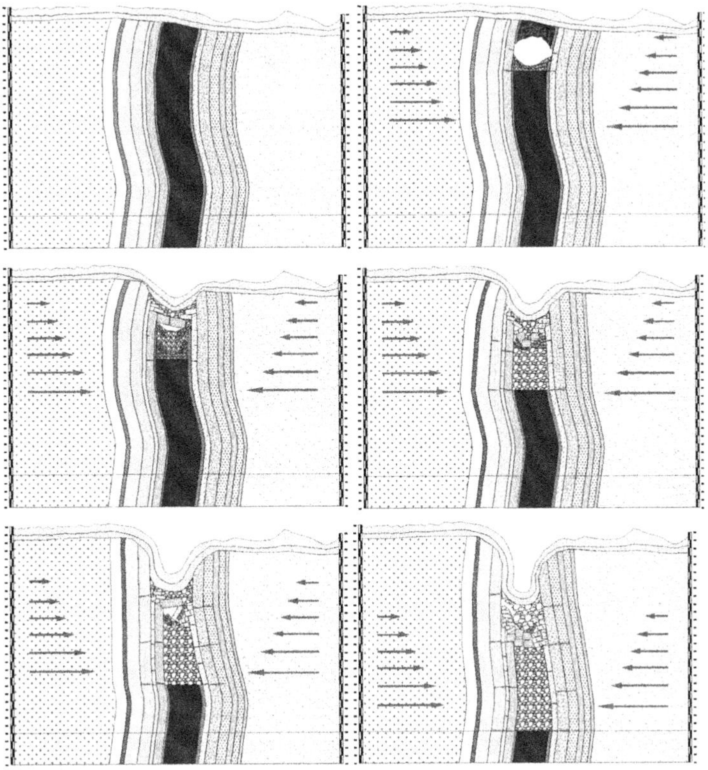

图 2-7　覆岩结构破断失稳演化过程图

2.2.8　断层构造因素

断层附近易形成应力集中，如图 2-8 所示为实验室模拟工作面开采接近断层时煤岩层的应变情况，由图可见断裂构造的存在使得顶板的连续性遭到破坏，并失去传递力的作用。当工作面接近断层时，断层会影响到工作面超前支承压力分布范围、分布形式和应力峰值，并且断层倾向与工作面推进方向的不同导致断层对支承压力的影响程度不同。采动影响下断层对工作面支承压力的数值模拟结果表明，当工作面从断层下盘向断层推进时，会给工作面和断层间的煤柱造成加压产生较高的应力集中，产生应变，从而积聚大量的弹性能，并且随着工作面的推进，积聚的能量不断增加，冲击地压的危险性也就越来越大。

冲击地压矿井的地应力实测结果也证实了构造应力的存在及其对冲击地压的影响。构造应力（主应力是水平矢量）对巷道稳定性也有影响，表现在巷道的破坏形式是沿轮廓线层层剥落，然后沿弱面断裂破坏。根据砚北煤矿地质构造

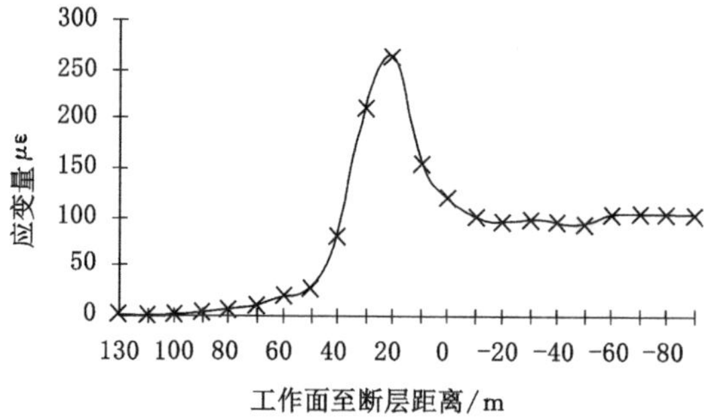

图 2-8　工作面开采接近断层时煤岩层的应变情况

特点，采区范围内无明显大断层，可知断层构造不是影响砚北煤矿冲击地压危险的一个重要因素。

2.3　开采技术对冲击地压的影响

冲击地压是在特定的自然地质条件和生产技术条件按一定方式相配合的情况下发生的。很显然，这种配合是多变的，受多种因素制约的。这些因素不仅决定着冲击地压是否发生，而且决定着冲击地压大小和显现特性。重要的生产技术条件有开采方法、采掘顺序、顶板管理方法、遗留煤柱、落煤爆破等。一般来讲，开采技术条件可从两方面导致冲击地压发生：一是人为地形成高度应力集中，增加发生冲击地压的危险性；二是采掘或爆破造成周边应力状态的急剧变化和煤层约束条件的改变，以及爆破的动载荷作用，诱发冲击地压。

2.3.1　采煤方法

不同采煤方法的巷道布置和顶板管理方法不同，所产生的矿山压力和分布规律也不同。一般来讲，短壁体系（房柱式、刀柱式、短壁水采等）采煤方法由于采掘巷道多，巷道交岔多，遗留煤柱也多，形成多处支承压力叠加，易发生冲击地压。

冲击地压煤层的开拓和开采方法的选择首要考虑的是能够整齐、干净地进行回采，不留或少留煤柱，尽可能保证工作面成直线，不使煤层有向采空区突出的地段，在煤层中掘巷量最少，限制采场和巷道附近的应力集中。房柱式开采法因顶板长时间不能冒落，矿山压力随工作面继续推进而增加，顶板下沉和底板鼓起也随之增大，这就可能造成潜在危险。煤层或矿柱上的不均匀载荷及其应力松弛可能使一些矿柱上应力水平提高很大，成为导致冲击地压的附加因素。这里必须考虑到自由面在应力波的多次反射中的影响，以及由此造成应力强度的放大作用，特别是菱形矿柱，自由面数目愈多，问题也愈严重。在这些方面，长壁工作面开采法是冲击地压煤层最有利的开采方法。

2.3.2　上覆煤层工作面停采线和煤柱的影响

煤柱是产生应力集中的地点，孤岛形和半岛形煤柱可能受几个方向集中应力的叠加作用，如图 2-9 所示，因而在煤柱附近最易发生冲击地压。煤柱上的集中应力不仅对本煤层开采有影响，还向下传递，对下部煤层形成冲击条件。上覆煤层工作面的停采线和煤柱形成的应力集中对下部煤层造成了很大的威胁，使冲击地压发生的危险性大幅增加。

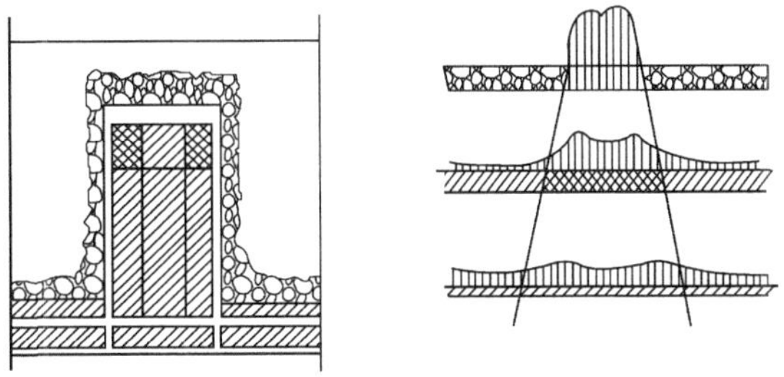

（a）　　　　（b）

▩—集中应力叠加影响区。

图 2-9　煤柱集中应力分布及对下层的影响

（a）三面采空（半岛）状态；（b）煤柱集中应力对下层的影响

开采煤柱容易引起冲击地压，特别是回收煤柱的工作面接近采空区时。据以往的经验，煤柱剩余宽度约为其高度的 10 倍时最危险。按 Jacobian 的意见，煤柱冲击危险的临界宽度为 2.5～20 倍高度。

煤柱不仅对本层开采有影响，而且对邻层开采也有很大影响。根据地音监测和钻屑法观测资料分析，这种影响可能深达 150 m 或更多。影响因素是多方面的，诸如煤柱尺寸大小、煤柱与邻层之间岩层性质、倾角、煤柱边缘影响角、回采区段与煤柱的相对位置等。

若工作面上覆存在残留煤柱，煤柱下方应力集中区呈椭圆状向深部扩展，恶化了下方工作面采掘应力环境。当巷道向采空区掘进时，煤层应力将经历先增大后减小的跨度变化过程，在应力的跨度变化过程中极有可能越过冲击地压临界应力而诱发冲击地压显现。在此区域内采掘期间煤岩体应力集中程度较高，存在极大风险。例如砚北煤矿 250208^{上} 上覆 3 煤层存在一定残留煤柱，其影响区域如图 2-10 所示，由图可见该残留煤柱对工作面采掘冲击危险影响较大。

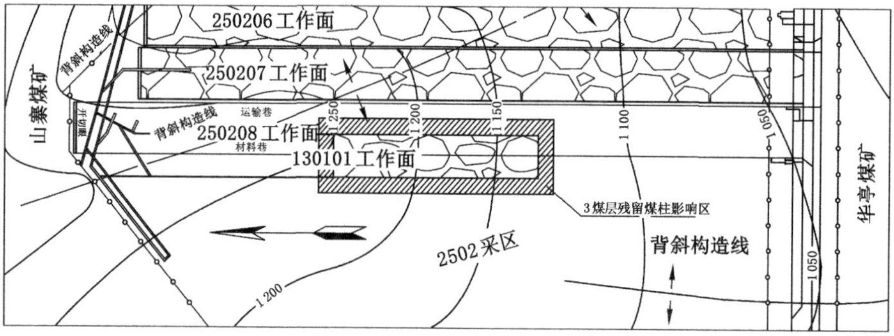

图 2-10　上覆 3 煤层残留煤柱影响区域示意图

2.3.3　采掘顺序

正确地设计和选择合理的开采顺序也是至关重要的。有利于安全开拓、准备和回采工作的所有环节的设计,都应当考虑能最大限度地限制在采场和巷道附近形成危险的应力集中带。设计工作在控制冲击地压危险方面起到基本的作用,设计的好坏将影响整个开采过程。多煤层同时开采时,各个煤层的开采会互相影响,因此开采顺序对开采后矿山压力的大小和分布有很大影响。在对煤层特别是有冲击危险煤层进行开采设计时,应当合理配置开采顺序,以便把因相邻煤层的开采所增加的冲击危险限制到最小。在巷道或采煤工作面相向推进、工作面向采空区或断层带推进、邻层工作面间错距不够时以及与采空区邻接的工作面上隅角部分、受邻层开采边界影响的区域等,不合理的布置和顺序都会使应力叠加(图 2-11),从而引起冲击地压。

砚北煤矿煤层整体划分为 5 个采区,由西向东依次为 2503 采区、2502 采区、1504 采区、1503 采区、1502 采区,根据矿井采掘规划可知,砚北煤矿后续生产工作面接续流程为:2502 采区内工作面交替开采,1504 与 1502(1503)采区工作面交替开采,以保证工作面合理的开采顺序,不形成孤岛工作面,最大限度地避免应力集中。

2.3.4　采掘速度

采掘速度对围岩的力学场的影响主要体现为:采掘速度的不同影响了围岩应力调整的完整程度,在应力调整过程中也会影响弹性能释放的剧烈程度。单位时间内开采截深增加必然导致周围岩体的加卸载速率更加剧烈,从而影响围岩的加卸载过程以及弹性能的积聚与释放过程。随着采掘速度的增加,悬臂段长度增加,最终静力平衡的顶板垂直位移峰值也增大,但是由于时间效应,推采速度越快,顶板潜在不稳定下沉量越大,相应的各顶板分层的叠加活动空间也越

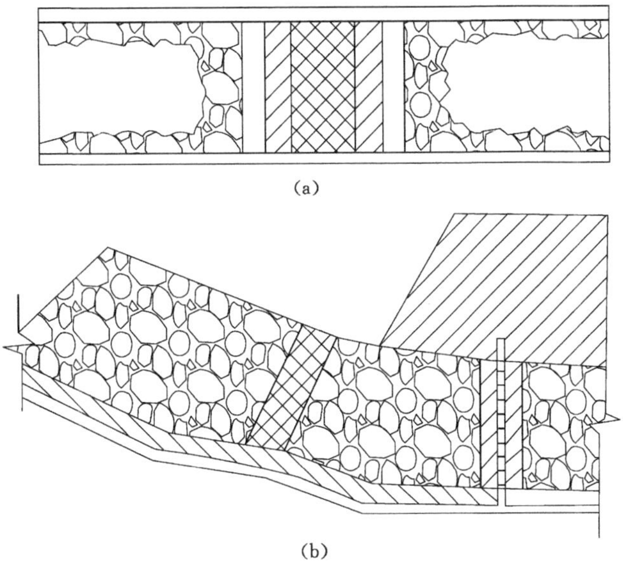

—应力叠加区域。

图 2-11　采掘顺序对集中应力分布的影响

(a) 工作面相向推进;(b) 巷道穿过煤柱

大,传递至距煤壁最近的亚关键层也会表现出短期内顶板下沉量小,相应的周期来压步距增大,造成亚关键层的顶板动载效应更明显,从而增加冲击危险程度。

2.3.5　采空区宽度

在一定的开采区域,随着工作面的回采,采空区的宽度逐渐增大,矿山震动和冲击地压危险也逐渐增加。当采空区宽度超过了极限宽度后,冲击地压危险性将保持在一定水平,而且相比于最大冲击危险,其危险性要小。根据岩层移动理论,该极限宽度约为 $0.4H$。

因此在进行采区开采设计时,工作面累计不能等于极限宽度。在工作面正常回采情况下,应尽量避免在极限宽度以内产生其他增加冲击地压危险的因素。

2.3.6　切眼位置

“刀把”形等不规则工作面,调斜、旋转区域或多个工作面的开切眼及停采线不对齐等区域附近极易造成局部多倍甚至十几倍的应力集中,冲击危险程度急剧升高。对外错回采空间周围应力分布进行的数值模拟研究表明,靠近采空区附近工作面周围煤岩体的应力集中程度非常高,应力集中系数最高达到 7,如图 2-12 所示。

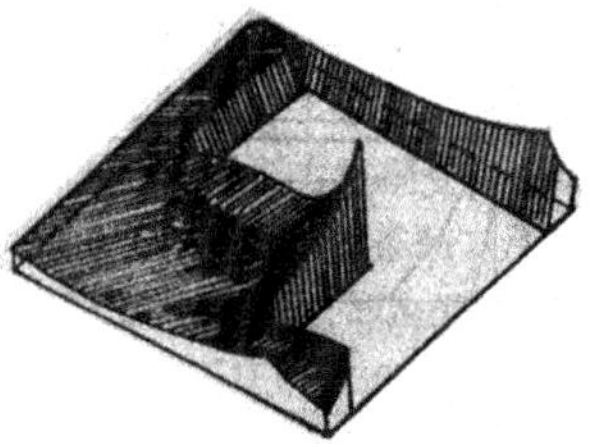

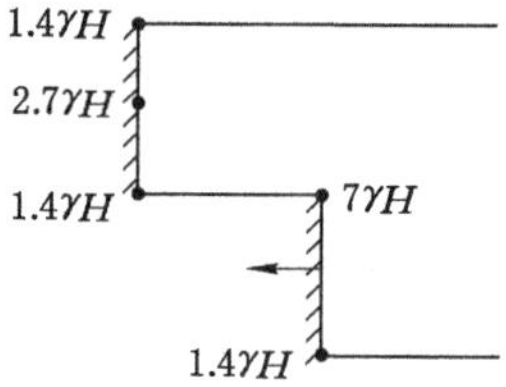

图 2-12　一侧采空的煤柱载荷作用下底板岩层的应力分布

2.3.7　高应力区域

煤岩体中应力集中是冲击地压发生的基本因素。而煤岩体的应力集中现象则与矿井的开采历史以及地质构造有关。

在岩体内开掘巷道后，巷道围岩必然出现应力重新分布，一般将巷道两侧改变后的切向应力增高部分称为支承压力。处于周边的岩块侧向应力为零，为单向压缩状态(图 2-13)，随着巷道向深部发展，岩块逐渐变为三向应力状态。若巷道两侧是松软岩层，则在此压力作用下就可能处于破坏状态。随着破坏向岩体内部发展，岩块的抗压强度逐渐增加，直到某一半径 R 处岩块又处于弹性状态。这样，半径 R 范围内的岩体就处于极限平衡状态，即此范围内岩块所处的应力圆与其强度包络线相切。这个范围称为极限平衡区。

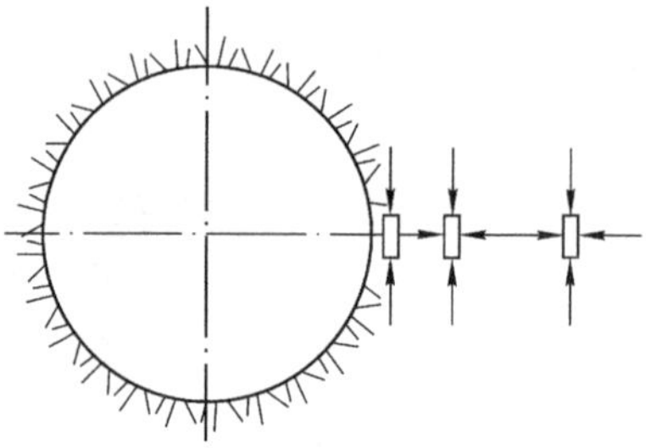

图 2-13　巷道两侧围岩单元体的应力状态

极限平衡区内的静力平衡方程为：

$$r\frac{\mathrm{d}\sigma_r}{\mathrm{d}r}+\sigma_r-\sigma_t=0 \tag{2-16}$$

根据极限平衡条件：

$$\sigma_t=\frac{1+\sin\varphi}{1-\sin\varphi}\sigma_r+\frac{2C\cos\varphi}{1-\sin\varphi} \tag{2-17}$$

式中　σ_t，σ_r——极限平衡区内的切向应力与径向应力；

C,φ——岩体的黏聚力和内摩擦角；

r——极限平衡区内所研究点的半径。

将式(2-17)代入式(2-16)得：

$$r\frac{\mathrm{d}\sigma_r}{\mathrm{d}r}+\sigma_r-\frac{1+\sin\varphi}{1-\sin\varphi}\sigma_r-\frac{2C\cos\varphi}{1-\sin\varphi}=0$$

$$\frac{\mathrm{d}\sigma_r}{\sigma_r+C\cot\varphi}=\frac{2\sin\varphi}{1-\sin\varphi}\cdot\frac{\mathrm{d}r}{r}$$

对两边积分，得：

$$\ln(\sigma_r+C\cot\varphi)=\frac{2\sin\varphi}{1-\sin\varphi}\ln r+\ln A$$

$$\sigma_r+C\cot\varphi=Ar^{\frac{2\sin\varphi}{1-\sin\varphi}}$$

式中，A 为积分常数。

若 $r=r_1$，$\sigma_r=0$，则：

$$A=C\cot\varphi/r_1^{\frac{2\sin\varphi}{1-\sin\varphi}}$$

可得：

$$\sigma_r=C\cot\varphi\left[\left(\frac{r}{r_1}\right)^{\frac{2\sin\varphi}{1-\sin\varphi}}-1\right] \tag{2-18}$$

$$\sigma_r=C\cot\varphi\left[\frac{1+\sin\varphi}{1-\sin\varphi}\left(\frac{r}{r_1}\right)^{\frac{2\sin\varphi}{1-\sin\varphi}}-1\right] \tag{2-19}$$

按式(2-18)和式(2-19)，可作出巷道两侧的切向应力分布图及巷道水平轴上周围各岩块单元体所处的应力状态，如图 2-14 所示。

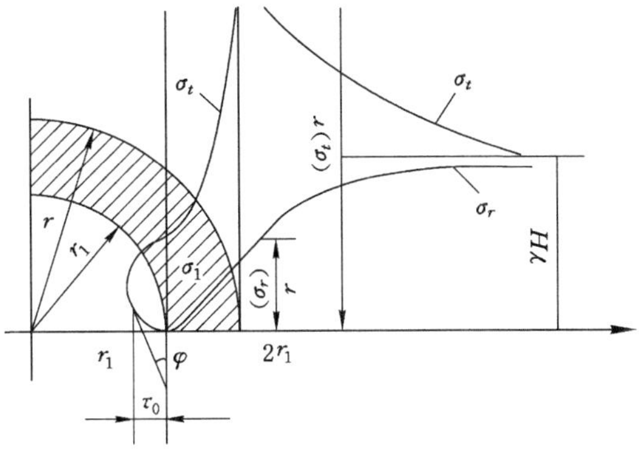

图 2-14　巷道两侧的支承压力分布

常将采场前方或巷道两侧的切向应力按大小进行分区，如图 2-15 所示。根据切向应力的大小，可分为减压区、增压区、稳压区、极限平衡区和弹性区。增压区即是通常所说的支承压力区。支承压力区的边界一般可以取高于原岩应力的5%处作为分界处，再向内部发展即处于稳压状态的原岩应力区。

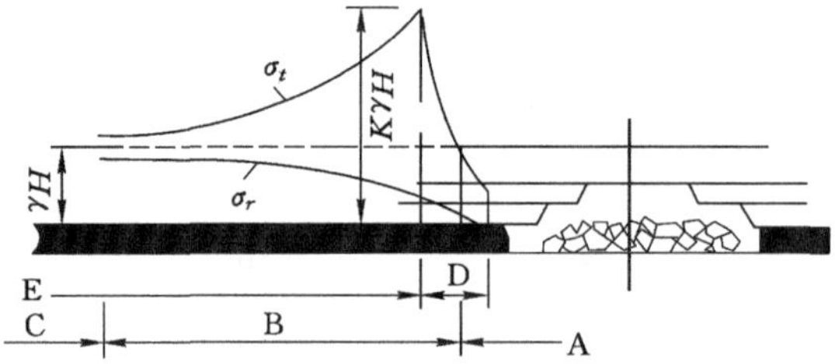

A—减压区；B—增压区；C—稳压区；D—极限平衡区；E—弹性区。

图 2-15 支承压力的分区

2.3.8 巷道交叉区域

如图 2-16(a)所示，当两层煤间布置的巷道相互平行时，在其投影间距很小，只有十几米的情况下，就在两巷道之间形成了煤柱。如果该煤柱的宽度不大，将会造成应力集中现象，不仅在一个煤层，而且在另一个煤层中，均可能会发生冲击地压。此外，在两个煤层的巷道交叉时也会发生这种情况，如图 2-16(b)所示。煤层的尖灭、褶曲等情况与这类似。

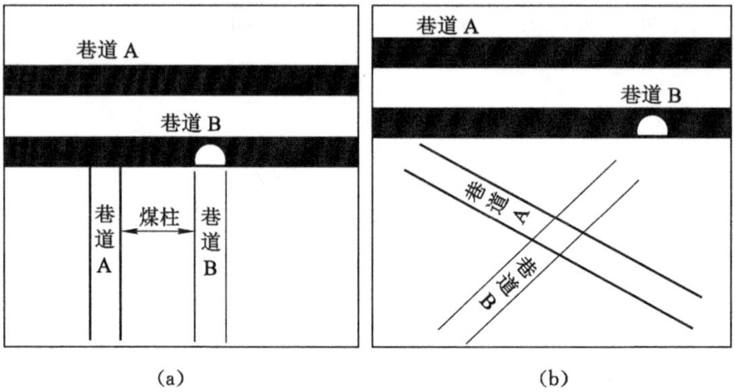

图 2-16 邻近煤层之间巷道的影响

(a) 邻近煤层巷道形成煤柱；(b) 邻近煤层巷道相互交叉

2.3.9 爆破等震动诱发

爆破是一个复杂的动态过程，根据钻孔爆破学，钻孔中药包起爆后，爆轰波以一定速度向外传播，爆轰瞬间爆炸气体充满整个钻孔，其超高压以冲击载荷的形式作用在孔壁上，压力达到 10^4 MPa 以上，显然工作面爆破落煤以后，造成的瞬间支承压力峰值临近工作面煤壁，并与爆炸力叠加，造成周边应力状态急剧变化，局部发生超高应力集中，部分煤岩体由三向应力状态迅速转化为双向甚至单向应力状态。伴随着强烈震动，顶板对煤层约束条件发生变化，应力增加和摩擦阻力降低交替进行。如果爆破前煤岩体已处于冲击危险状态，那么爆破的动载荷作用就可能触发冲击地压。

此外，钻机、掘进机或其他采煤机工作时也能局部改变煤体的应力状态，具有诱发作用，但比爆破的影响小。

2.4　砚北煤矿典型工作面影响因素分析

砚北煤矿冲击显现主要发生在 2502 采区工作面，现以 2502 采区工作面中较为典型的 250204 工作面作为研究对象，采用层次分析法，系统分析影响工作面冲击显现的主次因素，从而进一步确定影响砚北煤矿冲击地压显现的主次因素，为后期工作面冲击地压防治提供依据。

2.4.1　250204 工作面概况

250204 工作面位于 2502 采区，煤层厚 32.7～42.6 m，倾角 6°～15°，开采深度 362～552 m，采用倾斜分段综放采煤法采煤，全部垮落法处理采空区。图 2-17 为 250204 工作面布置图。

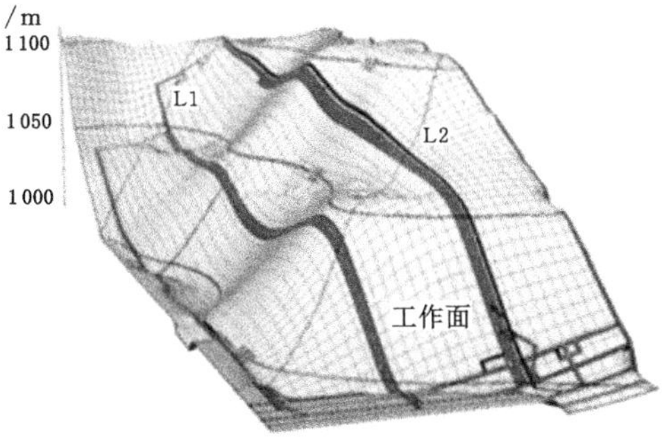

L1—向斜轴部构造线；L2—背斜轴部构造线。

图 2-17　砚北煤矿 250204 工作面布置图

2.4.2　工作面冲击地压影响因素分析

选取工作面煤层厚度、煤层倾角、开采深度和褶曲构造等 4 个地质影响因素，以及采掘影响与巷道穿层等 2 个采矿技术影响因素，绘制了各个因素分布云图。

对 250204 工作面的矿震事件进行统计，发现 250204 工作面从 2011 年 4 月 21 日回采开始到 2013 年 5 月 17 日回采结束，其间发生矿震事件共 10 368 次，其中震源能量(E)大于 5×10^4 J 的矿震事件有 287 次。

2.4.2.1 煤层厚度

图 2-18 为 250204 工作面内煤层厚度赋存与梯度分布云图。经统计表明煤层厚度大于 40 m 的区域内矿震分布占总矿震数的 53.0%(152 起)，震源分布密集；煤层厚度为 35～40 m 的区域与小于 35 m 的区域矿震分布分别占总矿震数的 30.6%(88 起)与 16.4%(47 起)，可知震源分布密集程度随煤层厚度减小呈降低趋势。对于梯度变化而言，在梯度(变化速率)大于 0.022 的区域内仅分布 38 起矿震事件，占 13.2%，由此说明煤层厚度并非变化得越快对矿震分布影响越明显。可见煤层厚度这一因素在不同区域内对矿震或冲击地压的影响具有明显差异，且煤层厚度值与矿震分布的关系更为密切，其梯度值与矿震分布关系不明显。

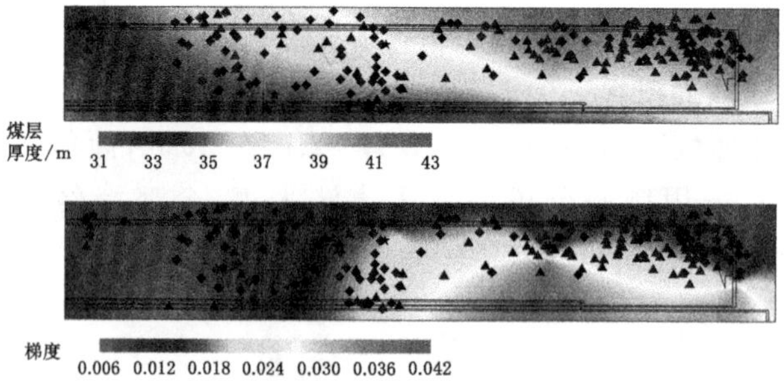

▲—1.0×10^6 J$>E>$$5.0\times10^5$ J 矿震事件；◆—1.0×10^7 J$>E>$$1.0\times10^6$ J 矿震事件；★—1.0×10^8 J$>E>$$1.0\times10^7$ J 矿震事件。

图 2-18 煤层厚度赋存与梯度分布云图

2.4.2.2 煤层倾角

图 2-19 为 250204 工作面内煤层倾角分布与梯度变化云图。统计结果表明，煤层倾角小于 9°的区域内矿震分布占总矿震数的 17.4%(50 起)，煤层倾角大于 12°的区域内矿震分布占总矿震数的 19.9%(57 起)，大部分矿震(180 起，占 62.7%)分布在煤层倾角为 9°～12°的区域内。从梯度变化情况可知，工作面内大部分区域煤层倾角梯度处于较低水平，为 0°～0.02°；煤层倾角梯度较高的区域并没有过多的矿震积聚。综上可得，工作面内倾角变化平缓，大部分工作面区域及矿震分布处于 9°～12°范围内，所以在这些区域内煤层倾角难以表现出对

矿震分布的控制作用，应当予以一般权重；在煤层倾角大于 12°的范围内出现一定程度的矿震积聚，应当提高影响权重。

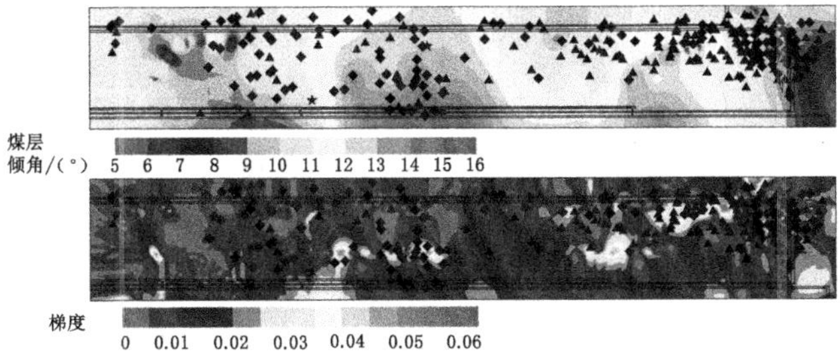

▲—1.0×10^6 J>E>5.0×10^5 J 矿震事件；◆—1.0×10^7 J>E>1.0×10^6 J 矿震事件；★—1.0×10^8 J>E>1.0×10^7 J 矿震事件。

图 2-19　煤层倾角分布与梯度变化云图

2.4.2.3　开采深度

图 2-20 为 250204 工作面内开采深度分布与梯度变化云图。经统计表明，绝大部分矿震(99%，284 起)都分布在开采深度大于 450 m 的区域内，其中开采深度大于 500 m 的区域内共有 211 起矿震事件分布，占 73.5%；就开采深度梯度而言，分布在开采深度梯度大于 0.3 的区域内的矿震事件仅 38 起，故矿震分布对开采深度梯度变化并不敏感。综上所述，矿震分布与开采深度值具有一定正相关性，与开采深度梯度相关性较差。对比位于开采初期与末期的两个高开采深度区域，矿震分布分别表现出了积聚性与松散性，由此说明，开采深度无法对冲击危险产生绝对影响力。

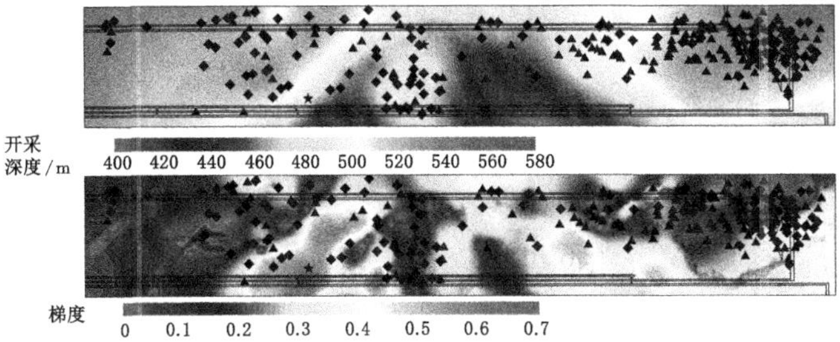

▲—1.0×10^6 J>E>5.0×10^5 J 矿震事件；◆—1.0×10^7 J>E>1.0×10^6 J 矿震事件；★—1.0×10^8 J>E>1.0×10^7 J 矿震事件。

图 2-20　开采深度分布与梯度变化云图

2.4.2.4 巷道穿层

开采 250205 工作面时在 250205 运输平巷上方 25 m 左右又开掘了 250205 辅运平巷，使得 250204 材料平巷位于两条巷道中间，且 250205 辅运平巷穿越了 250204 工作面设计开采的上分层层位，一定程度上提高了 250204 工作面开采的冲击危险性。250204 运输平巷与 250205 辅运平巷均布置在煤层当中，两条巷道之间的煤柱高度差存在变化。图 2-21 为巷道高差分布曲线及周围矿震定位图，结果表明矿震分布与巷道穿层变化相关性较低。

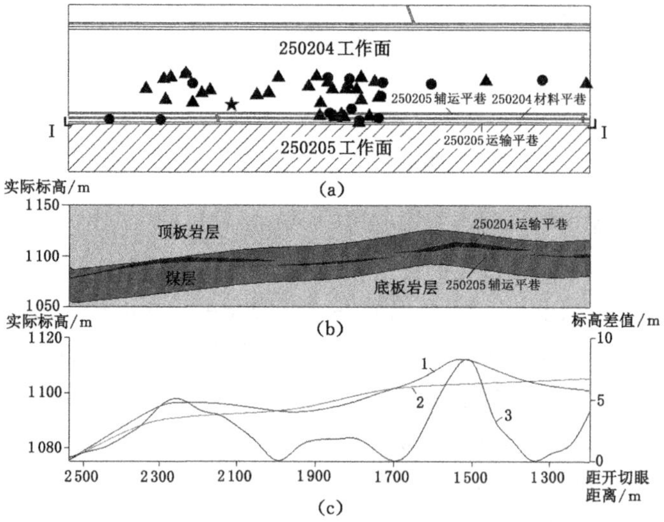

▲—1.0×10^6 J>E>5.0×10^5 J 矿震事件；◆—1.0×10^7 J>E>1.0×10^6 J 矿震事件；★—1.0×10^8 J>E>1.0×10^7 J 矿震事件；1—250205 辅运平巷标高变化曲线；2—250204 材料平巷标高变化曲线；3—两巷穿层变化曲线。

图 2-21 巷道高差分布曲线与周围矿震定位图

(a) 巷道平面图及矿震分布；(b) Ⅰ-Ⅰ剖面巷道与煤岩层的位置关系图；(c) Ⅰ-Ⅰ剖面巷道起伏变化情况

2.4.2.5 褶曲构造

250204 工作面内褶曲构造发育，工作面内赋存有 3 处不同曲率的褶曲构造，分别位于工作面切眼、中部、停采线处，位于工作面中部的褶曲曲率相对较小。考虑到影响因素叠加的冗杂程度，对工作面的褶曲分布进行了简化，以工作面切眼与停采线附近的背向斜作为研究对象，图 2-22 为工作面褶曲构造分布与矿震定位云图。定位结果表明，向斜轴部附近矿震频繁，且矿震分布数量与距向斜轴部距离呈负相关关系；与向斜构造影响相比较，背斜轴部则对矿震分布的影响较小，但仍有部分矿震沿背斜轴部构造线方向分布。

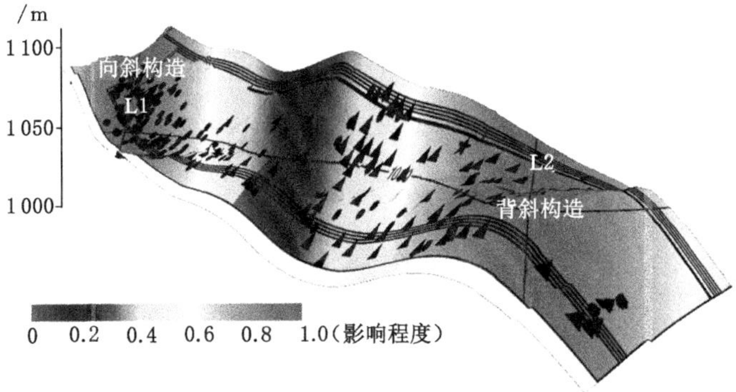

●—1.0×10^6 J>E>5.0×10^5 J 矿震事件；▲—1.0×10^7 J>E>1.0×10^6 J 矿震事件；
★—1.0×10^8 J>E>1.0×10^7 J 矿震事件；L1—向斜轴部构造线；L2—背斜轴部构造线。

图 2-22　褶皱构造分布与矿震定位云图

2.4.2.6　采掘干扰

由于 250204 工作面与 250203 掘进面相向采掘，随着掘进面与工作面之间的距离不断减小，采掘扰动越来越强，为确定采掘相互影响与冲击危险的相关程度，以月为时间单位，统计工作面实际推进与掘进面掘进的位置关系，分析每个月内矿震事件分布与采掘干扰的时空关系。

图 2-23 为采掘位置关系与矿震分布图。由图可见，2011 年 9 月、10 月、11 月这三个月受到不同程度采掘干扰影响，掘进工作面于 2011 年 12 月停止掘进，12 月所受到的采掘干扰影响大幅度降低，但由于 9 月采、掘工作面距离较远，其相互干扰影响较弱，故将具有强烈采掘干扰时间范围认定为 10 月与 11 月；随着采、掘工作面相向距离不断减小，矿震频次明显增加，特别是强矿震频次增加尤为明显。由此可见，在受强烈采掘干扰影响的区域内矿震分布，尤其是强矿震分布与采掘干扰的相关性明显。

基于上述冲击地压影响因素分析，可确定整体影响因素为煤层厚度、煤层倾角和开采深度，局部影响因素为采掘干扰、褶曲构造和巷道穿层。基于各冲击地压影响因素影响范围与赋存变化情况，以局部影响因素为主、兼顾整体影响因素对工作面进行区域划分，划分结果如图 2-24 所示，主要划分依据如下：

(1) 工作面回采初期主要受煤层厚度、煤层倾角、开采深度和向斜构造影响，并且矿震事件随工作面与向斜轴部不断靠近再逐渐远离明显表现出先密后

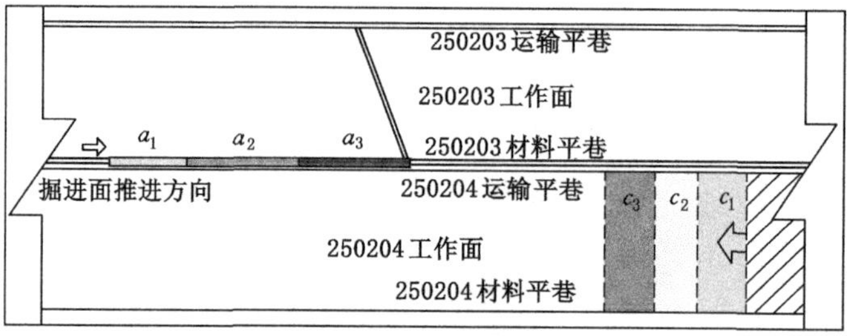

(a)

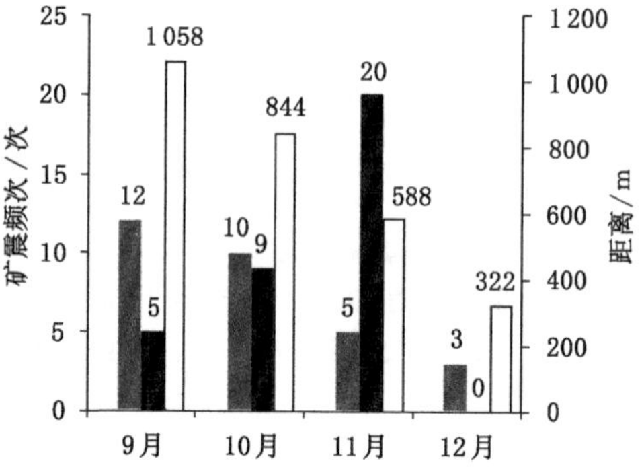

(b)

a_1—2011 年 9 月掘进工程量；a_2—2011 年 10 月掘进工程量；a_3—2011 年 11 月掘进工程量；

c_1—2011 年 9 月回采工作量；c_2—2011 年 10 月回采工作量；c_3—2011 年 11 月回采工作量；

■—5.0×10^4 J$<E<1.0\times10^5$ J；■—1.0×10^5 J$<E$；□—采掘工作面距离。

图 2-23　采掘位置关系与矿震分布柱状图

(a) 采掘时空关系；(b) 强矿震分布柱状图

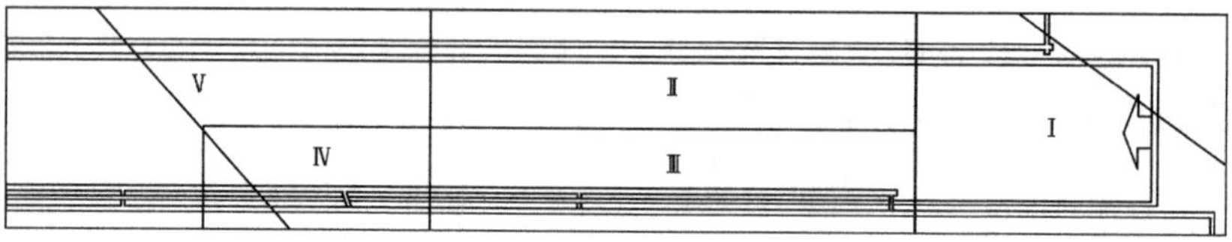

图 2-24　250204 工作面区域划分结果

疏的分布态势，当工作面推进 420 m 左右，进入采掘干扰影响范围时，向斜构造影响力减弱，故将距开切眼 0～420 m 的工作面区域划分为Ⅰ区。

(2) 工作面回采中期主要受煤层厚度、煤层倾角、开采深度、采掘干扰和巷道高差影响，根据对采掘干扰影响因素的分析，认为 2011 年 10 月至 11 月初为主要采掘干扰影响时间范围，其对应的空间范围为距开切眼 420～1 260 m 左右的工作面区域。根据采掘干扰时期矿震分布情况，即主要分布在 A 区域，仅2 起矿震事件分布在 B 区域，如图 2-25 所示，故将 A 区域划分为Ⅱ区，B 区域划分为Ⅲ区。

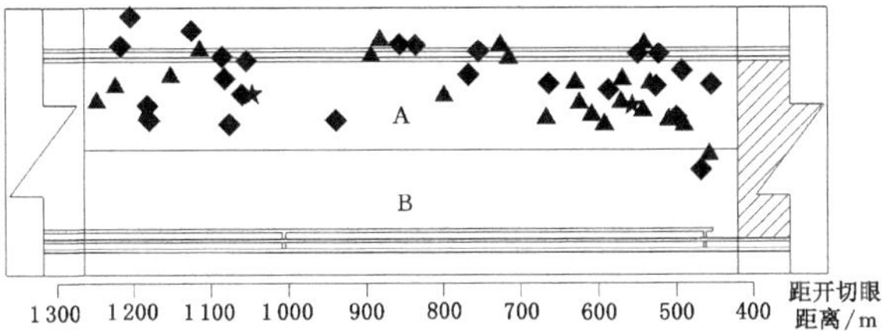

▲—1.0×10^{6} J>E>5.0×10^{5} J 矿震事件；◆—1.0×10^{7} J>E>1.0×10^{6} J 矿震事件；★—1.0×10^{8} J>E>1.0×10^{7} J 矿震事件。

图 2-25　采掘干扰期间矿震分布

(3) 工作面回采后期，即距开切眼 1 260～2 010 m 工作面范围内，主要受到煤层厚度、煤层倾角、开采深度、背斜构造及局部巷道穿层影响。由于巷道穿层与背斜构造影响出现了叠加区域，后续层次分析法分析时需要区域内因素种类固定不变，根据该区域内局部的巷道穿层影响因素分布情况，将该区域划分成两个区域，即Ⅳ区与Ⅴ区。

向斜构造强烈影响区域为Ⅰ区，且该区处于高煤层厚度及开采深度阶段，比较这三种影响因素与矿震分布相关性，可得向斜构造对矿震分布影响最强烈，故Ⅰ区主控因素为向斜构造影响。采掘干扰强烈影响区域为Ⅱ区，区域内煤层厚度、煤层倾角等地质因素对矿震分布影响不明显，故Ⅱ区主控因素为采掘干扰影响。综合比较Ⅲ区内的影响因素与矿震分布的相关性可知，开采深度与煤层倾角在区域内存在明显变化，并且与其他影响因素相比其与矿震分布联系更为密切，故Ⅲ区主控因素为煤层倾角与开采深度影响。Ⅳ区内背斜构造与矿震分布呈现较为明显的关联，而其他影响因素与矿震分布之间相关性不大，故Ⅳ区主控因素为背斜构造影响。Ⅴ区内背斜构造、煤层厚度变化明显，但矿震集中分布在煤层厚度较高区域，而煤层倾角与开采深度梯度变化较小，与矿震分布关联程度较低，故Ⅴ区主控因素为煤层厚度影响。

2.4.3　基于层次分析法的冲击地压影响因素权重量化

2.4.3.1　构造判断矩阵及计算权重向量

采用单层次模型结构，模型由一个目标 C 及隶属于它的 n 个评价元素 $A_1,\cdots,A_n$ 和评价者组成。采用 1～9 标度方法进行每两元素间的相对比较，按两两标度比较构造判断矩阵：

$$
\boldsymbol{A}=\begin{bmatrix}\frac{A_1}{A_1} & \frac{A_1}{A_2} & \cdots & \frac{A_1}{A_n}\\ \frac{A_2}{A_1} & \frac{A_2}{A_2} & \cdots & \frac{A_2}{A_n}\\ \vdots & \vdots & \ddots & \vdots\\ \frac{A_m}{A_1} & \frac{A_m}{A_2} & \cdots & \frac{A_m}{A_n}\end{bmatrix}=\begin{bmatrix}A_{11} & A_{12} & \cdots & A_{1n}\\ A_{21} & A_{22} & \cdots & A_{2n}\\ \vdots & \vdots & \ddots & \vdots\\ A_{m1} & A_{m2} & \cdots & A_{mn}\end{bmatrix} \tag{2-20}
$$

可由 $\boldsymbol{AW}=\lambda_{\max}\boldsymbol{W}$，计算最大特征根 $\lambda_{\max}$，找出它对应的特征向量 $\boldsymbol{W}$，即同一层各因素相对上一层某因素重要性的排序权重，然后进行一致性检验，最后得出权重矩阵。

通常采用方根法求解 $\lambda_{\max}$ 与 $\boldsymbol{W}$：首先计算每行元素的乘积 M_i，然后计算 M_i 的 n 次方根 $\overline{W_i}$，将 $\overline{W_i}$ 进行归一化可得 W_i，即可得到最大特征根 $\lambda_{\max}$，计算公式如下：

$$
M_i=\prod_{j=1}^{n}A_{ij} \tag{2-21}
$$

$$
\overline{W_i}=\sqrt[n]{M_i} \tag{2-22}
$$

$$
W_i=\overline{W_i}/\sum_{i=1}^{m}\overline{W_i} \tag{2-23}
$$

$$
\lambda_{\max}=\sum_{i=1}^{m}\frac{(\boldsymbol{AW})_i}{W_i} \tag{2-24}
$$

2.4.3.2　一致性检验

求出最大特征根 $\lambda_{\max}$ 之后，进行一致性检验，即计算一致性比例 CR：

$$
\mathrm{CR}=\frac{\mathrm{CI}}{\mathrm{RI}}=\frac{\lambda_{\max}-n}{(n-1)\mathrm{RI}} \tag{2-25}
$$

式中　n——平均判断矩阵的阶数；

CI——一致性指标；

RI——平均随机一致性指标，由表 2-4 查取。

表 2-4　平均随机一致性指标赋值标准

阶数	1	2	3	4	5	6	7	8
RI	0	0	0.52	0.89	1.12	1.26	1.36	1.14

当 CR<0.1 时，一般认为判断矩阵的一致性可以接受，否则需要重新调整元素权重，使其符合一致性检验。

2.4.3.3　各区域影响因素权重分配

根据各个区域内影响因素与矿震分布之间的相关性以及层次分析法比较标度准则，给出各个区域内影响因素判断矩阵，如表 2-5～表 2-9 所列。

表 2-5　Ⅰ区域影响因素判断矩阵

C	煤层倾角	开采深度	煤层厚度	向斜构造
煤层倾角	1	1/3	1/5	1/7
开采深度	4	1	1/2	1/4
煤层厚度	5	2	1	1/3
向斜构造	7	4	3	1

表 2-6　Ⅱ区域影响因素判断矩阵

C	开采深度	煤层厚度	煤层倾角	采掘影响
开采深度	1	1/3	1/3	1/5
煤层厚度	3	1	1	1/3
煤层倾角	3	1	1	1/3
采掘影响	5	3	3	1

表 2-7　Ⅲ区域影响因素判断矩阵

C	巷道穿层	煤层厚度	煤层倾角	开采深度
巷道穿层	1	1/2	1/4	1/4
煤层厚度	2	1	1/3	1/3
煤层倾角	4	3	1	1
开采深度	4	3	1	1

表 2-8　Ⅳ区域影响因素判断矩阵

C	煤层厚度	巷道穿层	开采深度	煤层倾角	背斜构造
煤层厚度	1	1	1/2	1/2	1/4
巷道穿层	1	1	1/2	1/2	1/4
开采深度	2	2	1	1	1/3
煤层倾角	2	2	1	1	1/3
背斜构造	4	4	3	3	1

表 2-9　Ⅴ区域影响因素判断矩阵

C	开采深度	煤层倾角	背斜构造	煤层厚度
开采深度	1	1/2	1/3	1/4
煤层倾角	2	1	1/2	1/3
背斜构造	3	2	1	1/2
煤层厚度	4	3	2	1

根据表 2-5～表 2-9 所列的影响因素重要性程度构造出判断矩阵，据式(2-20)～式(2-24)可算得Ⅰ区影响因素的判断矩阵最大特征值 $\lambda_{max}=4.158$，CI=0.053，RI=0.89，CR≈0.060<0.1，满足一致性检验，则煤层倾角、开采深度、煤层厚度与向斜构造的权重矩阵 $\boldsymbol{W}=[0.056,0.152,0.244,0.547]$。同理可得：

Ⅱ区影响因素的判断矩阵最大特征值 $\lambda_{max}=4.046$，CI=0.015，RI=0.89，CR=0.017<0.1，满足一致性检验，则开采深度、煤层厚度、煤层倾角与采掘影响的权重矩阵 $\boldsymbol{W}=[0.078,0.201,0.201,0.520]$。

Ⅲ区影响因素的判断矩阵最大特征值 $\lambda_{max}=4.011$，CI=0.004，RI=0.89，CR=0.004<0.1，满足一致性检验，则巷道穿层、煤层厚度、煤层倾角与开采深度的权重矩阵 $\boldsymbol{W}=[0.087,0.142,0.385,0.385]$。

Ⅳ区影响因素的判断矩阵最大特征值 $\lambda_{max}=5.026$，CI=0.006，RI=1.12，CR=0.005<0.1，满足一致性检验，则煤层厚度、巷道穿层、开采深度、煤层倾角与背斜构造的权重矩阵 $\boldsymbol{W}=[0.096,0.096,0.177,0.177,0.453]$。

Ⅴ区影响因素的判断矩阵最大特征值 $\lambda_{max}=4.014$，CI=0.005，RI=0.89，CR=0.006<0.1，满足一致性检验，则开采深度、煤层倾角、背斜构造与煤层厚度的权重矩阵 $\boldsymbol{W}=[0.098,0.216,0.285,0.479]$。

2.4.4　工作面冲击危险性评价模型构建与检验

2.4.4.1　影响因素的数据归一化处理

为消除各冲击地压影响因素之间的量纲影响，需要进行数据归一化处理。原始数据经过数据归一化处理后，各影响因素处于无量纲状态，可进行综合对比评价。其计算方法如下式所示：

$$F(x,y,z)=\frac{f(x,y,z)-\min(f(x,y,z))}{\max(f(x,y,z))-\min(f(x,y,z))} \tag{2-26}$$

式中　$F(x,y,z)$——归一化处理后的数据结果；

$f(x,y,z)$——归一化前的原始数据；

$\min(f(x,y,z))$和 $\max(f(x,y,z))$——各影响因素量化值的最小值和最大值；

x, y, z——地理坐标。

同时，在归一化过程中需要考虑各影响因素对目标事件的正负相关性。煤层厚度、开采深度、煤层倾角、采掘影响及巷道高差等影响因素对冲击危险产生正相关性影响。褶曲构造对冲击危险产生负相关性影响，因此在归一化过程中需采用$(1-F(x,y,z))$的方式进行归一化处理。

2.4.4.2　冲击危险性评价模型构建与检验

在某一区域内的某一位置上，由各影响因素综合作用而产生的冲击危险性指数可表示为：

$$T(x,y,z)=\sum_{i=1}^{n}V_iF_i(x,y,z) \tag{2-27}$$

式中　n——该区域影响因素种类；

x, y, z——该点地理坐标；

$T(x,y,z)$——该点冲击危险性指数；

V_i——影响因素权重；

$F_i(x,y,z)$——影响因素归一化函数。

T 值与冲击危险等级对应标准如表 2-10 所列。

表 2-10　T 值与冲击危险等级对应标准

类别	D	C	B	A
等级	无	弱	中等	强
T 值	[0,0.25)	[0.25,0.5)	[0.5,0.75)	[0.75,1]

为描述冲击危险性指数与矿震分布的吻合程度，定义 U 为冲击危险性评价模型与矿震分布的拟合指数：

$$U=\frac{\sum_{i=1}^{n}\mathrm{Int}[T(x,y,z)-a+1]}{n}\times 100\% \tag{2-28}$$

式中　U——拟合指数；

Int()——取整函数；

x, y, z——矿震地理坐标；

$T(x,y,z)$——矿震处冲击危险性指数；

a——检验精度，取 $a=0.5$；

n——矿震总数。

倘若拟合指数大于 80%，则认为该模型与实际条件符合程度较高，参数设置合理，具有参考意义。

利用式(2-27)计算得到的各区域冲击危险性指数作各区域冲击危险性指数分布与矿震定位对比图，如图 2-26～图 2-29 所示。利用式(2-28)可计算得到各区域拟合指数，分别为 99.3%、85.1%、88.6%、85.7%和 82.1%，说明冲击危险性指数与矿震分布吻合程度较高。

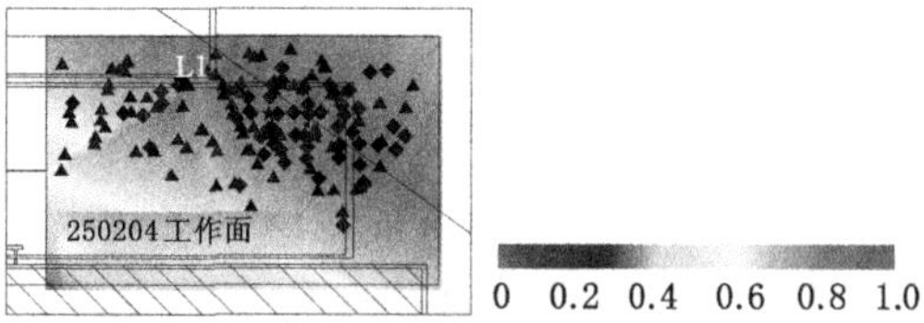

▲—1.0×10^6 J>E>5.0×10^5 J 矿震事件；◆—1.0×10^7 J>E>1.0×10^6 J 矿震事件；★—1.0×10^8 J>E>1.0×10^7 J 矿震事件；L1—向斜轴部构造线。

图 2-26 Ⅰ区域冲击危险性指数分布与矿震定位对比图

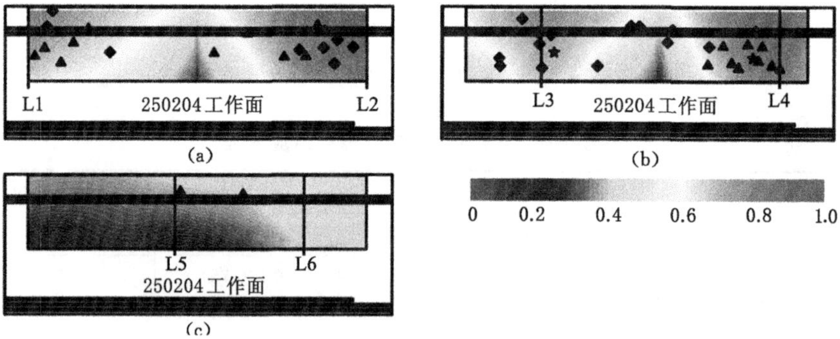

▲—1.0×10^6 J>E>5.0×10^5 J 矿震事件；◆—1.0×10^7 J>E>1.0×10^6 J 矿震事件；★—1.0×10^8 J>E>1.0×10^7 J 矿震事件；
L1—2011 年 10 月 1 日掘进位置；L2—2011 年 10 月 1 日推进位置；L3—2011 年 11 月 1 日掘进位置；L4—2011 年 11 月 1 日推进位置；L5—2011 年 12 月 1 日掘进位置；L6—2011 年 12 月 1 日推进位置。

图 2-27 Ⅱ区域冲击危险性指数分布与矿震定位对比图

(a) 10 月定位结果；(b) 11 月定位结果；(c) 12 月定位结果

图 2-30 为整个工作面回采期间冲击危险性指数分布云图。纵观 250204 工作面整个回采过程，在回采初期受到向斜构造的严重影响，在此阶段冲击危险性最大并且矿震事件能量较高、次数频繁；回采至Ⅱ、Ⅲ区域，不再有特殊地质条件对其产生影响，矿震频次大幅下降，但Ⅱ区域受到采掘干扰强烈影响而表现出危险程度提升及高能量矿震积聚，Ⅲ区域内矿震事件分布明显表现出对于主控因素分布的趋向性；回采至Ⅳ、Ⅴ区域已经是工作面回采末期，区域内矿震频次有

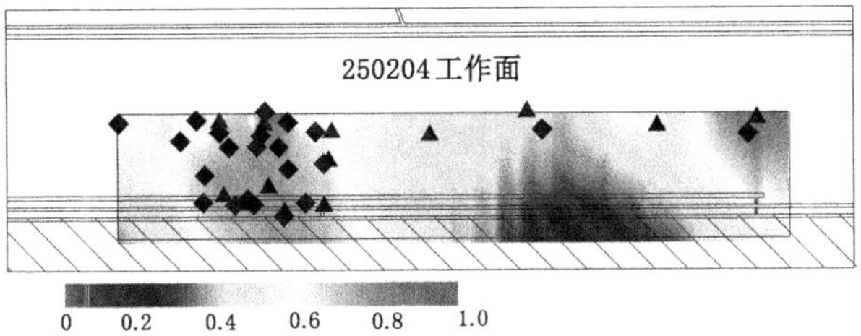

▲—1.0×10⁶ J>E>5.0×10⁵ J 矿震事件；◆—1.0×10⁷ J>E>1.0×10⁶ J 矿震事件；
★—1.0×10⁸ J>E>1.0×10⁷ J 矿震事件；

图 2-28　Ⅲ区域冲击危险性指数分布与矿震定位对比图

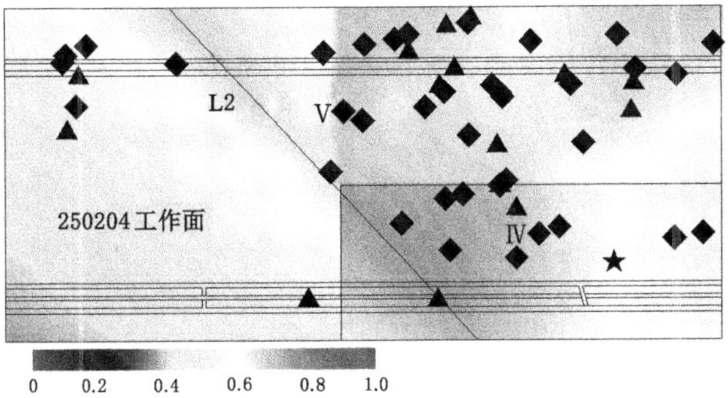

▲—1.0×10^6 J>E>5.0×10^5 J 矿震事件；◆—1.0×10^7 J>E>1.0×10^6 J 矿震事件；★—1.0×10^8 J>E>1.0×10^7 J 矿震事件；L2—背斜轴部构造线。

图 2-29　Ⅳ、Ⅴ区域冲击危险性指数分布与矿震定位对比图

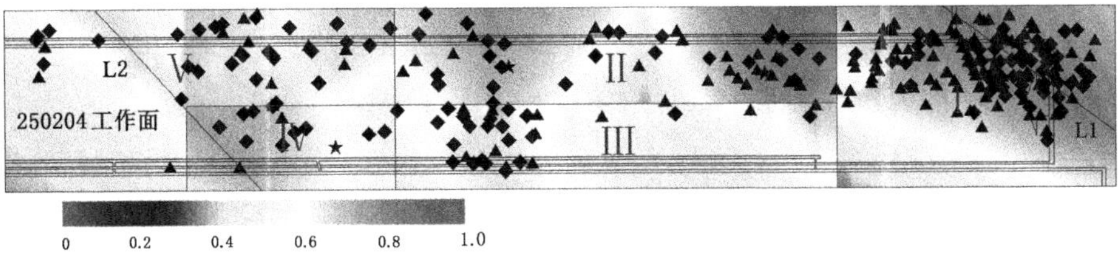

▲—1.0×10^6 J>E>5.0×10^5 J 矿震事件；◆—1.0×10^7 J>E>1.0×10^6 J 矿震事件；
★—1.0×10^8 J>E>1.0×10^7 J 矿震事件；
L1—向斜轴部构造线；L2—背斜轴部构造线。

图 2-30　整个工作面回采期间冲击危险性指数分布与矿震定位对比图

限但总体分布趋势与模型拟合程度良好。利用式(2-28)计算可得，整个工作面拟合指数为 92.6%，本模型对于 250204 工作面内冲击危险性评价效果优良。

基于砚北煤矿 250204 工作面冲击地压影响因素分析研究，结果表明：煤层厚度、煤层倾角及开采深度为覆盖整个工作面的影响因素，仅在局部区域对冲击危险性影响明显；向斜构造及采掘干扰在其影响区域内对冲击危险性影响强烈；与向斜构造相比背斜构造对冲击危险性影响程度明显减弱；巷道穿层对冲击危险性影响较低。综上则可知砚北煤矿工作面的主要地质影响因素为褶皱构造。

第3章 褶皱构造区冲击地压显现机理研究

3.1 动静载叠加诱冲机理

根据长期的理论研究、实验室实验、现场试验，一致认为，冲击地压的发生必须要满足强度条件（即煤岩体上所受的应力要超过煤岩体的强度，煤岩体才会发生破坏）、能量条件（即煤岩体聚积能量的速度大于消耗能量的速度）、煤岩体具有冲击倾向性（即具有发生脆性破坏的能力）等三个条件。这里，第一个条件是必要条件，而后两个是充分条件，即煤岩体所受的应力没有超过煤岩体的强度，煤岩系统就不会发生破坏，就不会出现冲击地压现象；煤岩系统中虽然能够聚积能量，但若耗散的速度大于聚积的速度，能量就不会突然释放，也不会发生冲击地压；而煤岩系统若没有突然破坏的能力，也就不会发生冲击地压现象。

3.1.1 动静载叠加诱冲机理

根据能量准则，冲击地压是煤体-围岩系统在其力学平衡状态破坏时所释放的能量大于所消耗的能量时产生的动力现象，可用下式表示：

$$\frac{\mathrm{d}U_{\mathrm{R}}}{\mathrm{d}t}+\frac{\mathrm{d}U_{\mathrm{C}}}{\mathrm{d}t}+\frac{\mathrm{d}U_{\mathrm{S}}}{\mathrm{d}t}>\frac{\mathrm{d}U_{\mathrm{B}}}{\mathrm{d}t} \tag{3-1}$$

式中 U_{R}——围岩中储存的能量；

U_{C}——煤体中储存的能量；

U_{S}——矿震能量；

U_{B}——冲击地压发生时所消耗的能量。

煤岩体中储存的能量和矿震能量可用下式表示：

$$U=\frac{(\sigma_{\mathrm{s}}+\sigma_{\mathrm{d}})^2}{2E} \tag{3-2}$$

式中 σ_{s}——煤岩体中的静载荷；

σ_{d}——矿震形成的动载荷。

而冲击地压发生时消耗的最小能量可表示为：

$$U_{\mathrm{Bmin}}=\frac{\sigma_{\mathrm{Bmin}}^2}{2E} \tag{3-3}$$

式中　σ_{Bmin}——发生冲击地压时的最小载荷。

因此，冲击地压的发生需要满足如下条件，即：

$$\sigma_s + \sigma_d \geqslant \sigma_{Bmin} \tag{3-4}$$

也就是说，采掘空间周围煤岩体中的静载荷与矿震形成的动载荷叠加，超过了煤岩体发生冲击地压时的最小载荷时，才会发生冲击地压灾害，这就是冲击地压发生的动静载叠加原理，如图 3-1 所示。

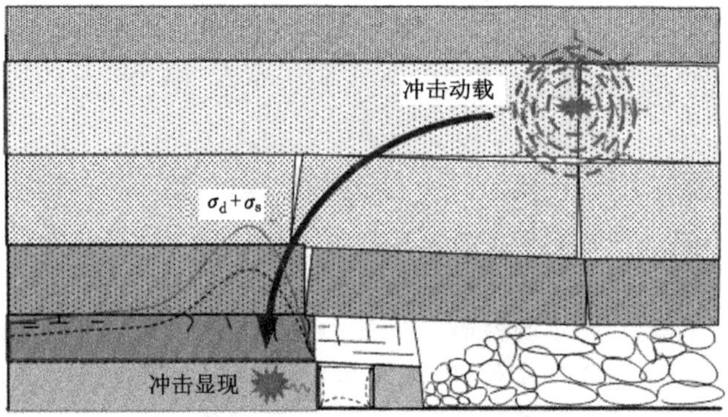

图 3-1　冲击地压发生的动静载叠加原理示意图

动静载叠加诱发冲击主要表现为以下三种情形：

（1）高静载情形。深部开采中，巷道或采场围岩原岩应力很高，巷道开挖或工作面开采导致巷道或采场周边高静载应力集中，此时应力水平虽未超过但已接近临界载荷，远场矿震产生的微小动载应力增量便可满足动静载叠加诱冲条件，从而导致煤体冲击破坏。此时，矿震产生的动载应力扰动在煤体冲击破坏时主要起诱发作用，是目前引发冲击地压最为普遍的一种形式。

（2）高动载情形。浅部开采中，巷道或采场原岩应力不是很高，但远场矿震强度很大，震动波传至煤体的瞬间动载应力增量很大，巷道或采场周围静载应力与动载应力叠加超过临界载荷导致煤体冲击破坏。此时，矿震的动载应力扰动在煤体破坏时起主导作用。另外，在高静载速率下，煤样的冲击倾向性比标准状态下更强，原本鉴定为无冲击倾向性的煤样也具有冲击倾向。这给出了浅部开采及原本鉴定为无冲击倾向的煤层仍然发生冲击地压的原因。

（3）低临界载荷情形。因煤体的不均匀性及物性差异，不同区域发生冲击地压的临界载荷不同。当煤体中静载应力较低，且矿震引发的动载应力不高时，若采掘空间煤岩体的物理力学性质或应力状态突然变化，导致冲击临界载荷降低，小于动静载叠加应力，也会发生冲击地压。

3.1.2　煤岩体冲击破坏的最小应力

根据煤岩体的动静载叠加诱发冲击地压原理，要发生冲击地压的动力破坏，煤岩体上所受的载荷要超过发生冲击破坏的最小载荷。图 3-2 为实验室实验所得的煤岩体发生冲击破坏的最小载荷与煤的单向抗压强度之间的关系。图中，横坐标为煤的单向抗压强度，纵坐标为应力水平，c_1 为煤试块发生冲击时所需的最小应力值。图中的三条曲线分别为在三轴应力状态下，某方向应力降 $\Delta\sigma$ 为 2.5 MPa、5.0 MPa、7.5 MPa 时，煤样发生冲击破坏的最小应力。

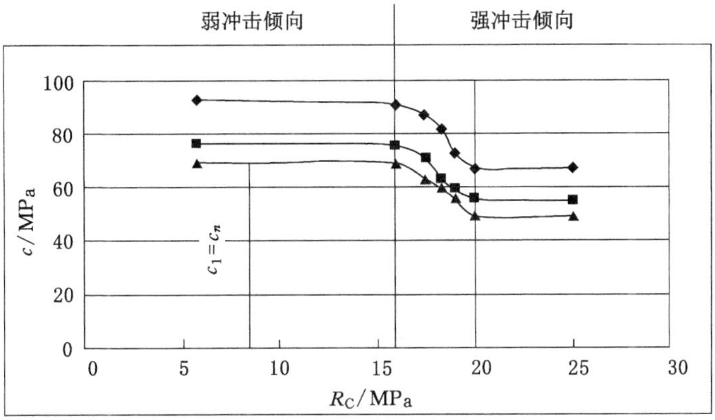

◆,■,▲—不同煤样。

图 3-2　发生冲击破坏的最小载荷与煤的单向抗压强度之间的关系

由实验可知，煤层发生冲击破坏与煤的强度以及其上所受的应力有关。煤的强度越大、应力越高，煤层越容易发生冲击破坏。当煤的单向抗压强度 $R_C>$ 20 MPa 时，要发生冲击破坏，煤体上所受的应力需要在 50 MPa 以上；而当煤的单向抗压强度 $R_C<16$ MPa 时，要发生冲击破坏，煤体上所受的应力至少要达到 70 MPa 以上；而当煤的单向抗压强度 $R_C=16\sim20$ MPa 时，要发生冲击破坏，煤体上所受的应力为 50～70 MPa。

由实验可知，煤岩体发生冲击破坏的最小应力水平要远大于煤的单向抗压强度，完全满足冲击破坏的强度条件(即煤岩体上所受的应力要超过煤岩体的强度，煤岩体才会发生破坏)，也满足冲击倾向性条件。

因此，动静载叠加诱发冲击地压的原理，即式(3-4)完全反映了冲击地压发生的强度条件、能量条件、冲击倾向性条件。

3.1.3　静载荷分析

一般情况下，采掘空间周围煤岩体中的静载荷由地应力和支承压力组成，即：

$$\sigma_s = \sigma_{s1} + \sigma_{s2} = (K + \lambda)\gamma H \tag{3-5}$$

式中 γ——上覆岩层的容重；

H——上覆岩层的厚度；

λ——水平应力系数；

K——支承应力集中系数。

而地应力则由自重应力和构造应力组成：

$$\sigma_{s1} = \gamma H + \lambda\gamma H = (1 + \lambda)\gamma H \tag{3-6}$$

支承压力则可表示为：

$$\sigma_{s2} = (K - 1)\gamma H \tag{3-7}$$

3.1.4 动载荷分析

矿井开采中动载的来源主要有开采活动、煤岩体对开采活动的应力响应等，具体表现为煤岩体破裂、爆破、顶底板破断、岩层滑移失稳、断层滑移等。这些动载源可以统称为矿震。

假设矿井煤岩体为三维弹性各向同性连续介质，则矿震应力波在煤岩体中产生的动载荷可表示为：

$$\begin{cases} \sigma_{dP} = \rho v_P (v_{pp})_P \\ \tau_{dS} = \rho v_S (v_{pp})_S \end{cases} \tag{3-8}$$

式中 σ_{dP}，τ_{dS}——P 波、S 波产生的动载；

ρ——煤岩介质密度；

v_P，v_S——P 波、S 波的传播速度；

$(v_{pp})_P$，$(v_{pp})_S$——质点由 P 波、S 波传播引起的峰值震动速度。

微震监测表明矿井质点峰值震动速度可达 0.1～1.0 m/s，甚至更高，则对应的动载强度为 1.5～15 MPa，或者更大。

矿震震动波速度随传播距离的增大呈幂函数关系衰减，即：

$$v_0(L) = v_{0\max} L^{-\lambda} \tag{3-9}$$

式中 $v_{0\max}$——震源边界质点峰值速度，可理解为塑性区与弹性区交界面质点峰值速度；

L——震动波传播距离；

λ——峰值速度衰减系数，井下煤岩体可取 1.526。

因此，矿震产生的动载荷随距震源距离的增大而迅速降低，在距离震源足够远处的煤岩体可认为不受矿震动载扰动的影响。

3.2　褶皱构造区附近应力分布特征

3.2.1　褶皱构造区应力分布规律

褶皱是影响地应力状态的主要因素之一。自然界的褶皱构造千变万化，各有其不同的力学成因机制，不同的褶皱类型与应力值间存在着一定关系，国内外大量的地应力实测表明，同一褶皱的不同部位应力也是有差异的。并且越来越多的资料显示，褶皱构造区是冲击地压的多发区。因此，掌握褶皱构造区的地应力状态及特征是开展冲击地压研究的前提条件。向斜、背斜内弧的波谷和波峰部位呈现水平压应力集中，向斜、背斜外弧的波谷和波峰部位呈现拉应力集中，翼部呈现压应力集中。根据褶皱的形成机制，可将褶皱各部位的受力状态分为 5 个区(图 3-3)：Ⅰ区铅直方向为拉力，水平方向为压力，采掘工程布置在该位置时易发生片帮；Ⅱ区铅直方向为压力，水平方向为拉力，采掘工程布置在该位置时易发生冒顶和冲击地压；Ⅲ区水平方向和铅直方向均为压力，采掘工程布置在该位置时易发生冲击地压；Ⅳ区的受力状态同Ⅱ区；Ⅴ区的受力状态同Ⅰ区。此外，褶皱翼部还受到强剪应力，采掘工程布置在该位置时还易发生围岩剪切破坏。同时，由于褶皱是受水平挤压应力形成的，褶皱区岩体内部将存有残余应力和弹性能，弹性能的进一步释放也是造成冲击地压发生的一个重要因素。

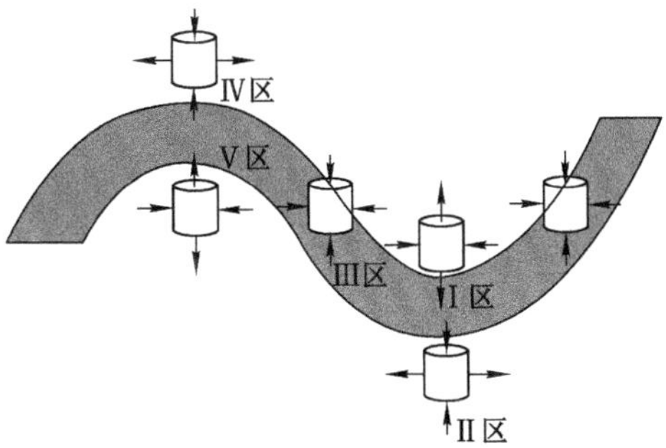

图 3-3　褶皱各部位的受力状态简图

3.2.1.1　*多层岩层褶皱形成时的应力变化特征*

作为地壳岩层运动形成的构造形迹之一，褶皱对煤矿采掘诱发的冲击地压等动力显现有着重要影响。褶皱构造从发生、发展到形成，实质是一个随时间逐渐演变的非稳定构造应力场，只有系统研究褶皱构造形成过程中的应力和变形变化情况，才能对褶皱构造的影响作用有更深入的理解。

研究表明，褶皱出现之前，多层岩层中的最大水平应力与水平应变近似呈线性关系，上升幅度小；当褶皱出现后，最大水平应力随水平应变呈非线性急剧增长。在最大水平应力分布上，最大水平应力集中在两侧坚硬岩层中，中间较软岩层应力相对较低。中间软层背斜和向斜部位都是压应力，且向斜核部应力比翼部大，翼部比背斜处大。随着水平加载速率的增大，模型中的褶皱形态发生变化，产生褶皱时的临界最大水平应力越大，褶皱最终形成后的最大水平应力也越大，见图 3-4、图 3-5。

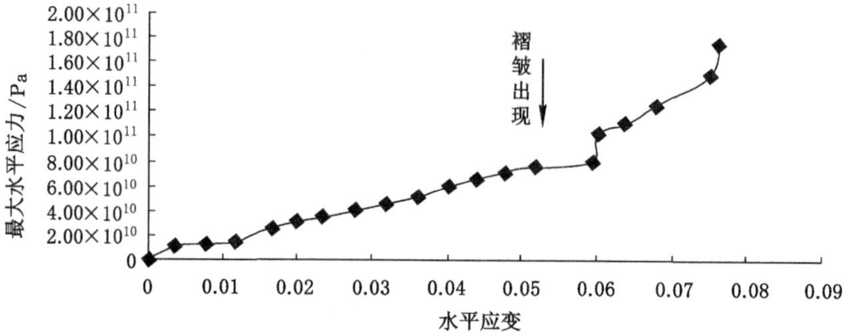

图 3-4　多层褶皱形成过程中最大水平应力随水平应变的变化

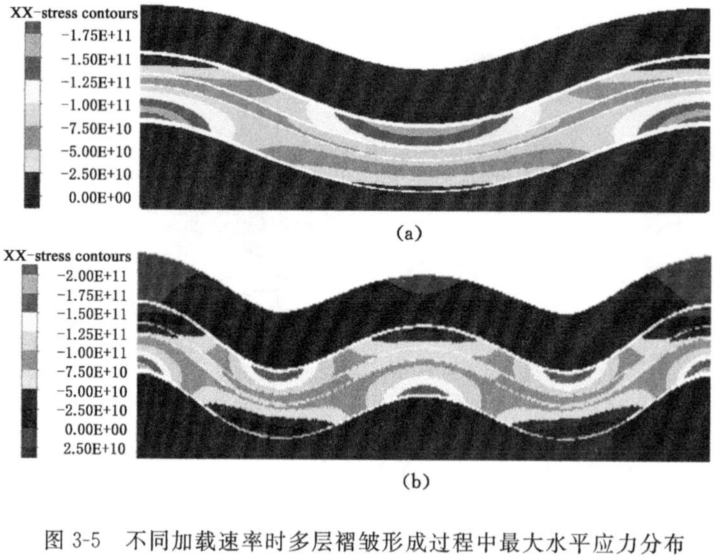

图 3-5　不同加载速率时多层褶皱形成过程中最大水平应力分布

(a) 厚度比不变，对称加载，加载速率 0.006 m/s；(b) 厚度比不变，对称加载，加载速率 0.008 m/s

3.2.1.2　采动影响下褶皱区域的应力场分布规律

煤岩体未采动前，应力处于平衡状态，当开掘巷道或进行回采工作时，破坏了原来的应力平衡状态，引起岩体内部的应力重新分布，出现了应力集中，形成能量积聚，当煤岩体内的应力集中(或能量积聚)达到一定程度时，就有可能引发整体破坏，从而产生冲击地压等动力现象。模型见图 3-6。

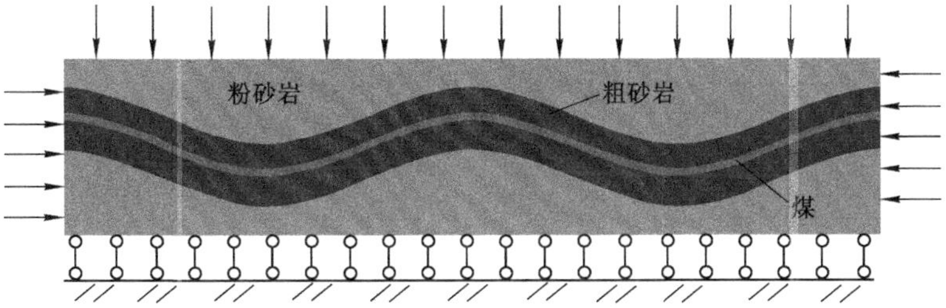

图 3-6　初始数值计算模型

通过计算工作面仰采推进时距离背斜轴分别为 80 m、66 m、50 m、25 m 的四个计算模型，得到了工作面不同推进距离对应力场影响的一些结论。图 3-7、图 3-8 分别是工作面仰采推进距背斜轴不同距离情况下工作面前方的支承压力与水平应力分布云图。表 3-1 则给出了相应的支承压力与水平应力特征参数随距背斜轴不同距离的变化关系。可见，随着工作面距背斜轴部越近，工作面前方煤层内水平应力与支承压力集中系数越大，峰值距离逐渐增大，但变化幅度并不大。

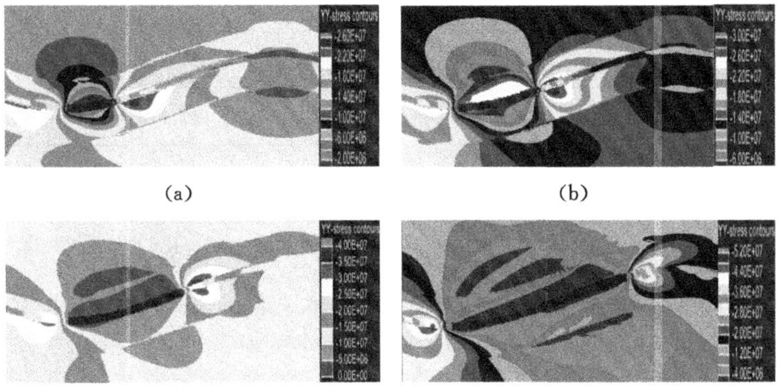

图 3-7　仰采推进距背斜轴不同距离时工作面前方的支承压力分布云图

(a) 距背斜轴部 80 m；(b) 距背斜轴部 66 m；

(c) 距背斜轴部 50 m；(d) 距背斜轴部 25 m

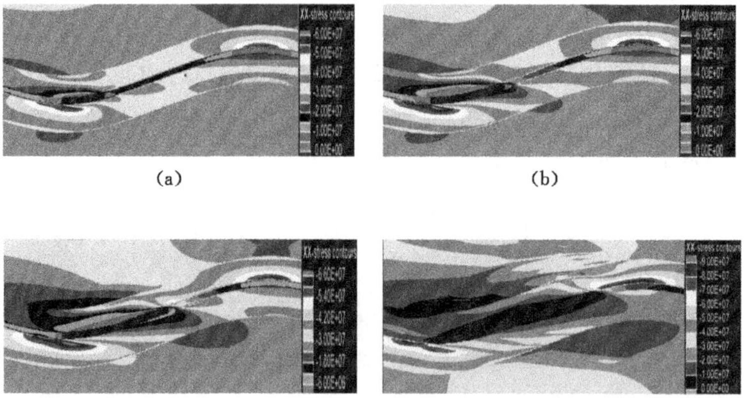

(a) (b) (c) (d)

图 3-8 仰采推进距背斜轴不同距离时工作面前方的水平应力分布云图

(a) 距背斜轴部 80 m；(b) 距背斜轴部 66 m；

(c) 距背斜轴部 50 m；(d) 距背斜轴部 25 m

表 3-1 应力集中系数随距背斜轴不同距离的变化规律

距背斜轴距离/m	水平应力		支承压力	
	K_h	L_{hmax}/m	K_v	L_{vmax}/m
80	1.277	7.4	1.510	7.4
66	1.557	7.6	1.971	7.6
50	1.918	7.8	2.466	7.8
25	2.984	10.3	2.915	9.3

同样计算了工作面俯采推进时距离向斜轴分别为 80 m、66 m、50 m、25 m 的四个计算模型，图 3-9、图 3-10 分别是工作面俯采距向斜轴不同距离情况下工作面前方的支承压力与水平应力分布云图。表 3-2 则给出了相应的支承压力与水平应力特征参数随距向斜轴不同距离的变化关系。可见，随着工作面距向斜轴部越近，工作面前方煤层内水平应力与支承压力集中系数越大，峰值距离逐渐增大。

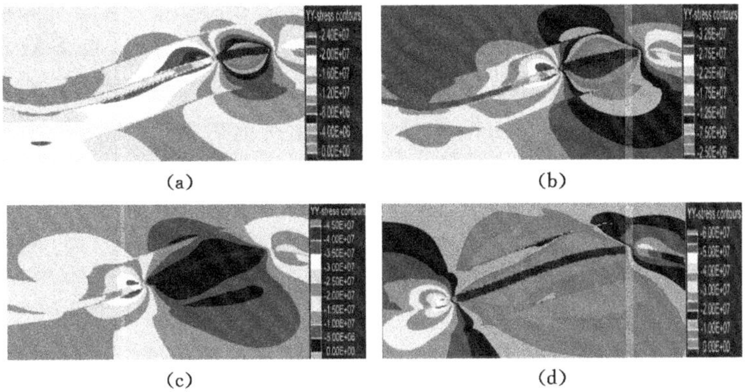

(a)　(b)　(c)　(d)

图 3-9　俯采推进距向斜轴不同距离时工作面前方的支承压力分布云图

(a) 距向斜轴部 80 m;(b) 距向斜轴部 66 m;(c) 距向斜轴部 50 m;(d) 距向斜轴部 25 m

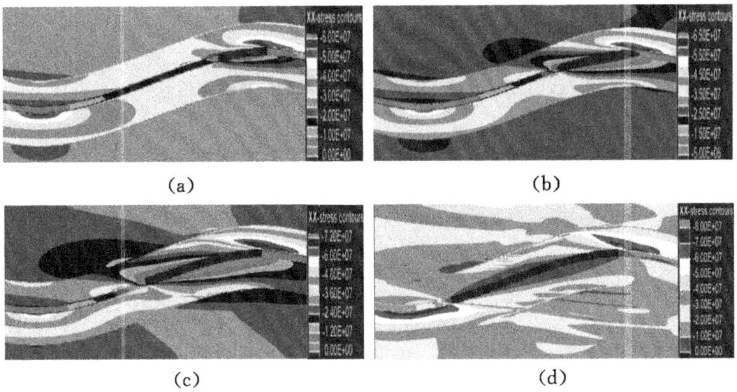

(a)　(b)　(c)　(d)

图 3-10　俯采推进距向斜轴不同距离时工作面前方的水平应力分布云图

(a) 距向斜轴部 80 m;(b) 距向斜轴部 66 m;(c) 距向斜轴部 50 m;(d) 距向斜轴部 25 m

表 3-2　应力场特征参数随距向斜轴不同距离的变化规律

距向斜轴距离/m	水平应力		支承压力	
	K_h	L_{hmax}/m	K_v	L_{vmax}/m
80	1.266	7.4	1.558	7.4
66	1.559	7.6	2.094	7.6
50	1.978	7.9	2.781	7.9
25	2.894	10.3	2.915	9.3

当推采相同距离时应力场变化比较见图 3-11、图 3-12。不同推进方向、距轴部相同距离时工作面前方的水平应力分布是不同的，自褶皱背斜轴部起工作面俯采推进与自褶皱向斜轴部起工作面仰采推进距轴部相同距离时工作面前方煤层内的应力场特征是不一样的，前者支承压力集中系数比后者大。

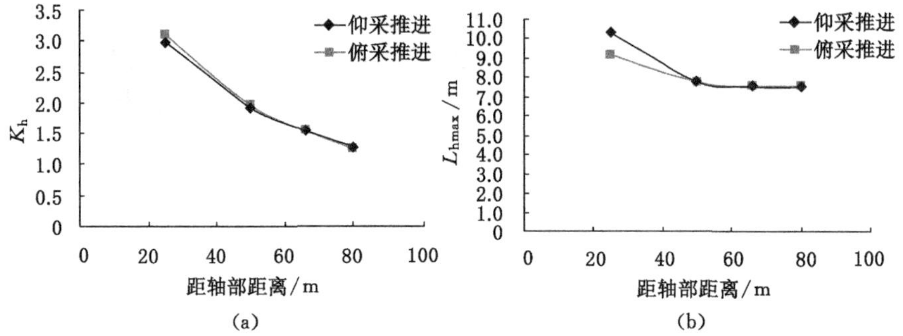

图 3-11　不同推进方向、距轴部相同距离时工作面前方的水平应力变化

(a) 水平应力集中系数；(b) 水平应力峰值距离

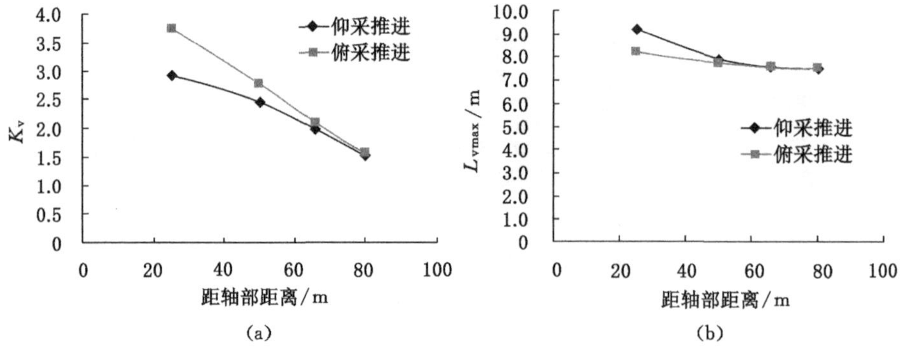

图 3-12　不同推进方向、距轴部相同距离时工作面前方的支承压力变化

(a) 支承压力集中系数；(b) 支承压力峰值距离

3.2.2　褶皱区应力场影响因素分析

3.2.2.1　煤层性质

改变煤层的体积弹性模量、黏聚力和内摩擦角，分析煤层内的应力场变化。表 3-3 是各模型煤层力学参数变化表。

表 3-3　各模型煤层力学参数变化表

模型	模型Ⅰ	模型Ⅱ	模型 Ⅲ	模型Ⅳ
体积弹性模量/GPa	1.46	4.25	7.30	14.60
黏聚力/MPa	1.08	2.16	5.40	10.80
内摩擦角/(°)	25	30	35	40

图 3-13 所示是不同煤层体积弹性模量下工作面前方煤层内应力集中系数和峰值位置的变化规律。由图可知，随着煤层体积弹性模量的降低，工作面前方煤体内应力集中程度降低，应力峰值位置距煤壁越来越远。

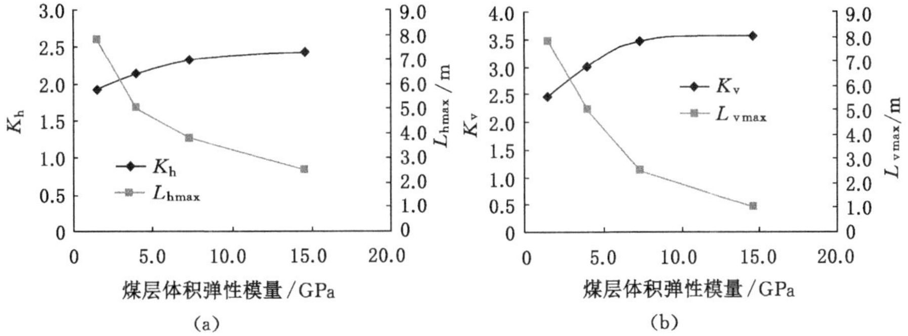

K_h，K_v—水平、垂直应力集中系数；L_{hmax}，L_{vmax}—水平、垂直应力峰值深入煤壁距离。

图 3-13　不同煤层体积弹性模量下工作面前方煤层内应力集中系数和峰值位置的变化规律

(a) 水平应力；(b) 支承压力

3.2.2.2　*覆岩性质*

改变顶板的体积弹性模量、黏聚力和内摩擦角，分析煤层内的应力场变化。表 3-4 是各模型顶板力学参数变化表，图 3-14 所示是不同上覆岩层体积弹性模量下工作面前方煤层内应力集中系数和峰值位置的变化规律。由图可见，随着覆岩体积弹性模量的降低，工作面前方煤体内应力集中程度降低，应力峰值位置距煤壁越来越远。

表 3-4　各模型顶板力学参数变化表

模型	模型Ⅰ	模型Ⅱ	模型Ⅲ	模型Ⅳ
体积弹性模量/GPa	18	36	90	180
黏聚力/MPa	8.9	17.8	44.5	89.0
内摩擦角/(°)	34	40	45	50

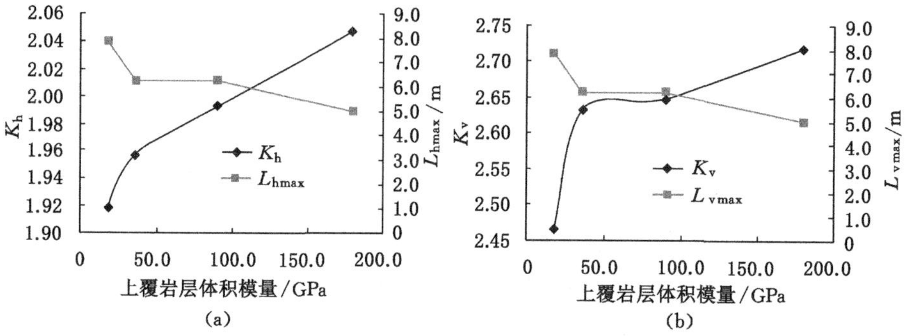

图 3-14　不同上覆岩层体积弹性模量下工作面前方煤层内应力集中系数和峰值位置的变化规律

(a) 水平应力；(b) 支承压力

3.2.3　褶皱区冲击地压显现特征

褶皱是地壳运动留下的地质现象，地壳运动形成的褶皱岩层特殊形态、构造应力分布以及开采引起的采动应力集中使褶皱区冲击地压破坏具有以下基本特征：

(1) 在褶皱的不同部位，冲击地压出现的次数不同。在褶皱的向斜轴部或向斜轴部附近，冲击地压发生次数较多，而在向斜往背斜转变的过渡段，即在褶皱翼部冲击地压发生次数次之，在褶皱背斜附近冲击地压发生的次数就很少。

(2) 构造应力方向对冲击地压有显著的影响。巷道方向与最大水平应力垂直时，冲击地压发生次数较多；而巷道方向与最大水平应力顺向时，冲击地压发生较少。

(3) 冲击地压强度比较大，破坏范围及破坏强度都比较高，巷道冲击地压破坏范围往往达百米以上，能把综采端头支架破坏或压死。

(4) 回采期间冲击地压多发生在工作面前方 100 m 范围内的平巷中，发生冲击地压的原因与支承压力影响密切相关。

(5) 在巷道破坏形式上，冲击地压发生时发出强烈声响，同时伴随底板强烈突出，巷道严重变形，两帮有时整体移出，断面收缩明显，通常可达 50%～70%，甚至达到 90%。

由此可见，褶皱区构造应力对冲击地压的显现有直接的影响，并呈现出分区性、方向性、发生强度大以及巷道底板型冲击地压的重要特征。

3.3　褶皱构造区冲击诱发机理与冲击地压类型

3.3.1　砚北煤矿冲击地压显现静载力源分析

砚北煤矿属于华砚煤田，华亭、砚北煤矿褶曲相间排列，主要由两个向斜和两个背斜组成（图 3-15），其间未见大型断层发育，图 3-16～图 3-19 为各褶曲横剖面布置示意图。

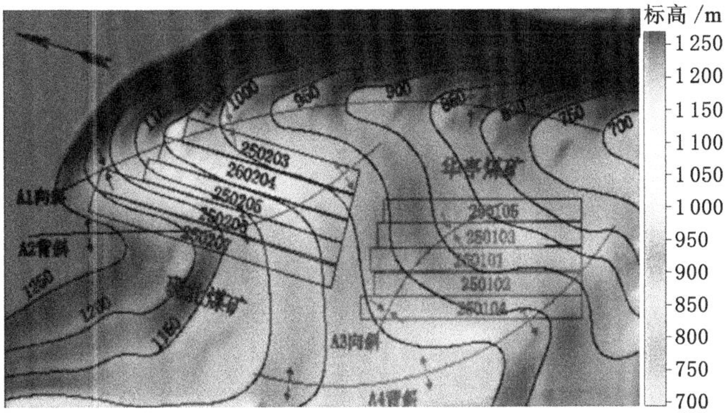

图 3-15　华砚煤田褶皱起伏及褶皱横剖面位置示意图

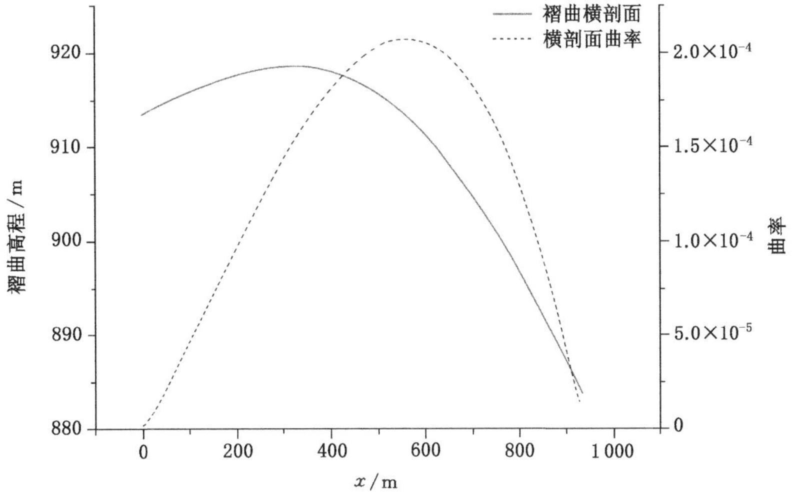

(a)

图 3-16　华砚煤田背斜 1

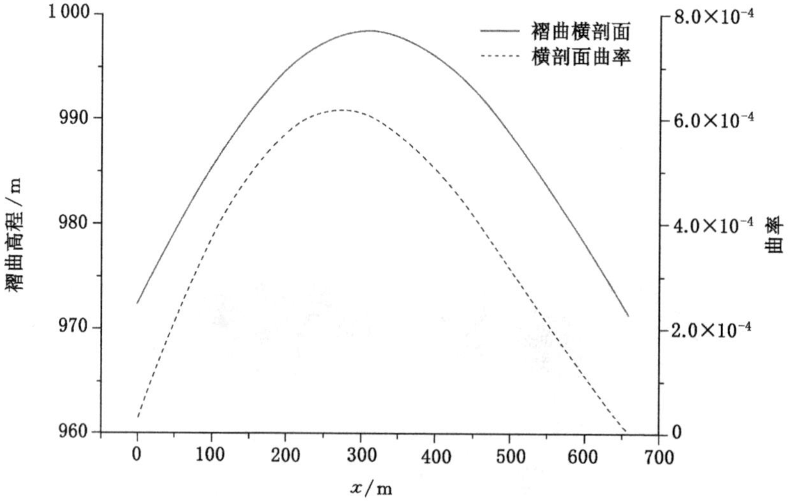

(b)

图 3-16(续)

(a) 剖面 1;(b) 剖面 2

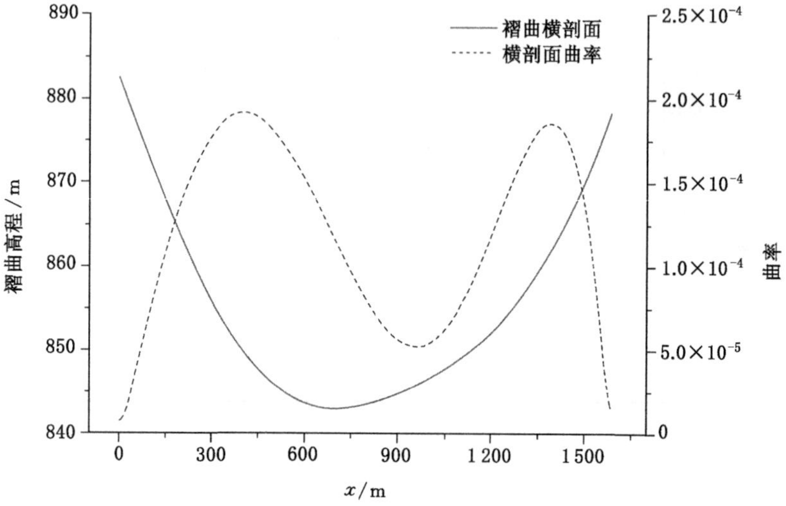

(a)

图 3-17 华砚煤田向斜 1

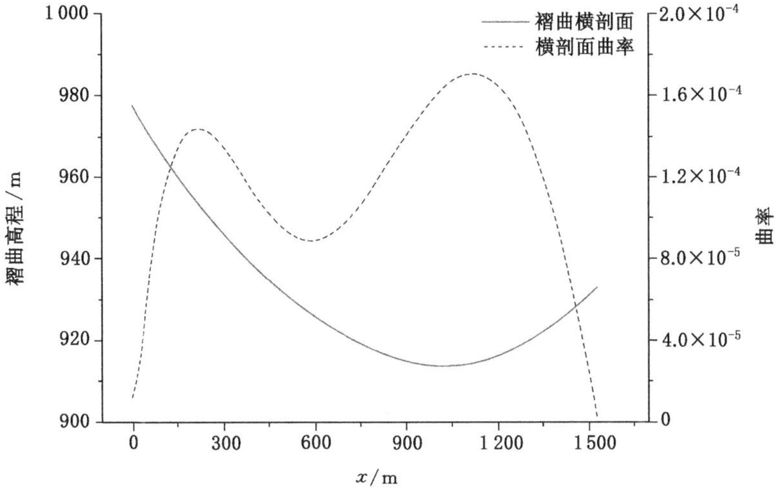

(b)

图 3-17(续)

(a) 剖面 1;(b) 剖面 2

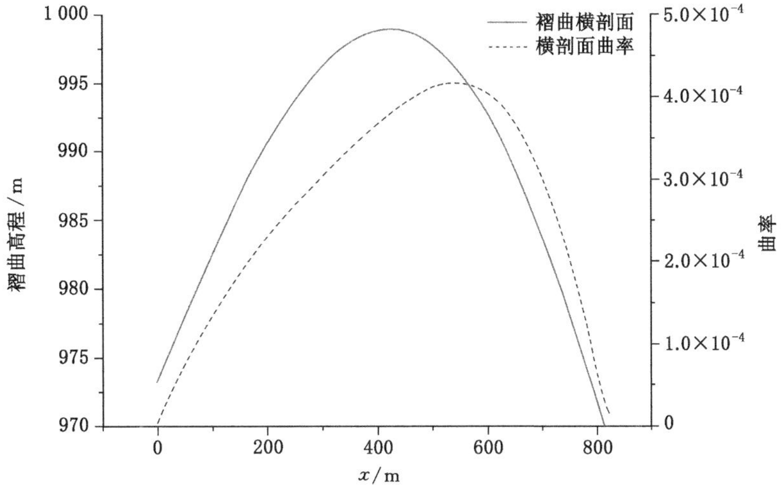

(a)

图 3-18　华砚煤田背斜 2

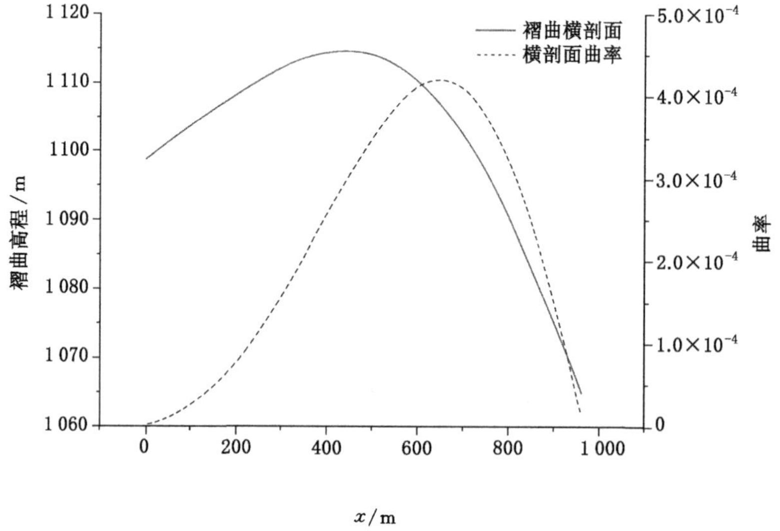

(b)

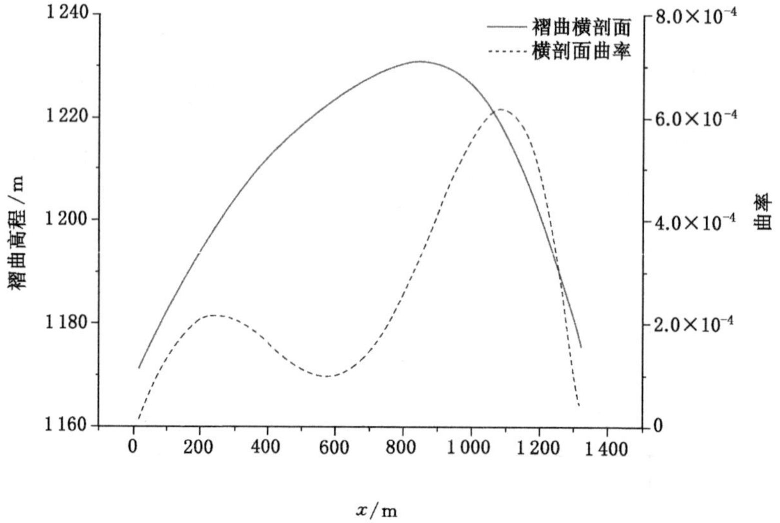

(c)

图 3-18(续)

(a) 剖面 1;(b) 剖面 2;(c) 剖面 3

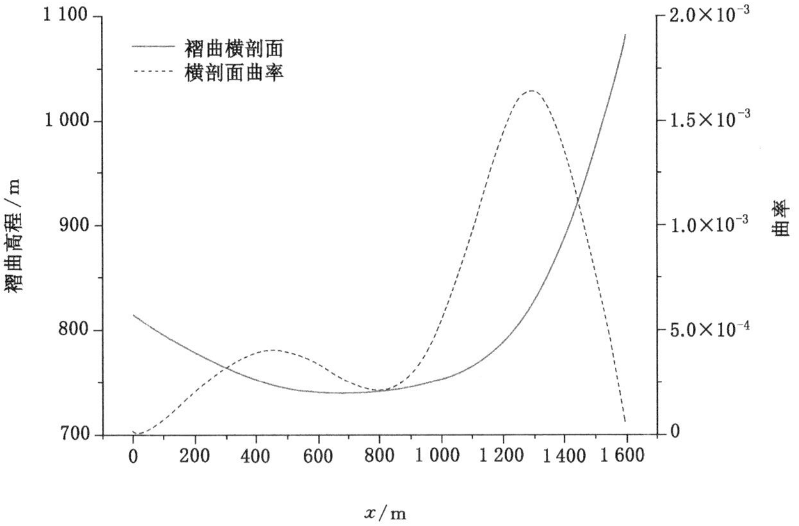

(a)

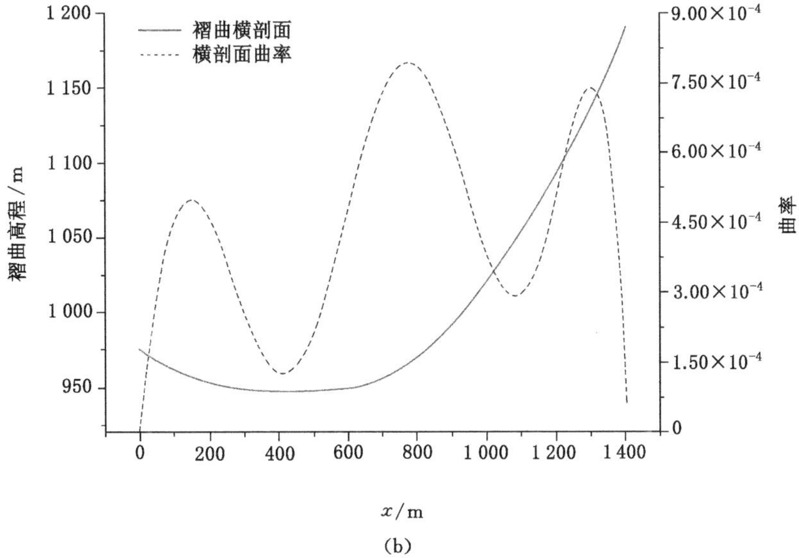

(b)

图 3-19　华砚煤田向斜 2

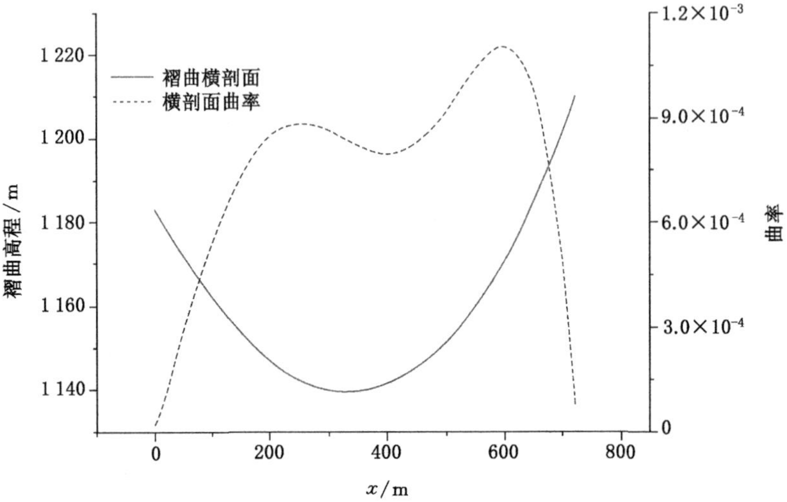

(c)

图 3-19(续)

(a) 剖面 1;(b) 剖面 2;(c) 剖面 3

通过对各褶皱长宽比率、翼间角、参量 P_1 和 P_2 计算,得到了华亭、砚北煤矿褶皱形态几何展布特征,具体参数见表 3-5。

表 3-5　华砚煤田褶皱几何参数

名称	枢纽长/m	褶皱宽/m	波幅/m	褶皱高/m	最大曲率	P_1	P_2	翼间角/(°)	备注
背斜 1	4 079.99	—	59.16	998.52	6.16×10^{-4}	—	0.16	169.23	平缓
向斜 1	1 714.55	2 203.45	61.10	979.66	1.96×10^{-4}	—	0.14	169.38	平缓
背斜 2	3 800.00	1 633.93	48.23	1 231.73	6.17×10^{-4}	—	0.26	164.90	平缓
向斜 2	6 623.31	—	—	—	1.64×10^{-3}	5.36	0.77	137.42	平缓

为掌握砚北煤矿的应力场特征,在砚北煤矿布置了 2 个测站进行地应力测量,测量结果见表 3-6。根据测量结果可知,砚北煤矿地应力具有如下特征:

(1) 2 个测站中,三个方向的应力均为压应力。最大水平应力与垂直应力的比值最小为 1.30，最大为 1.58，表明砚北煤矿地应力场为构造应力场类型，地应力以水平应力为主，最大主应力为水平主应力。

表 3-6　砚北煤矿地应力测量数据

测站编号	主应力类别	主应力值/MPa	方位角/(°)	倾角/(°)
1	σ_H	22.73	241	−15
	σ_v	17.48	332	−4
	σ_h	14.05	257	74
2	σ_H	11.40	63	16
	σ_v	7.22	288	67
	σ_h	6.83	338	−15

(2) 最大主应力和最小主应力的差值较大，其比值为 1.62～1.67，相差值为 4.57～8.68 MPa。

因此，水平主应力对工作面巷道的顶、底板影响较大，高水平构造应力是诱发巷道冲击地压的主要原因之一。

3.3.2　动载作用对褶皱构造区煤岩系统的致灾过程

由上述分析可知，褶皱构造区构造应力场对冲击地压的影响明显大于自重应力场的影响。同时，砚北煤矿主采煤层上方多存在厚度较大的坚硬岩层，覆岩的破断运动更导致了厚硬煤层底板冲击危险性系数的增加，导致特厚煤层开采的冲击危险性上升。本节进一步对构造应力场下特厚煤层受动载诱发冲击的动态响应规律进行数值模拟分析。

模型以砚北煤矿 250204 工作面地质条件为基础，以 250204 运输平巷为研究对象，采用 $FLAC^{2D}$ 建模，并运用其 Dynamic 动态功能模块进行动力学响应分析。巷道采深取 500 m，模型尺寸为 80 m×60 m(长×宽)，马蹄形巷道断面形状为 5.5 m×3.8 m(长×宽)实际断面尺寸，顶帮锚杆、顶部锚索采用 Cable 结构单元以实际支护参数进行模拟。模型下部边界为固支约束，上部边界施加 12.3 MPa 均布载荷，两侧施加梯形压应力并限定 x 方向位移，取重力加速度 $g=9.81\ m/s^2$。

将冲击震源简化为简谐波，应力波施加在巷道右帮顶板上方 20 m 偏右 13 m 位置，震动频率为 20 Hz，扰动峰值强度为 40 MPa，作用时间为 0.27 s。视巷道围岩为平面应变问题，模型的岩性参数如表 3-7 所列。

表 3-7 巷道围岩的力学特性参数

位置	厚度/m	体积模量/GPa	剪切模量/GPa	密度/(kg/m³)	摩擦角/(°)	黏聚力/MPa
基本顶	20	15.7	10.80	2 600	35	34.7
直接顶	5	4.4	1.50	2 500	28	6.0
煤层上	15	3.3	0.71	1 350	25	1.7
煤层下	20	3.3	0.71	1 350	25	1.7
底板	20	17.9	13.40	2 600	40	2.9

共设置5个模型，水平应力分别取0.6、1.0、1.5、2.0、2.5倍的垂直应力，分析不同构造应力条件下应力波对巷道底板冲击地压的影响，监测底板煤层的水平应力、应力差、垂直位移以及底板塑性区变化等动态响应规律，从而揭示褶皱构造区不同水平应力对动载诱发巷道底板冲击地压影响规律。

3.3.2.1 底板水平应力动态响应规律

如图3-20、图3-21所示，动载作用下，巷道底板的水平应力发生明显变化，随着时间变化水平应力出现了波动，底板的集中水平应力先瞬间升高后又瞬间降低，与动载作用前相比底板冲击后水平应力集中现象消失；且随着水平应力的增大，水平应力降增大，再现了动力扰动的作用是使处于极限应力下的煤体应力增加并打破平衡状态的过程。随着水平应力由0.6倍垂直应力增加至2.5倍垂直应力，临界水平应力及应力差双双呈线性增加，在0.02～0.03 s期间临界水平应力由12.05 MPa升高至46.69 MPa，应力差由9.18 MPa升高至29.47 MPa。由此表明，不同水平应力情况下，底板突然破坏所需临界水平应力不同，随着水平应力的增加巷道底板的临界水平应力值呈线性增加；同时，应力差呈线性增加说明极限应力下的底板煤体受动载扰动后更容易失稳。

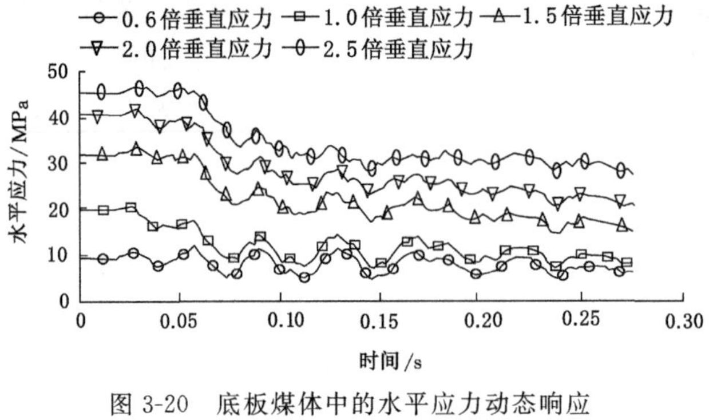

图3-20 底板煤体中的水平应力动态响应

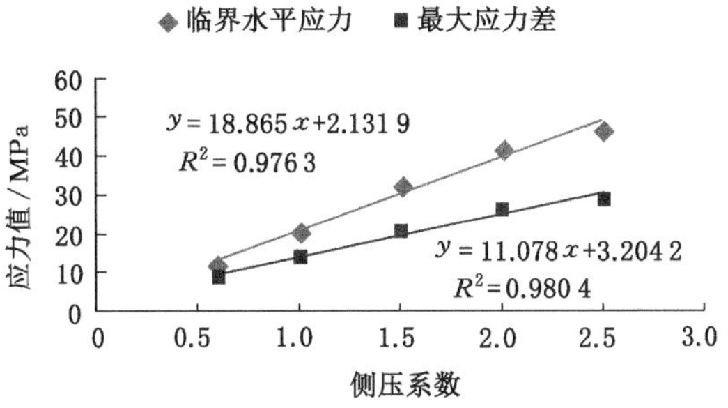

图 3-21　底板煤体临界水平应力及最大应力差拟合

不同水平应力下底板临界动态水平应力如下式所示：

$$y = 18.865x + 2.131\,9 \tag{3-10}$$

$$R^2 = 0.976\,3$$

不同水平应力下底板最大应力差如下式所示：

$$y = 11.078x + 3.204\,2 \tag{3-11}$$

$$R^2 = 0.980\,4$$

3.3.2.2　底板位移动态响应规律

由图 3-22 可见，受动载影响下巷道底板的瞬间垂直位移在水平应力为 2.5 倍垂直应力时最大（0.433 m），垂直位移初始明显变化区间集中在 0.06～0.08 s，在0.25 s之后趋于稳定；垂直位移初次明显变化的时间比应力降低的时间滞后约 0.02 s。

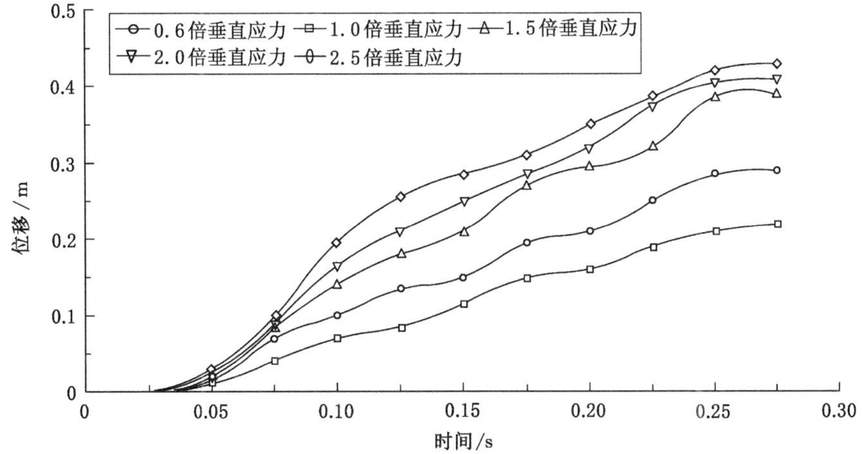

图 3-22　底板垂直位移动态响应

由图 3-23 可知，受动载扰动时，当水平应力小于 2.0 倍垂直应力时底板最大垂直位移随着水平应力的增加呈非线性增加，之后便出现微降，当水平应力大于 2.0 倍垂直应力后冲击地压显现强度不再增加。这主要是随着水平应力的增加，底板塑性区深度呈指数型增加，使得积聚弹性能的煤体距离巷道较远，导致围岩能量密度分布因子变小，冲击地压显现强度变弱，见图 3-24。

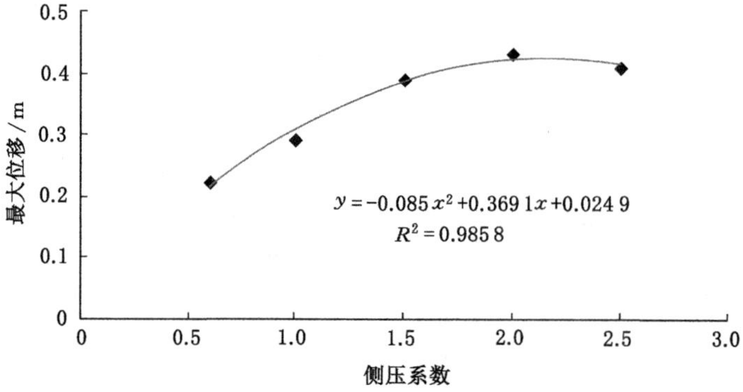

图 3-23　动载作用下底板最大垂直位移拟合

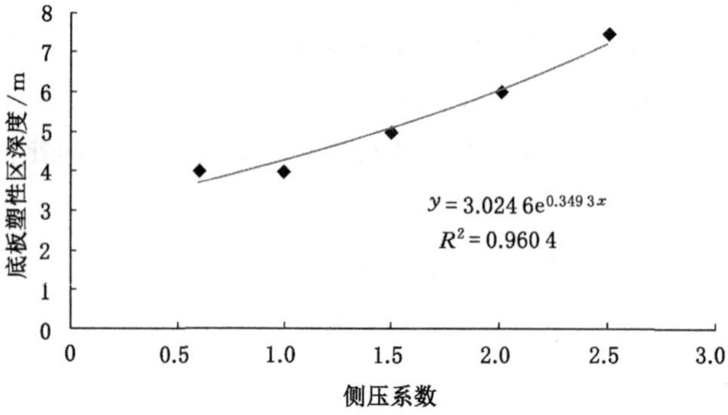

图 3-24　静载作用下底板塑性区深度拟合

不同水平应力下底板最大动态垂直位移如下式所示：

$$y = -0.085x^2 + 0.369\ 1x + 0.024\ 9 \tag{3-12}$$

$$R^2 = 0.985\ 8$$

不同水平应力下底板塑性区深度见下式：

$$y = 3.024\ 6e^{0.349\ 3x} \tag{3-13}$$

$$R^2 = 0.960\ 4$$

3.3.2.3　动载作用下塑性区分布规律

在动载作用下,底板煤层发生剪切和拉伸破坏,巷道底板的塑性区分布变化直接反映了底板煤层的破坏情况。由图 3-25 可知,在不同水平应力 λ 下,随着水平应力的增加,底板塑性区相应扩大,表明底板失稳释放的能量增大,在某种程度上预示冲击地压的强度变大。在整个作用过程中,底板总是出现明显的拉伸破坏和剪切破坏现象,底板表面出现拉伸破坏。

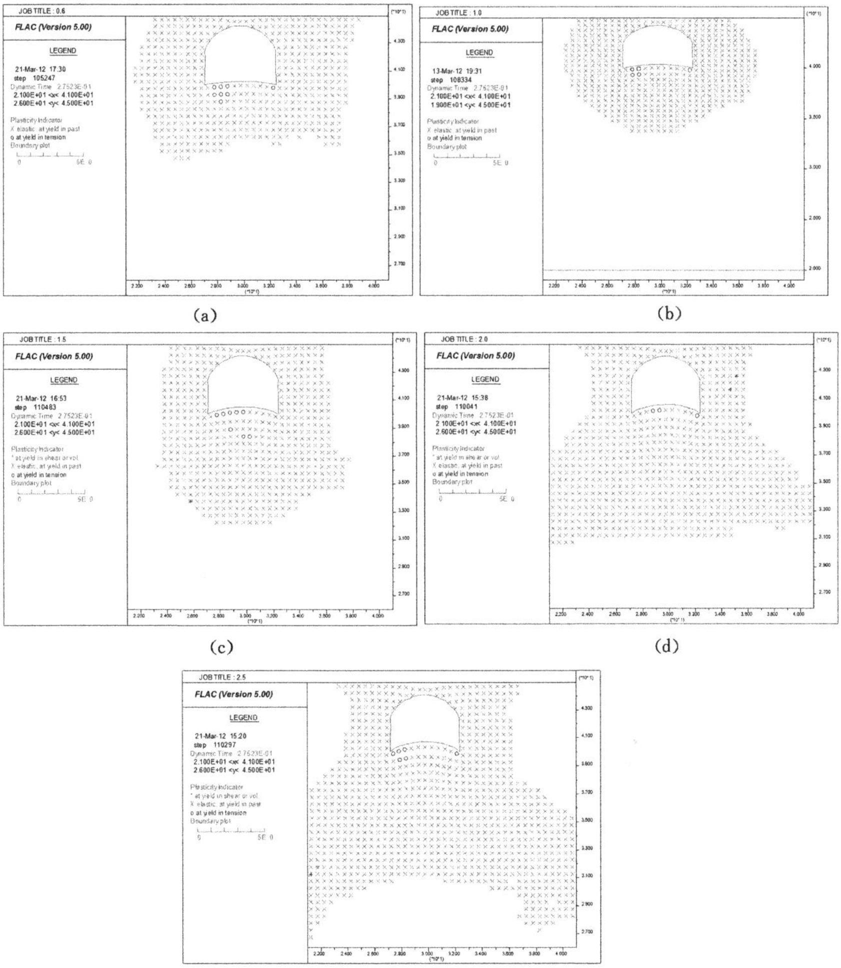

(a)　(b)　(c)　(d)　(e)

图 3-25　动载作用下巷道底板塑性区变化

(a) 水平应力为 0.6 倍垂直应力;(b) 水平应力为 1.0 倍垂直应力;

(c) 水平应力为 1.5 倍垂直应力;(d) 水平应力为 2.0 倍垂直应力;(e) 水平应力为 2.5 倍垂直应力

根据不同水平应力下底板受动载扰动应力、位移、塑性区等物理力学参数的变化，再现了底板发生冲击地压的过程：首先是底板的水平应力瞬间变化，底板塑性破坏区域扩大，致使弹性能瞬间释放，最终导致底板垂直位移突然增大产生冲击地压。

3.3.2.4　250204 掘进工作面实践分析

通过对砚北煤矿地应力测量可知，最大水平应力与垂直应力的比值最小为1.30，最大为1.58，地应力以水平应力为主，为典型的褶皱构造型应力场。图 3-26 为250204 工作面运输平巷掘进至距向斜轴不同距离时底板矿震频次-能量变化图。由图可见，随着距离向斜轴部越近，矿震频次越大，矿震释放能量总体越大。例如，当距向斜轴 800～1 000 m 时矿震频次仅为 11 次，矿震能量为3.52×10^5 J；当距向斜轴 0～200 m 时矿震频次升高至 250 次，矿震能量增至1.65×10^7 J；当距向斜轴 600～800 m 时，运输平巷掘进至小背斜轴附近，此时矿震大能量震动相对较多，导致总累积能量较 400～600 m 大。由此表明，当水平应力小于 1.95 倍垂直应力时，随着距向斜轴距离越小，水平应力越大，底板矿震活动越频繁并且越剧烈，这与上述分析结果一致。

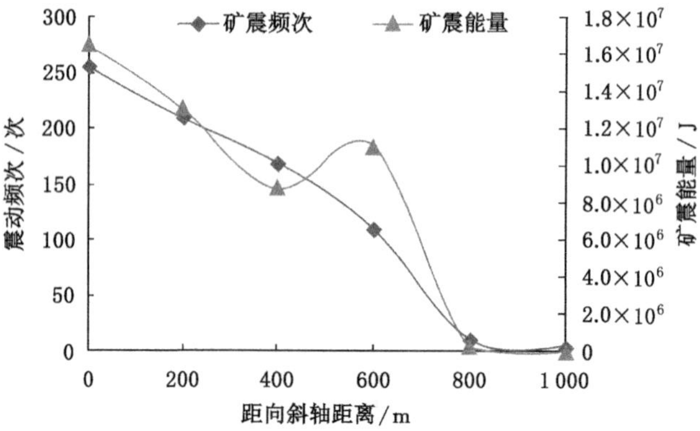

图 3-26　距向斜轴不同距离时底板矿震能量-频次图

3.3.3　砚北煤矿冲击地压显现动载力源分析

3.3.3.1　主要矿震类型

通过大量矿震波形特征、分布规律分析，可将砚北煤矿的矿震类型分为三类，如图 3-27 所示：① 顶底板破坏型，主要表现为顶底板拉伸破断；② 煤岩体破坏型，主要表现为煤柱、岩体内破坏；③ 岩层离层滑移型，主要表现为岩层间离层滑移、煤岩层间剪切滑移。

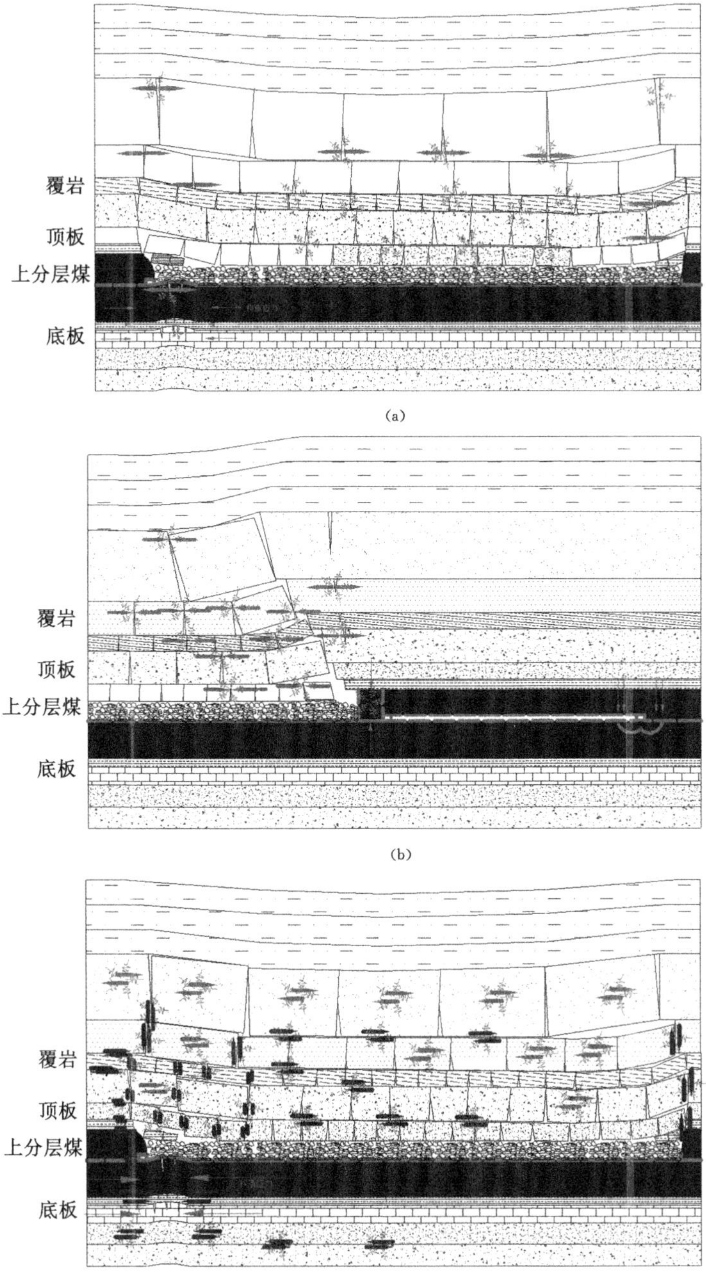

图 3-27　褶皱区特厚煤层开采诱发矿震类型示意

(a) 顶底板拉伸破断诱发矿震；(b) 煤柱、岩体挤压破坏诱发矿震；(c) 煤岩层离层滑移诱发矿震

3.3.3.2　褶皱区矿震破裂机制

以砚北煤矿 250204、250206 工作面回采期间共发生的 51 起冲击地压显现为研究对象展开震源机制分析。

3.3.3.2.1　冲击地压震源破裂类型初步分析

对砚北煤矿发生的 51 起冲击地压震源波形的横纵波能量比(E_S/E_P)进行统计分析,结果发现,所有冲击震源横纵波能量比小于 6(图 3-28),且 88.24%的冲击地压震源横纵波能量比在 4 以下,基于此可初步判断砚北煤矿褶皱构造区厚煤层回采期间冲击地压震源破裂类型以拉张破裂为主。

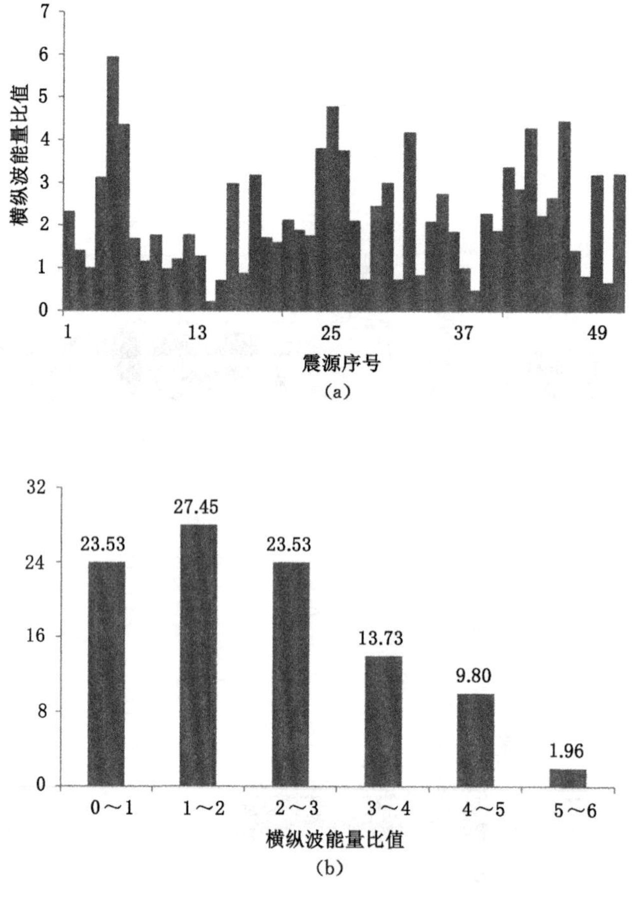

图 3-28　砚北煤矿冲击地压震源横纵波能量比演化及其频率分布

(a) 横纵波能量比演化;(b) 横纵波能量比频率分布

3.3.3.2.2　典型冲击地压震源破裂类型分析

如图 3-29 所示为 2011 年 11 月 24 日 22:16 砚北煤矿 250204 工作面监测到的冲击地压波形及该震源定位结果，选择 2、5、9、10、11、12、13、14、15 九个通道波形数据进行矩张量反演，各通道波形低频段位移（远场位移）见表 3-8。

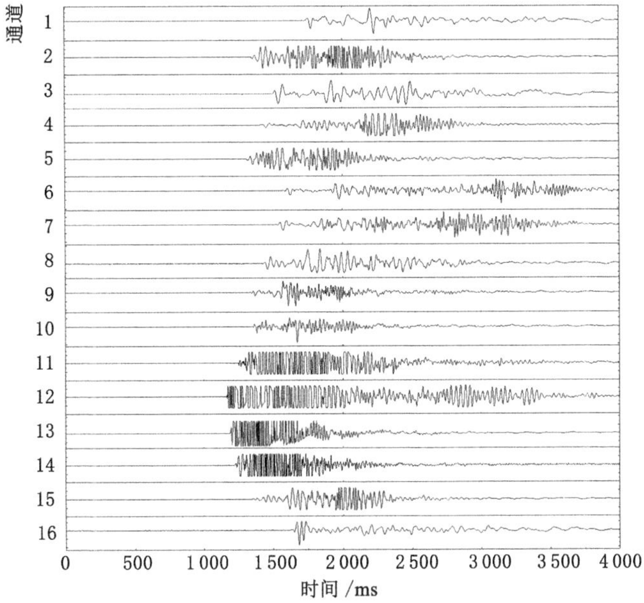

(a)

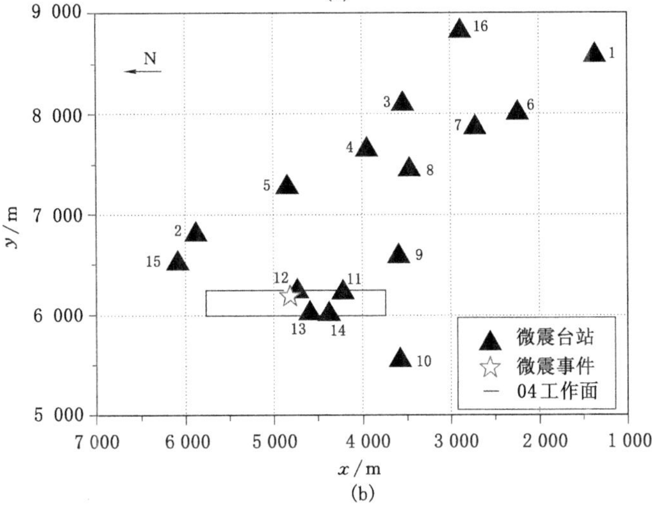

(b)

图 3-29　砚北煤矿典型冲击地压波形及震源位置示意

(a) 典型冲击地压波形；(b) 震源事件相对位置示意

表 3-8 砚北煤矿典型矿震各通道波形低频段位移

通道	低频段位移/m	通道	低频段位移/m
2	-3.31×10^{-5}	12	4.89×10^{-5}
5	4.56×10^{-5}	13	-4.95×10^{-5}
9	3.50×10^{-5}	14	-2.77×10^{-5}
10	5.036×10^{-5}	15	-4.1×10^{-5}
11	-2.81×10^{-5}		

进一步分析可知，该冲击震源 MDC(双力偶部分)所占比例为 2.76%，可判定该冲击震源以张拉破裂为主，具体震源机制参数如图 3-30 所示。

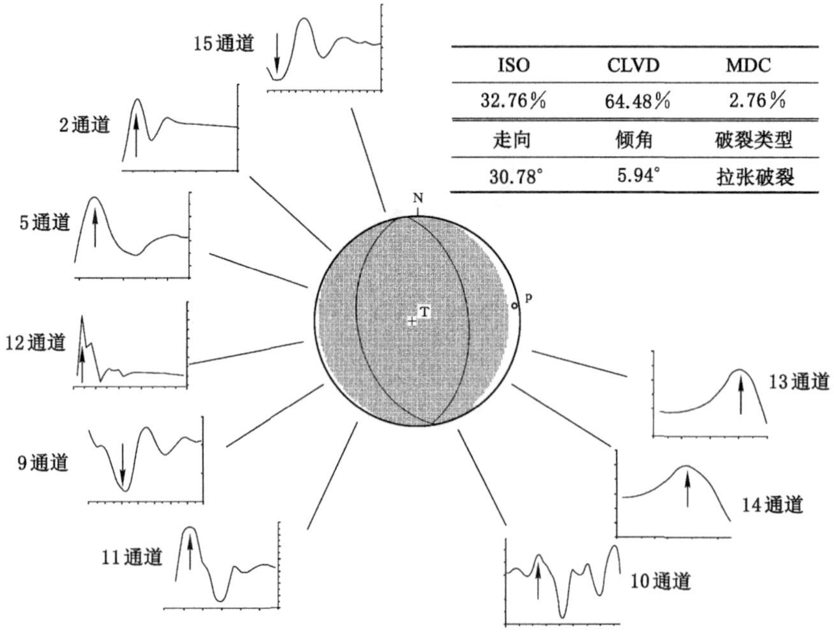

ISO	CLVD	MDC
32.76%	64.48%	2.76%
走向	倾角	破裂类型
30.78°	5.94°	拉张破裂

图 3-30 砚北煤矿典型震源球及通道波形示意

3.3.3.2.3 冲击地压震源破裂类型统计分析

对砚北煤矿的 51 起冲击地压震源矩张量各部分进行统计分析，如图 3-31 所示。由图可知，51 起冲击地压震源中有 50 起冲击类型判定为拉张破裂(MDC 所占比重小于 40%)，1 起为混合破裂(MDC 比重为 53.92%)，这同样进一步证实了砚北煤矿褶皱构造区厚煤层开采冲击地压显现以拉张破裂为主。图 3-32 为砚北煤矿 250204 工作面回采期间发生的 29 起冲击地压显现震源球分布示意。

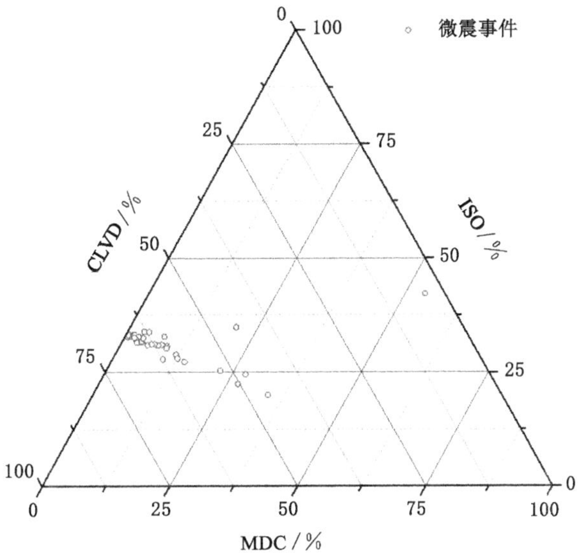

图 3-31　砚北煤矿冲击地压震源矩张量各部分所占比例情况

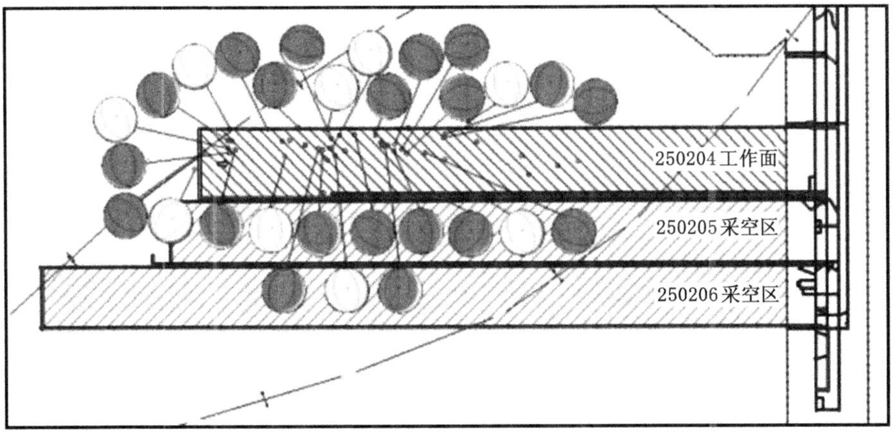

图 3-32　砚北煤矿 250204 工作面冲击地压显现震源球分布示意

3.3.3.2.4　冲击地压震源破裂面分析

砚北煤矿 51 起冲击地压震源破裂面赤平极射投影如图 3-33(a)所示,51 起强矿震事件中有 40 起破裂面倾角在 20°以内,超过样本总量的 78%,而在小倾角震源事件中,角度介于 70°～140°震源事件又占到 70%以上[图 3-33(b)],震源破裂面走向基本与工作面推进方向平行。

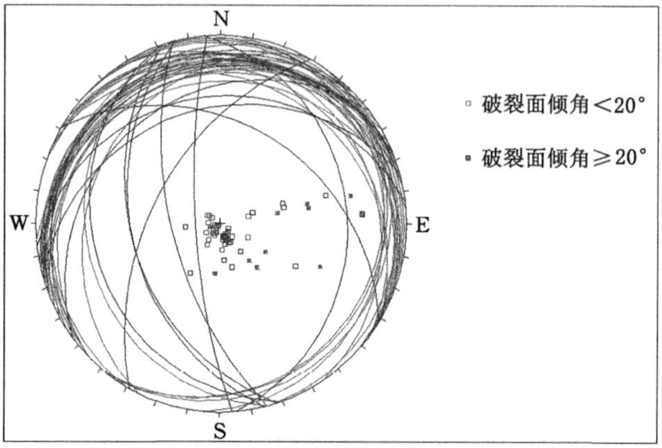

(a)

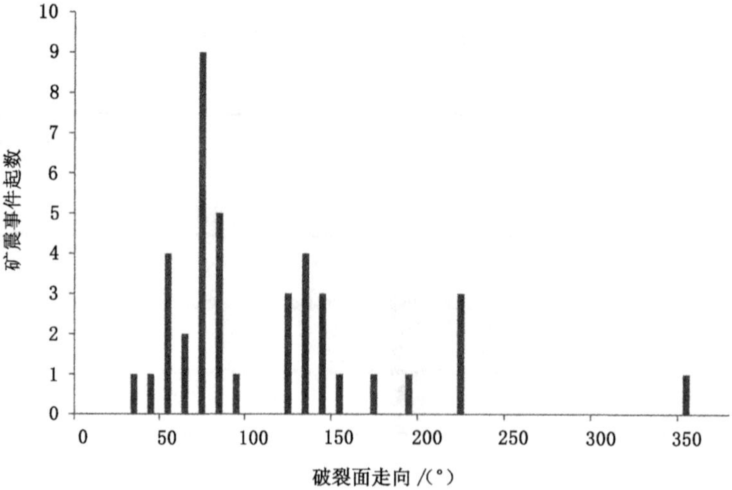

(b)

图 3-33　砚北煤矿强矿震震源破裂面统计

(a) 砚北煤矿 51 起冲击震源破裂面赤平极射投影;(b) 砚北煤矿小倾角震源破裂面走向统计

3.3.3.3　褶皱区矿震时空演化与能量积聚规律研究

3.3.3.3.1　矿震时空演化规律研究

矿震是煤岩体中聚积的弹性应变能的突然释放，造成强烈的煤岩体震动在工作面或采掘巷道的显现，即矿山采掘活动诱发的震动。本节以砚北煤矿 250203 工作面为例，以半年为一个回采周期，分别研究矿震在平面和工作面走向 A-A 剖面矿震演化规律，剖面线位置如图 3-34 所示。通过分析震源的空间分布和演化特征，可以判断出震动发生力源，研究震动发生的层位和上覆岩层的破裂形态，从而揭示覆岩的运动特征。

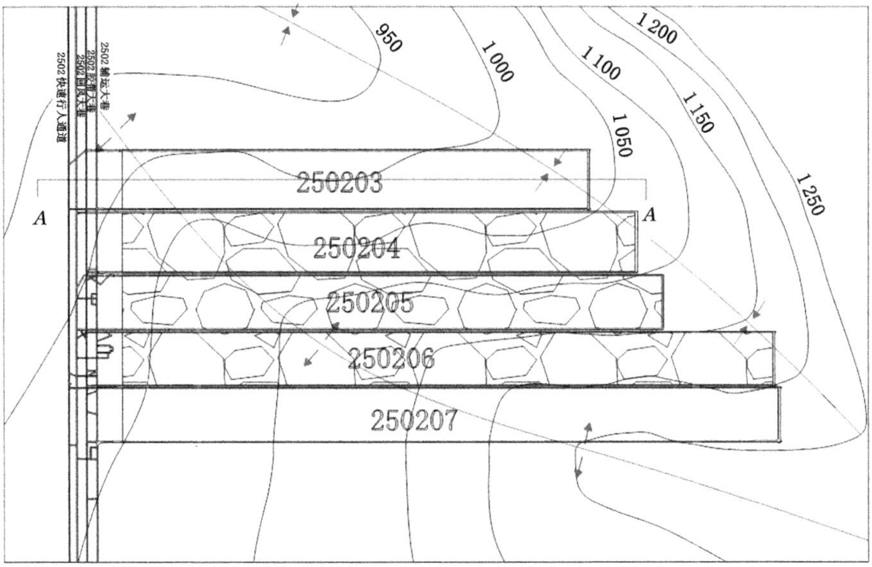

图 3-34　剖面线布置示意图

(1) 工作面过向斜轴部过程中矿震空间演化规律分析

250203 工作面于 2013 年 7 月 18 日开始回采，2013 年 7 月 18 日至 2013 年 12 月 31 日回采期间矿震平面投影和走向 A-A 剖面投影如图 3-35 和图 3-36 所示。

由图 3-35 和图 3-36 可知：工作面过向斜轴部期间，受构造应力影响，矿震主要分布于工作面中部及实体煤一侧，且以 $10^4\sim10^5$ J 能级矿震显现较多，在靠近向斜轴部区域回采时，工作面超前煤体及底板岩层应力集中程度较高，能量聚散频繁，$10^5\sim10^6$ J 能级矿震明显增多，集中分布于轴部附近，且主要位于工作面底板岩层，表明工作面回采距离向斜轴部越近，支承压力影响范围越大，煤层及底板岩层应力集中程度越高。

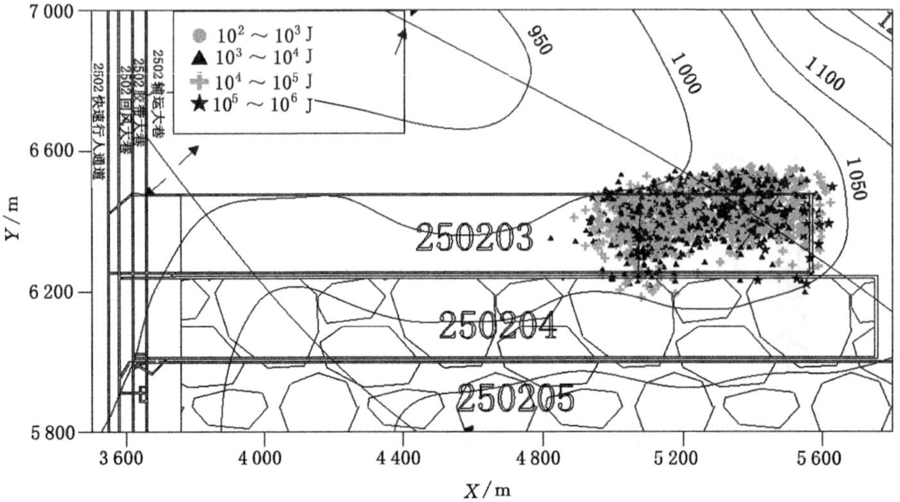

(a)

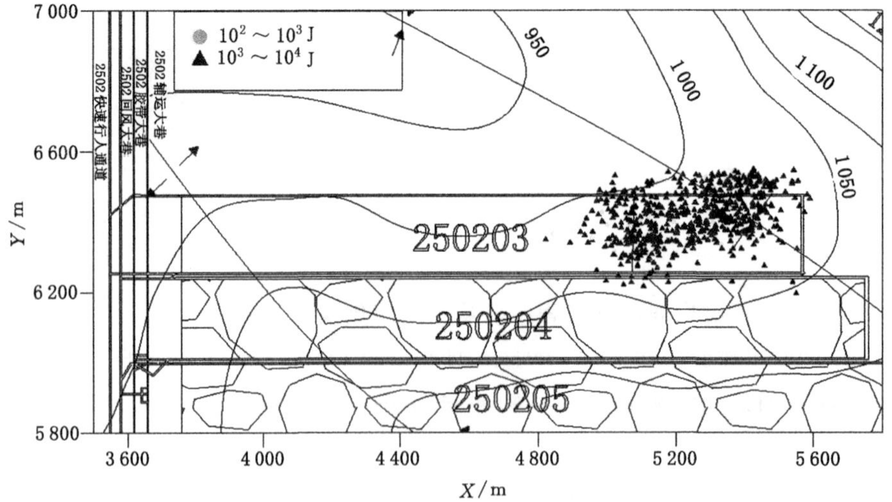

(b)

图 3-35　矿震平面投影(2013-07-18—2013-12-31)

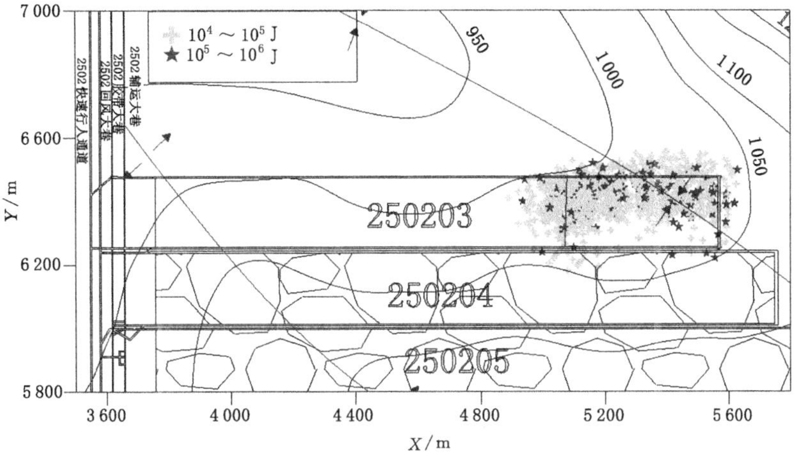

(c)

图 3-35(续)

(a) 矿震分布;(b) $10^2 < E < 10^4$ J;(c) $E > 10^4$ J

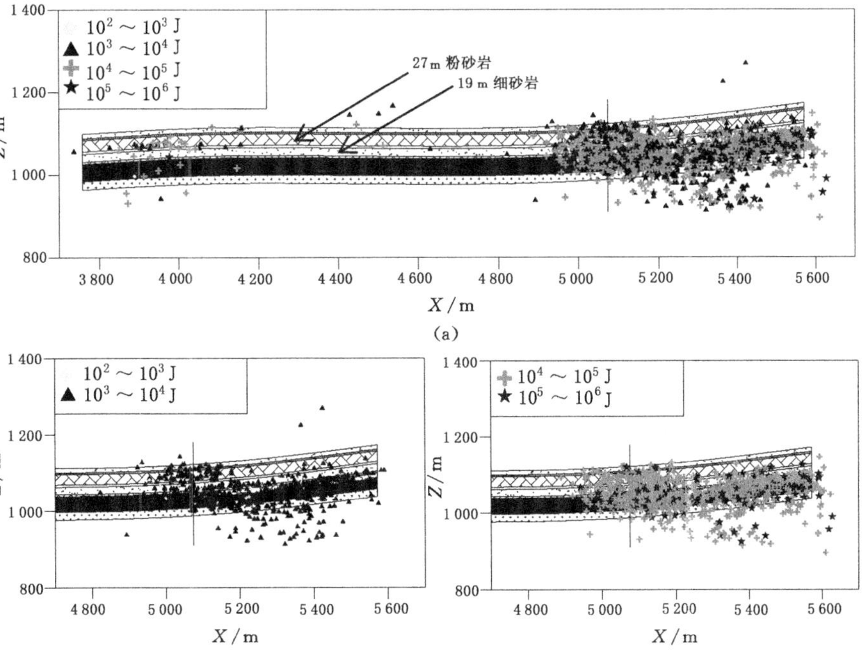

(a)

(b)

(c)

图 3-36　矿震走向 A-A 剖面投影(2013-07-18—2013-12-31)

(a) 矿震走向分布;(b) $10^2 < E < 10^4$ J;(c) $E > 10^4$ J

（2）工作面远离向斜轴部过程中矿震空间演化规律分析

250203 工作面在 2014 年 1 月 1 日至 2014 年 6 月 30 日回采期间矿震平面投影和走向 *A*-*A* 剖面投影如图 3-37 和图 3-38 所示。

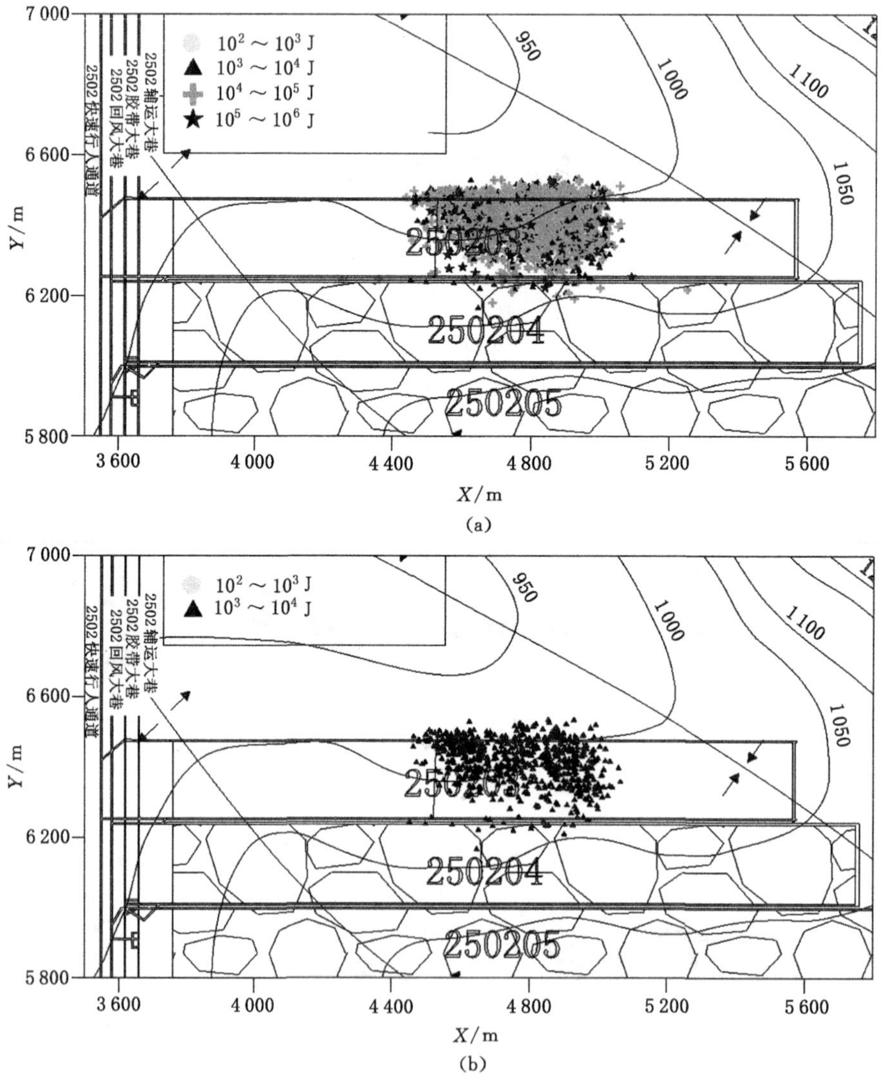

图 3-37　矿震平面投影(2014-01-01—2014-06-30)

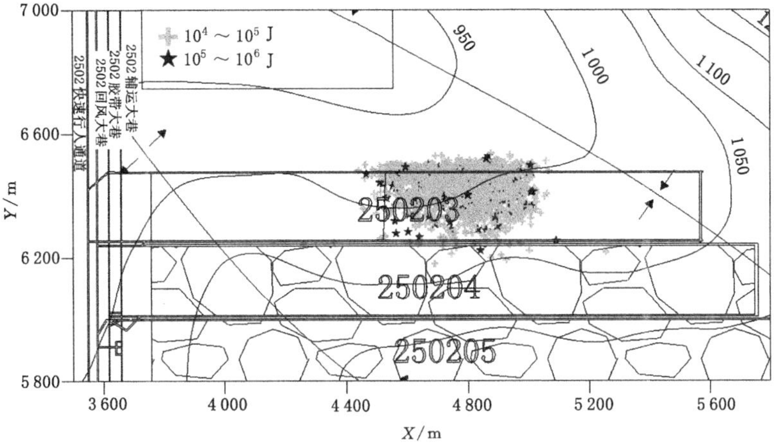

(c)

图 3-37(续)

(a) 矿震分布；(b) $10^2 < E < 10^4$ J；(c) $E > 10^4$ J

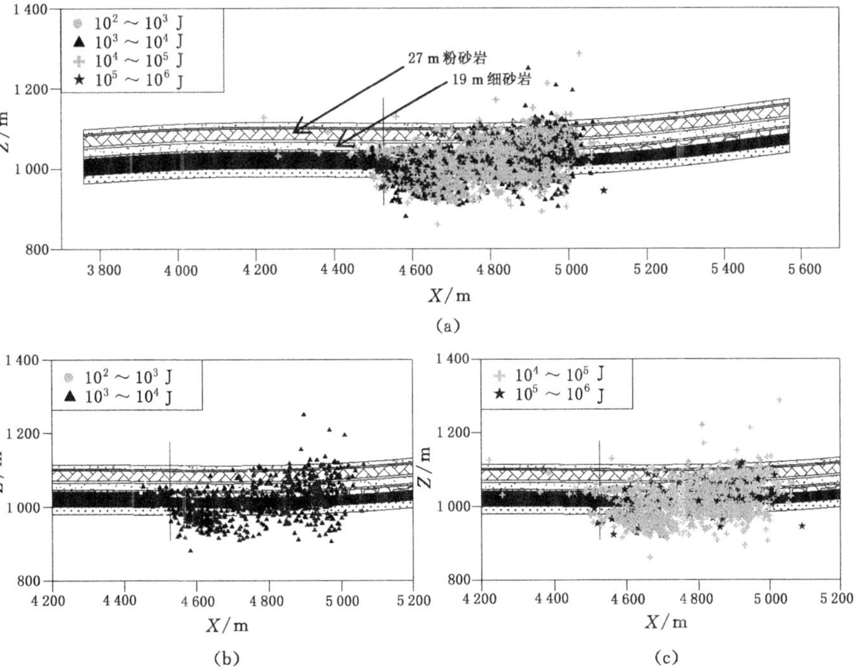

图 3-38　矿震走向 A-A 剖面投影(2014-01-01—2014-06-30)

(a) 矿震走向分布；(b) $10^2 < E < 10^4$ J；(c) $E > 10^4$ J

由图 3-37 和图 3-38 可知:工作面远离向斜轴部期间,矿震平面演化逐渐向采空区侧靠拢,但受构造应力影响,矿震分布仍以实体煤侧及工作面中部居多,10^5～10^6 J 能级矿震明显减少,但 10^4～10^5 J 能级矿震活跃性增强,矿震空间分布比较聚集,以采空区后方底板岩层显现居多,矿震空间演化高度为煤层上方约 100 m 范围内,表明工作面超前区域煤体应力集中程度相对向斜轴部区域回采时有所降低,且影响范围明显缩小,受构造应力影响相对较低,覆岩结构演化高度未发展到高位关键层。

(3) 工作面接近背斜轴部过程中矿震时空演化规律

250203 工作面在 2014 年 7 月 1 日至 2014 年 12 月 31 日回采期间矿震平面投影和走向 *A-A* 剖面投影如图 3-39 和图 3-40 所示。

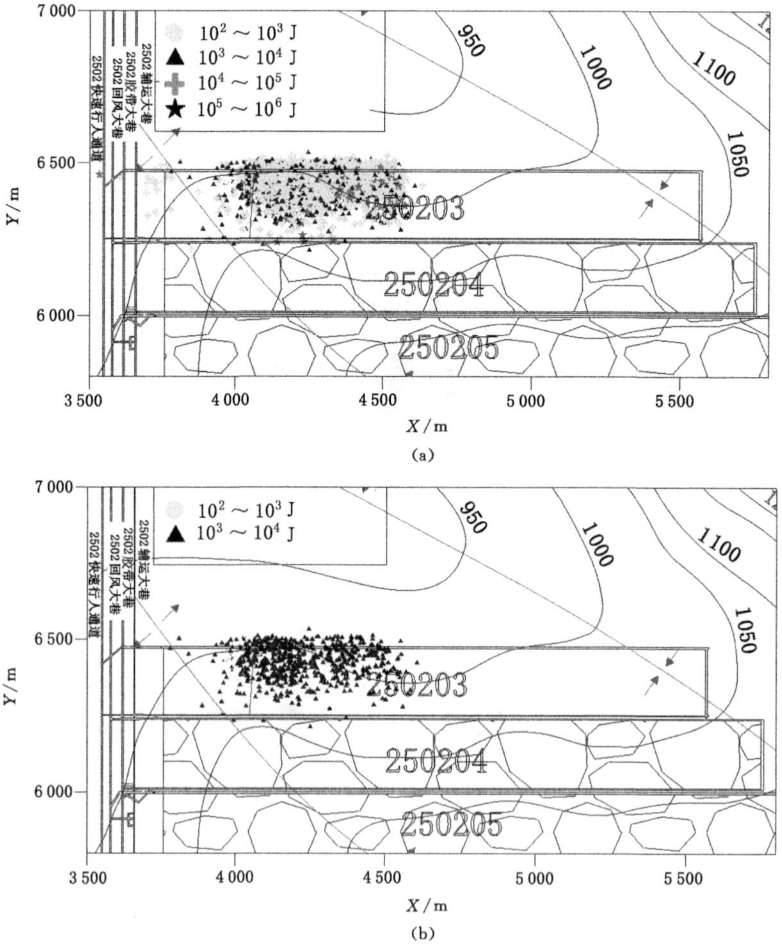

图 3-39　矿震平面投影(2014-07-01—2014-12-31)

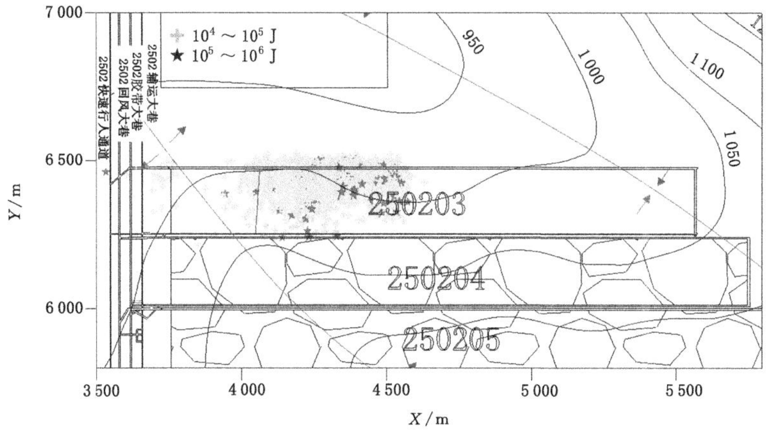

(c)

图 3-39(续)

(a) 矿震分布;(b) $10^2<E<10^4$ J;(c) $E>10^4$ J

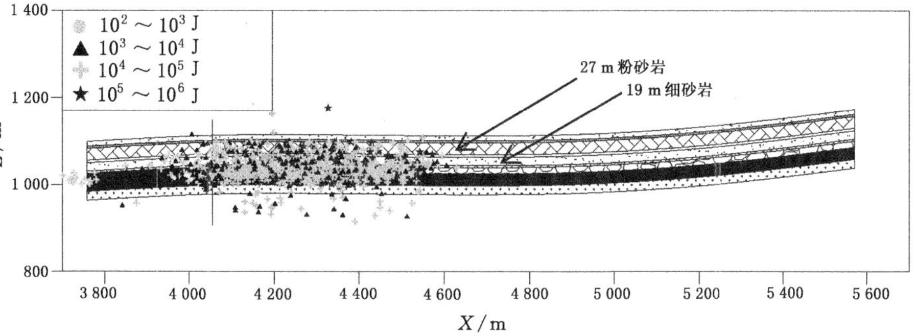

(a)

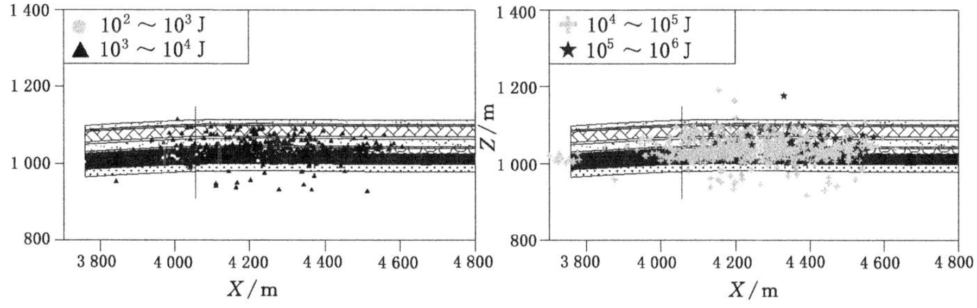

(b)　　　　　(c)

图 3-40　矿震走向 A-A 剖面投影(2014-07-01—2014-12-31)

(a) 矿震走向分布;(b) $10^2<E<10^4$ J;(c) $E>10^4$ J

由图 3-39 和图 3-40 可知：工作面接近背斜轴部过程中，受构造应力影响，支承压力影响范围有所扩大，矿震活动空间演化逐渐由底板向顶板岩层转移，$10^5 \sim 10^6$ J 高能级矿震主要分布在顶板岩层中，从而进一步佐证了背斜轴部区域开采虽竖向应力较低，但水平应力集中程度较高，尤其直接顶岩层长期处于高水平应力状态，在工作面推进至背斜轴部位置时达到峰值应力，表明背斜轴部区域回采时主要受水平应力影响，且主要是对直接顶岩层的影响。

（4）工作面过背斜轴部过程中矿震空间演化规律

250203 工作面在 2015 年 1 月 1 日至 2015 年 5 月 12 日回采期间矿震平面投影和走向 *A-A* 剖面投影如图 3-41 和图 3-42 所示。

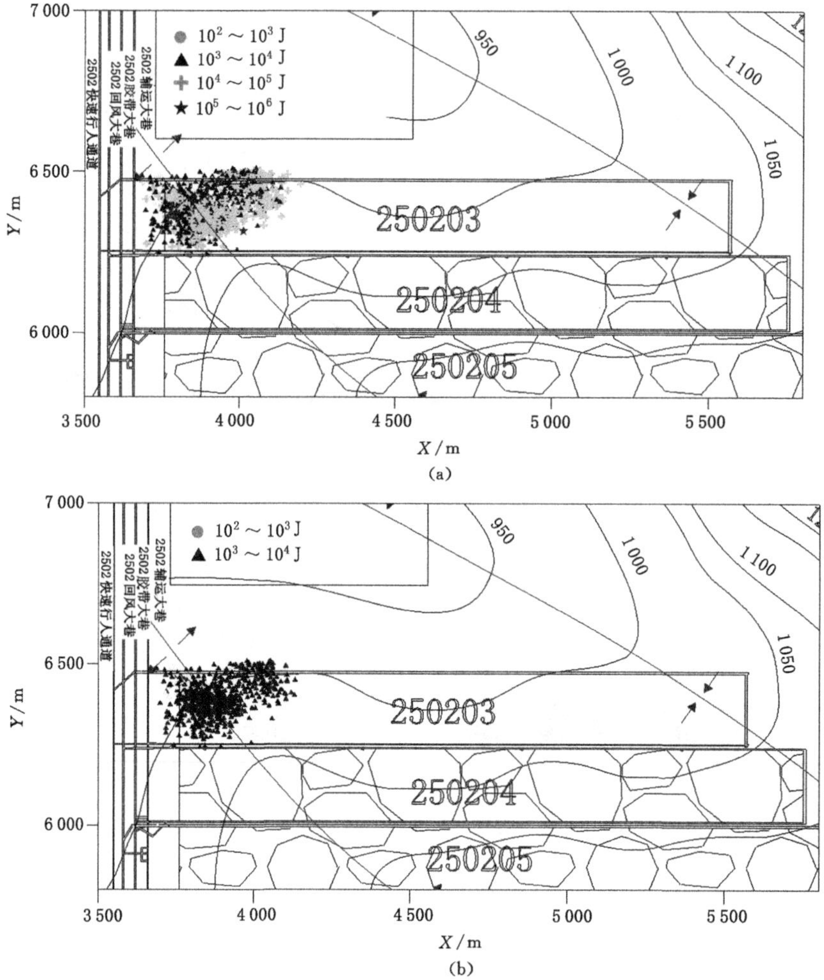

图 3-41　矿震平面投影(2015-01-01—2015-05-12)

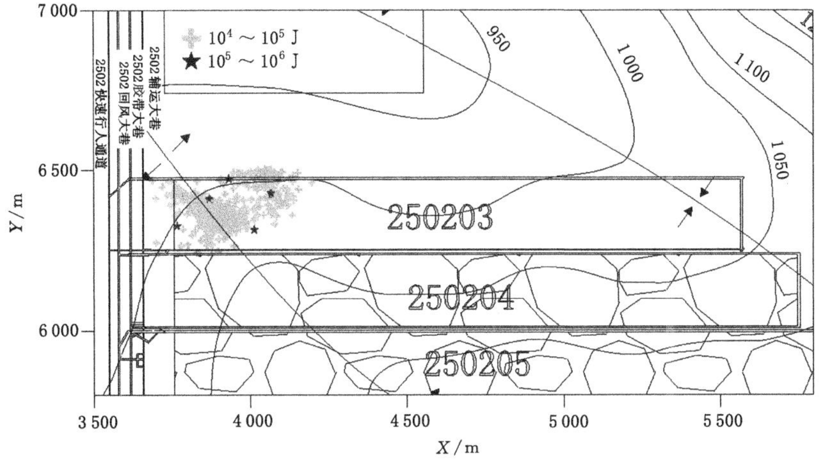

(c)

图 3-41(续)

(a) 矿震分布；(b) $10^2<E<10^4$ J；(c) $E>10^4$ J

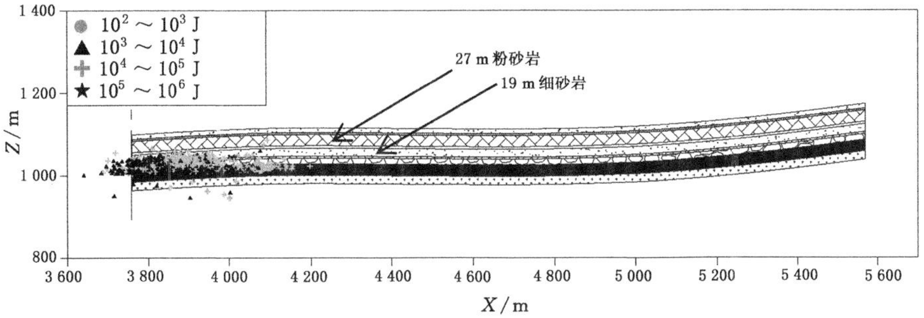

(a)

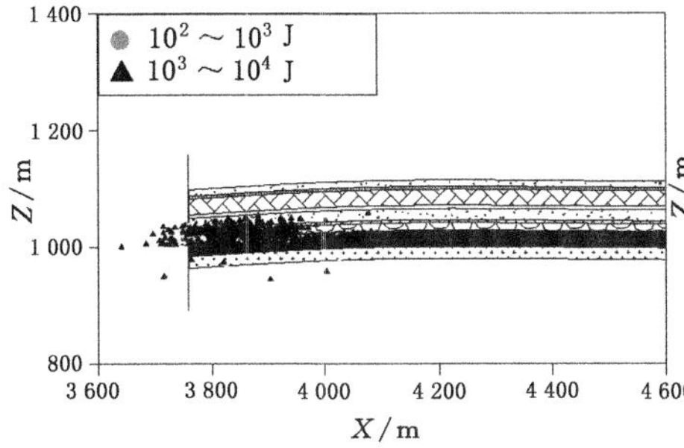

(b)

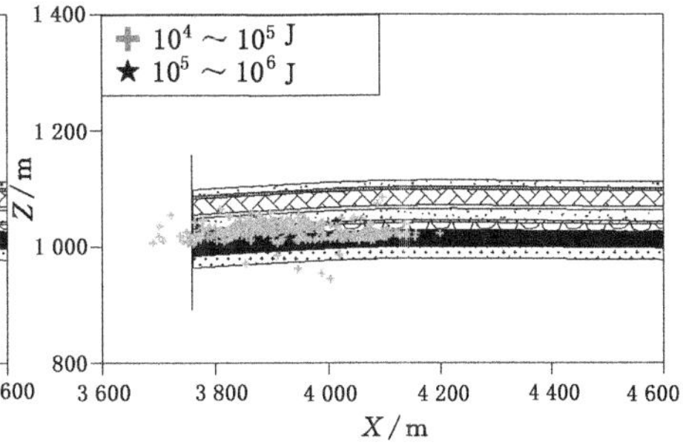

(c)

图 3-42　矿震走向 A-A 剖面投影(2015-01-01—2015-05-12)

(a) 矿震走向分布；(b) $10^2<E<10^4$ J；(c) $E>10^4$ J

由图 3-41 和图 3-42 可知:工作面过背斜轴部过程中,矿震大致对称分布于轴面两侧,矿震空间演化进一步向顶板岩层转移,且主要位于直接顶岩层中,工作面顶板岩层受高水平构造应力影响,煤壁前方顶板岩层剪切失稳的可能性增加,该区域煤岩体积聚有较高的弹性应变能,在采动影响下,一旦岩体沿着某些结构面发生剪切破坏,储存在结构面及相邻岩块中的弹性应变能可能瞬时沿着采动空间释放出来,造成冲击地压。

3.3.3.3.2　基于冲击变形能的能量积聚规律分析

矿震实质上是震源体在力作用下发生变形、损伤直至破坏(失稳)的过程,即煤岩体的变形破坏过程。冲击变形能指数反映了该区域煤岩体变形程度、弹性能的积聚,可以定量反映井下当前监测区域的冲击危险状态。冲击变形能空间云图可直观反映该回采阶段下煤岩体能量积聚程度和影响范围。

250203 工作面于 2013 年 7 月 18 日开始回采,2013 年 7 月 18 日至 2015 年 5 月 12 日工作面回采期间冲击变形能水平投影云图如图 3-43 所示,走向 *A-A* 剖面投影云图如图 3-44 所示。

由图 3-43、图 3-44 可知,250203 工作面在 2013 年 7 月 18 日至 2015 年 5 月12 日回采期间,可将工作面回采划分为过向斜、远离向斜、靠近背斜、过背斜四个阶段,在不同阶段回采下,矿震冲击变形能空间演化云图分别具有如下特征:

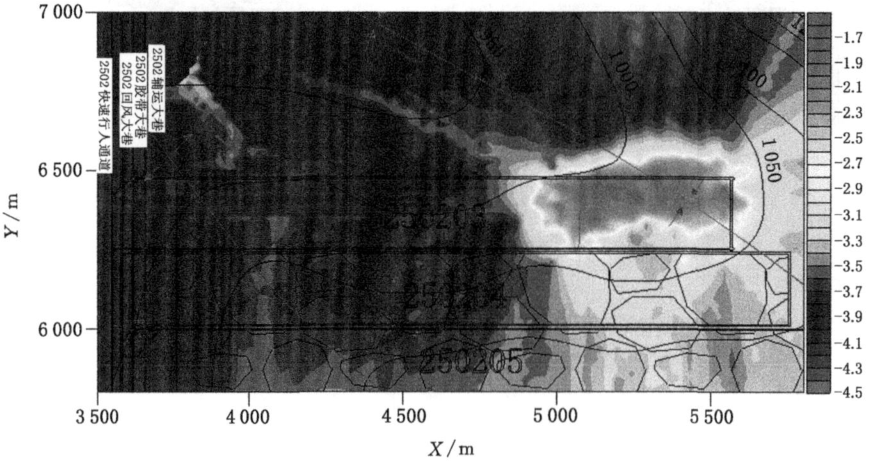

(a)

图 3-43　250203 工作面回采期间冲击变形能水平投影云图

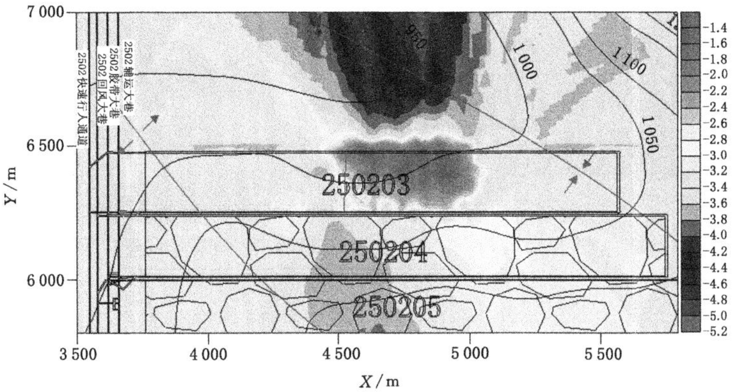

(b)

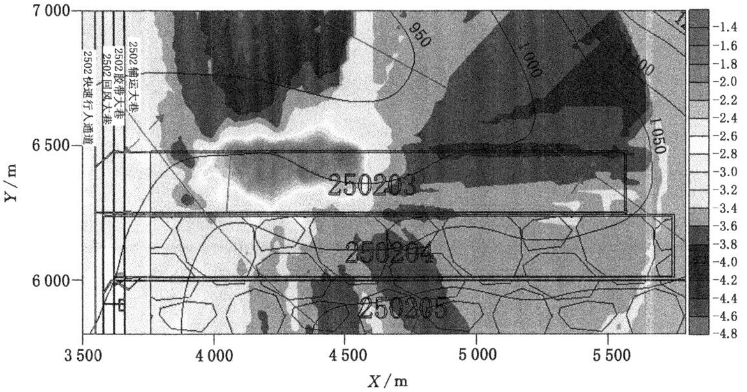

(c)

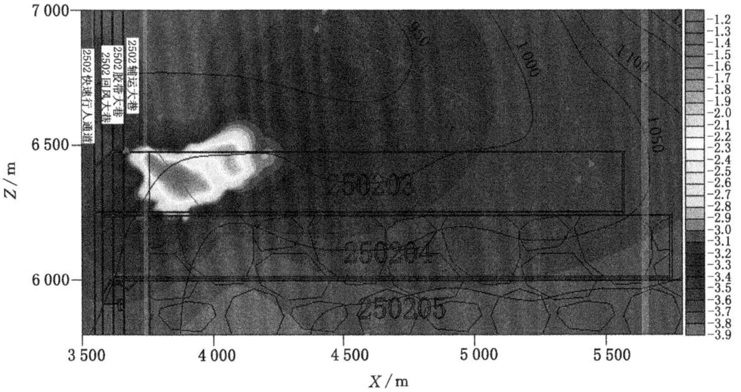

(d)

图 3-43(续)

(a) 2013-07-18—2013-12-31;(b) 2014-01-01—2014-06-30;
(c) 2014-07-01—2014-12-31;(d) 2015-01-01—2015-05-12

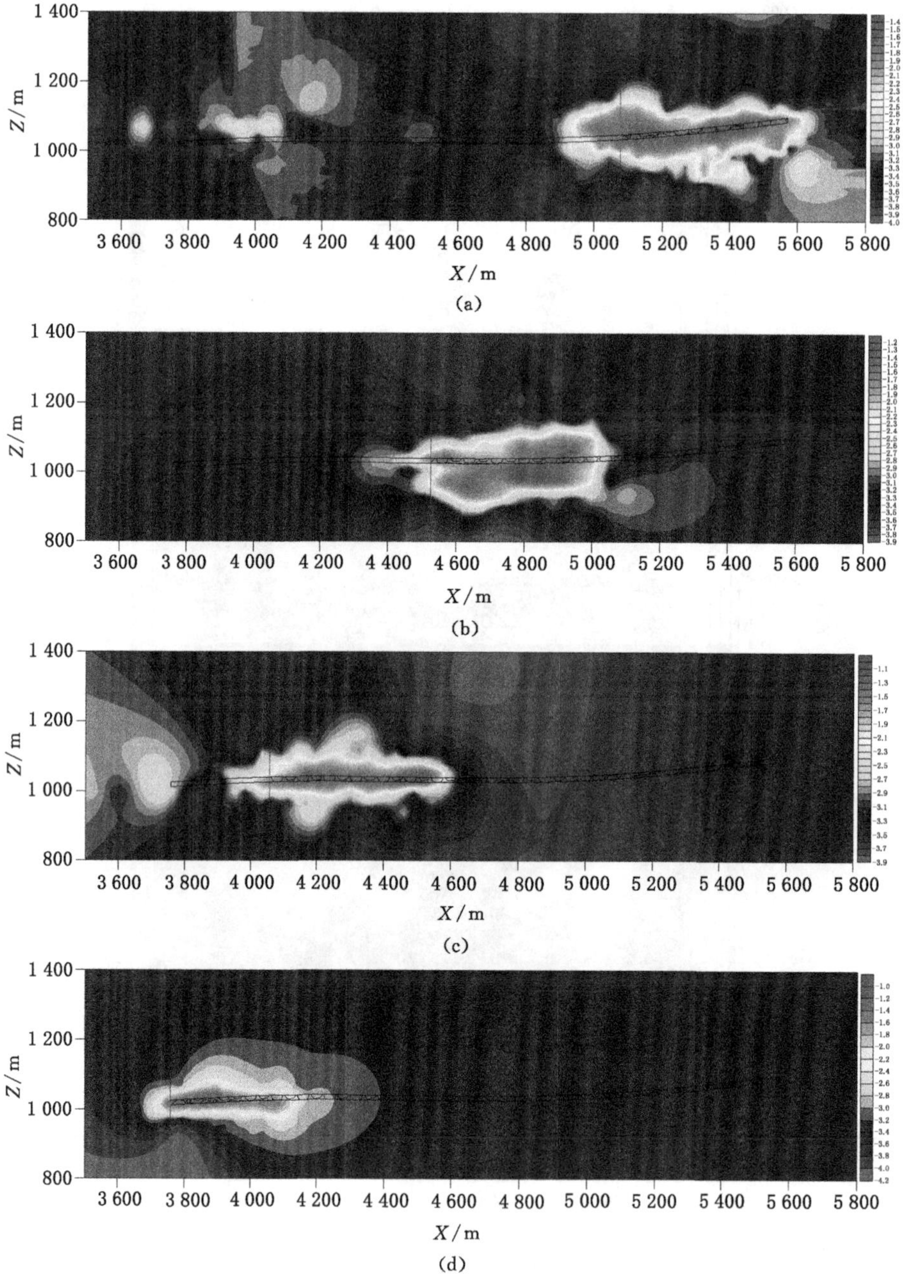

图 3-44　250203 工作面回采期间冲击变形能走向 *A*-*A* 剖面投影云图

(a) 2013-07-18—2013-12-31；(b) 2014-01-01—2014-06-30；

(c) 2014-07-01—2014-12-31；(d) 2015-01-01—2015-05-12

（1）工作面过向斜轴部期间，工作面中部及实体煤侧能量聚积程度明显升高，尤其底板岩层能量积聚范围较顶板明显更大，工作面超前煤体能量聚散频繁，应力集中程度较高。

（2）随工作面逐渐远离向斜轴部，超前煤体能量聚积区域较前一阶段明显缩小，受褶皱构造应力影响逐渐减小，但底板岩层能量聚积程度和范围有扩大趋势，具有发生冲击危险的可能性。

（3）随工作面逐渐靠近背斜轴部，工作面超前煤体能量聚积区域有向背斜轴部靠拢趋势，在空间分布上逐渐由底板向顶板岩层转移，表明工作面顶板岩层应力集中程度较高。

（4）工作面过背斜轴部期间，高能量聚散区域大致对称分布于轴面两侧，能量聚散主要发生在煤层及相邻关键岩层中，此阶段回采覆岩运动主要表现为直接顶岩层的运动。

3.3.4　砚北煤矿冲击地压类型

通过上述分析可知，褶皱区水平应力是影响底板煤层稳定的主要因素，所以当底板的水平应力达到煤层破坏极限时，产生局部的层裂破坏，在一定外界扰动影响下，以已经破坏的层裂屈曲结构为基础，破坏范围和规模突然扩大，发生底板破坏性冲击地压，如图 3-45 所示。

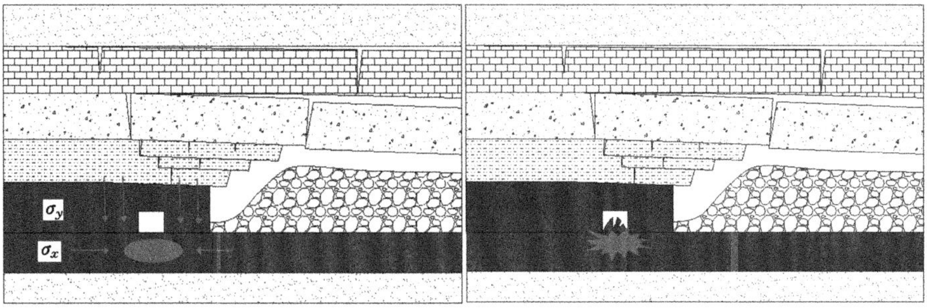

（a）　　　　（b）

图 3-45　褶皱区特厚煤层开采底板诱发冲击地压示意图

（a）极限应力状态；（b）在外界扰动下发生冲击地压

由此可见，砚北煤矿受褶皱构造的作用，存在较高水平主应力，这是褶皱区冲击地压显现频发的主要静载力源；同时，厚硬顶板及底板岩层以及岩层之间的离层、破断、软硬岩层之间的剪切滑移，顶板及底板岩层的“OX”“F”形破断失稳又会产生高能量的动载荷，这是诱发褶皱区冲击地压显现的主要动载力源。在高构造应力与强矿震动载的叠加作用下，极易诱发冲击地压灾害。

因此，砚北煤矿的冲击地压属于“构造-岩层结构运动型”。其发生原因可简述为：由厚硬顶板破断引起的震动脉冲与煤岩体高褶皱构造应力叠加致使其超过煤岩体强度极限而导致突然破坏形成冲击地压。从显现位置来看，煤层顶板、煤层、煤层底板处均有冲击显现事件。

第 4 章　冲击地压危险性评价与监测预警

冲击地压监测预测是冲击地压防治工作的重要组成部分。它对及时采取区域性防范和局部性解危措施、避免冲击危害具有十分重要的意义。目前煤矿普遍采用的冲击地压监测预警方法主要有微震法、钻屑法、电磁辐射监测法、声发射法、应力在线监测法等。

4.1　监测预警力学基础

如图 4-1 所示，煤岩试样受载变形破坏过程中需经历 4 个阶段，即裂隙闭合阶段（OA）、弹性变形阶段（AB）、裂隙发展阶段（BC）和冲击破坏阶段（CD）。在裂隙闭合和弹性变形阶段（OB），煤岩试样没有损伤破坏，无新裂隙产生，对应到现场，该阶段没有矿震产生；BC 阶段可分为裂隙缓慢发展、裂隙稳定扩展、裂隙加速扩展和裂隙快速贯通，分别对应应力水平为（σ_0,σ_{b1}）、（σ_{b1},σ_{b2}）、（σ_{b2},σ_{b3}）、（σ_{b3},R_C），对应到现场，该阶段已可产生矿震，且随裂隙扩展速度的增加，矿震产生的频次和能量都提高；受载超过抗压强度后（C 点以后），煤岩试样中裂隙贯通，出现宏观大裂隙，失稳破坏。

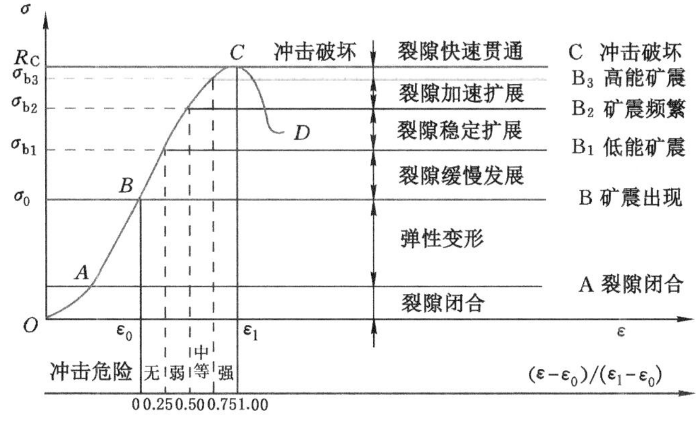

图 4-1　试验测得的煤岩破坏过程应力-应变曲线

因此，针对煤岩试样受载变形破坏过程中的力学响应，根据 BC 阶段受载及对应的应变大小，建立相应的煤岩体破坏危险性的监测预警准则：

$$0 \leqslant W_{\varepsilon}(t) = \frac{\varepsilon(t) - \varepsilon_0}{\varepsilon_1 - \varepsilon_0} \leqslant 1, \varepsilon(t) \geqslant \varepsilon_0 \tag{4-1}$$

式中 $\varepsilon(t)$——煤岩体在当前状态时刻的应变值；

ε_0——煤岩体开始出现破裂时的初始应变值；

ε_1——煤岩体最终破坏时的应变值。

$W_{\varepsilon}(t)$为某时刻煤岩破坏的危险性状态，它确定了在 ε 轴上与破坏点之间的距离，式(4-1)即为冲击地压的监测预警判别准则。根据这个准则，可将煤岩试样冲击破坏的危险性划分为四个等级，即无、弱、中等和强危险(表 4-1)，对应的应力阈值分别为 σ_{b1}、σ_{b2}、σ_{b3}和 R_C。煤岩体破坏的本质是裂隙的扩展，裂隙扩展伴随着矿震、声发射、电磁辐射等信号的产生，因此，可利用矿震及声电信号的变化对冲击危险进行实时监测与评价。

表 4-1 冲击地压危险等级划分

危险等级	危险状态	危险指数	防治对策
A	无危险	<0.25	所有的采掘工作可正常进行
B	弱危险	0.25～0.50	加强冲击动力危险的监测预报
C	中等危险	0.50～0.75	采取强度弱化减冲治理措施
D	强危险	0.75～1.00	停止采掘作业，撤离人员，采取治理措施。经检验危险消除后，方可作业

4.2 多参量一体化预警模型及准则

材料的破坏程度用损伤因子 D(材料横截面上微裂隙的密度及应力集中效应的反映)来描述，当 $D=0$ 时，材料没有破坏；$D=1$ 时，材料完全破坏。而$\sigma_f=\frac{\sigma}{1-D}$称为有效应力，其应变为 $\varepsilon=\frac{\sigma}{E(1-D)}$。

当损伤因子 $D(t)$上升到 ΔD 时，矿震及声电信号的事件及脉冲数与其变化一样。N 表示这些事件的总和，即在 $t_2>t_1$ 时刻有：

$$D(t_2) - D(t_1) = \sum \Delta D = CN \tag{4-2}$$

当 $\Delta t \to 0$ 时，$D'(t) \propto n(t)$，式中 $n(t)$为 t 时刻的矿震频次或声发射事件数或电磁辐射脉冲数。

式(4-2)意味着,如果破坏过程与声发射事件(电磁辐射脉冲数)一样,则损伤因子 D' 与岩体活动性(声发射事件数或电磁辐射脉冲数)成正比。如果与增量 ΔD_i 不一样,而 $D(t_2)$ 与 $D(t_1)$ 之差仍然等于增量 ΔD_i 之和,但这个增量 ΔD_i 之和与 N(事件数或脉冲数)不成正比。这时,可用增量来表示。能量的变化 ΔW 可由下式确定:

$$\Delta W = \sigma \cdot \Delta\varepsilon = \sigma(\varepsilon_2 - \varepsilon_1) \tag{4-3}$$

设破坏程度的损伤因子与变形呈线性关系,即 $\varepsilon = C_1 D - C_0$,则:

$$\Delta W = \sigma[(C_1 D_2 - C_0) - (C_1 D_1 - C_0)] \tag{4-4}$$

由此,得 ΔW 与 ΔD 成正比,也即:

$$D' \propto W' \propto w(t) \propto \varepsilon' \tag{4-5}$$

这是一个非常重要的结果,即如果 σ 为常数,而且 $D \propto \varepsilon$,在弹性场中出现破坏,破坏速率表现在瞬间能量 $w(t)$ 的释放中。

根据弹塑脆性模型对冲击地压危险进行评价和准确预测预报,假设满足破坏的条件,即 $\sigma^{\mathrm{H}}(t) \geqslant \sigma_{\mathrm{m}}^{\mathrm{H}}(t) \geqslant \sigma^{\min}$,或 $\varepsilon(t) \geqslant \varepsilon_{\mathrm{m}}(t) \geqslant \sigma^{\min}/E_0^{\mathrm{H}} = \varepsilon_0$,当出现 $\sigma = \sigma_i$,或者当 $\varepsilon(t) = \dfrac{\sigma_1}{E^N} = \varepsilon_1$,脆性单元破坏。如果 $\varepsilon(t)$ 是观测到的实际变化值,则危险程度 $W_\varepsilon(t)$ 将由下式确定:

$$0 \leqslant W_\varepsilon(t) = \frac{\varepsilon(t) - \varepsilon_0}{\varepsilon_1 - \varepsilon_0} \leqslant 1, \varepsilon(t) \geqslant \varepsilon_0 \tag{4-6}$$

式中,$\varepsilon_0 = \dfrac{\sigma_1}{E^{\mathrm{H}} + E^{\mathrm{M}}} < \varepsilon_1$;$W_\varepsilon(t)$ 为某时刻煤岩破坏的危险性,它确定了在 ε 轴上与破坏点之间的距离。式(4-6)为冲击地压的分级预测预警判别准则。煤岩变形破坏的 $\varepsilon(t)$、$w(t)$ 与矿震、声发射、电磁辐射的特征值成正比,则可采用矿、声发射、电磁辐射等地球物理方法确定煤岩冲击破坏危险的前兆信息模式。同样可采用式(4-7)的方式进行无量纲化处理,其中 N_1 为临界值,N_0 为初始值。

$$0 \leqslant W_n(t) = \frac{N(t) - N_0}{N_1 - N_0} \leqslant 1, N(t) \geqslant N_0 \tag{4-7}$$

式(4-7)即为采用应力、钻屑、矿震、声发射、电磁辐射等方法对冲击地压危险性进行监测预警的统一判别准则。

根据冲击地压的分级预测预警判别准则式(4-6)和式(4-7),采用地球物理方法的不同物理参数,同样可将冲击地压危险划分为四个等级,见表 4-1。

4.3 冲击危险性评价

开采具有冲击倾向性的煤层，必须进行冲击危险性评价。冲击危险性评价可采用综合指数法或其他经实践证实有效的方法。砚北煤矿采用综合指数法对矿井、水平、采区及工作面整体危险性进行评价，采用多因素耦合法对采掘工作面冲击危险区域进行划分。

4.3.1 综合指数法

综合指数法是在分析已发生的冲击地压灾害的基础上，分析各种采矿地质因素对冲击地压发生的影响，确定各种因素的影响权重，然后将其综合起来，建立冲击地压危险性评价模型并评价与预测冲击危险性的一种方法。冲击地压危险状态可通过分析岩体内的应力、岩体特性、煤层特征等地质因素和开采技术因素来确定。危险性指数分为地质因素评价的指数和开采技术因素评价的指数，综合二者来评价区域的冲击危险程度。

4.3.1.1 影响冲击地压危险状态的地质因素及指数

影响冲击地压的地质因素主要有开采深度、顶板坚硬岩层、构造应力集中和煤层冲击倾向性等。表 4-2 所列为采掘工作面周围地质条件影响冲击地压危险状态的因素及指数。

表 4-2 地质条件影响冲击地压危险状态的因素及指数

序号	影响因素	因素说明	因素分类	评价指数
1	W_1	同一水平煤层冲击地压发生历史（次数 n）	$n=0$	0
			$n=1$	1
			$2\leqslant n<3$	2
			$n\geqslant 3$	3
2	W_2	开采深度 h	$h\leqslant 400$ m	0
			400 m$<h\leqslant$600 m	1
			600 m$<h\leqslant$800 m	2
			$h>800$ m	3
3	W_3	上覆裂隙带内坚硬厚层岩层距煤层的距离 d	$d>100$ m	0
			50 m$<d\leqslant$100 m	1
			20 m$<d\leqslant$50 m	2
			$d\leqslant 20$ m	3

表 4-2(续)

序号	影响因素	因素说明	因素分类	评价指数
4	W_4	开采区域内构造引起的应力增量与正常应力值之比 γ	$\gamma \leqslant 10\%$	0
			$10\% < \gamma \leqslant 20\%$	1
			$20\% < \gamma \leqslant 30\%$	2
			$\gamma > 30\%$	3
5	W_5	顶板岩层厚度特征参数 L_{st}	$L_{st} < 50$ m	0
			50 m $< L_{st} \leqslant 70$ m	1
			70 m $< L_{st} \leqslant 90$ m	2
			$L_{st} > 90$ m	3
6	W_6	煤的单轴抗压强度 R_C	$R_C \leqslant 10$ MPa	0
			10 MPa $< R_C \leqslant 14$ MPa	1
			14 MPa $< R_C \leqslant 20$ MPa	2
			$R_C > 20$ MPa	3
7	W_7	煤的弹性能指数 W_{ET}	$W_{ET} < 2$	0
			$2 \leqslant W_{ET} < 3.5$	1
			$3.5 \leqslant W_{ET} < 5$	2
			$W_{ET} \geqslant 5$	3
危险等级评价	$W_{t1} = \dfrac{\sum_{i=1}^{n_1} W_i}{\sum_{i=1}^{n_1} W_{i\max}}$		$W_{t1} \leqslant 0.25$	无冲击
			$0.25 < W_{t1} \leqslant 0.5$	弱冲击
			$0.5 < W_{t1} \leqslant 0.75$	中等冲击
			$W_{t1} > 0.75$	强冲击

开采区域内构造应力可由下式表示：

$$\sigma_g = \lambda\sigma = \lambda\delta H \tag{4-8}$$

式中　σ_g——煤岩体中的构造应力，Pa；

σ——原岩应力，Pa；

H——上覆岩层的厚度，m；

δ——上覆岩层的容重，一般取 25 000 N/m³；

λ——构造区附近 30 m 范围水平应力系数，按地应力实测确定，无实测时定为 1.3。

则开采区域内构造引起的应力增量与正常应力值之比为：

$$\gamma = (\sigma_g - \sigma)/\sigma \tag{4-9}$$

根据研究，影响冲击地压发生的岩层为煤层上方 100 m 范围内的岩层，其中岩体强度大、厚度大的砂岩层起主要作用。以砂岩为标准的顶板岩层厚度特征参数可用下式计算：

$$L_{st}=\sum h_i r_i \tag{4-10}$$

式中 h_i——顶板在 100 m 范围内第 i 种岩层的总厚度；

r_i——所给岩层的弱面递减系数。

若定义砂岩的强度系数和弱面系数为 1.0，则煤系地层各岩层的强度比和弱面递减系数见表 4-3。

表 4-3　煤系地层各岩层的强度比和弱面递减系数

岩层	砂岩	泥岩	页岩	煤	采空区冒矸
强度比	1.0	0.82	0.58	0.34	0.2
弱面递减系数	1.0	0.62	0.29	0.31	0.04

这样，就可根据表 4-3，用下式来确定采掘工作面周围采矿地质条件对冲击地压危险状态的影响程度以及冲击地压危险状态等级评定的指数 W_{t1}：

$$W_{t1}=\frac{\sum_{i=1}^{n_1} W_i}{\sum_{i=1}^{n_1} W_{i\max}} \tag{4-11}$$

式中 W_{t1}——采矿地质因素确定的冲击地压危险指数；

$W_{i\max}$——表 4-2 中第 i 个地质因素的最大指数；

W_i——采掘工作面周围第 i 个地质因素的实际指数；

n_1——地质因素的数目。

4.3.1.2 影响冲击地压危险状态的开采技术因素及指数

同样，根据开采技术条件、开采历史和煤柱、停采线等开采技术因素，确定相应的影响冲击地压危险状态的指数，从而为冲击地压的预测预报、危险性评价以及冲击地压的治理提供依据。

表 4-4 所列为采掘工作面周围的开采技术因素对冲击地压的影响程度及指数。

表 4-4　开采技术条件影响冲击地压危险状态的因素及指数

序号	影响因素	因素说明	因素分类	评价指数
1	W_1	保护层的卸压程度	好	0
			中等	1
			一般	2
			很差	3
2	W_2	工作面距上保护层开采遗留的煤柱的水平距离 h_z	$h_z \geqslant 60$ m	0
			30 m $\leqslant h_z < 60$ m	1
			$0 \leqslant h_z < 30$ m	2
			$h_z < 0$(煤柱下方)	3
3	W_3	工作面与邻近采空区的关系	实体煤工作面	0
			一侧采空	1
			两侧采空	2
			三侧及以上采空	3
4	W_4	工作面长度 L_m	$L_m > 300$ m	0
			150 m $\leqslant L_m < 300$ m	1
			100 m $\leqslant L_m < 150$ m	2
			$L_m < 100$ m	3
5	W_5	区段煤柱宽度 d	$d \leqslant 3$ m,或 $d \geqslant 50$ m	0
			3 m $< d \leqslant 6$ m	1
			6 m $< d \leqslant 10$ m	2
			10 m $< d < 50$ m	3
6	W_6	底煤厚度 t_d	$t_d = 0$	0
			$0 < t_d \leqslant 1$ m	1
			1 m $< t_d \leqslant 2$ m	2
			$t_d > 2$ m	3
7	W_7	向采空区掘进的巷道,停掘位置与采空区的距离 L_{jc}	$L_{jc} \geqslant 150$ m	0
			100 m $\leqslant L_{jc} < 150$ m	1
			50 m $\leqslant L_{jc} < 100$ m	2
			$L_{jc} < 50$ m	3

表 4-4(续)

序号	影响因素	因素说明	因素分类	评价指数
8	W_8	向采空区推进的工作面,停采线与采空区的距离 L_{mc}	$L_{mc} \geqslant 300$ m	0
			200 m $\leqslant L_{mc} <$ 300 m	1
			100 m $\leqslant L_{mc} <$ 200 m	2
			$L_{mc} <$ 100 m	3
9	W_9	向落差大于 3 m 的断层推进的工作面或巷道,工作面或迎头与断层的距离 L_d	$L_d \geqslant 100$ m	0
			50 m $\leqslant L_d <$ 100 m	1
			20 m $\leqslant L_d <$ 50 m	2
			$L_d <$ 20 m	3
10	W_{10}	向煤层倾角剧烈变化(>15°)的向斜或背斜推进的工作面或巷道,工作面或迎头与之的距离 L_z	$L_z \geqslant 50$ m	0
			20 m $\leqslant L_z <$ 50 m	1
			10 m $\leqslant L_z <$ 20 m	2
			$L_z <$ 10 m	3
11	W_{11}	向煤层侵蚀、合层或厚度变化部分推进的工作面或巷道,接近煤层变化部分的距离 L_b	$L_b \geqslant 50$ m	0
			20 m $\leqslant L_b <$ 50 m	1
			10 m $\leqslant L_b <$ 20 m	2
			$L_b <$ 10 m	3
危险等级评价	$W_{t2} = \dfrac{\sum_{i=1}^{n_2} W_i}{\sum_{i=1}^{n_2} W_{i\max}}$		$W_{t2} \leqslant 0.25$	无冲击
			$0.25 < W_{t2} \leqslant 0.5$	弱冲击
			$0.5 < W_{t2} \leqslant 0.75$	中等冲击
			$W_{t2} > 0.75$	强冲击

这样,可根据表 4-4,用下式来确定采掘工作面周围的开采技术条件对冲击地压危险状态的影响程度及冲击地压危险状态等级评定的指数 W_{t2}:

$$W_{t2} = \frac{\sum_{i=1}^{n_2} W_i}{\sum_{i=1}^{n_2} W_{i\max}} \tag{4-12}$$

式中 W_{t2}——开采技术因素确定的冲击地压危险指数;

$W_{i\max}$——表 4-4 中第 i 个开采技术因素的最大指数;

W_i——采掘工作面周围第 i 个开采技术因素的实际指数;

n_2——开采技术因素的数目。

4.3.1.3　冲击地压危险程度的预测

以上给出了采掘工作面周围地质因素和采矿技术因素对冲击地压的影响程度及冲击地压危险状态等级评定的指数 W_{t1}、W_{t2} 的具体表达式，根据这两个指数，用下式就可确定采掘工作面周围冲击地压危险状态等级评定的综合指数 W_t：

$$W_t = \max\{W_{t1}, W_{t2}\} \tag{4-13}$$

式中，W_t 为某采掘工作面的冲击地压危险状态等级评定综合指数，以此可确定冲击地压危险程度。

4.3.2　多因素耦合法

多因素耦合法就是分析多个冲击地压影响因素的叠加影响作用，详细确定不同开采地段所具有的不同冲击地压危险等级，用于指导冲击地压危险预测、监测和治理工作。

这种方法先判断开采区域是否具有冲击地压危险。若该区域具有冲击地压危险，则使用多因素影响程度叠加法对区域内各个地段进行分区分级预测，主要是分析影响地段冲击地压危险的因素，根据各地段的实际情况对各个因素进行危险等级划分，叠加各个因素的危险等级，根据叠加结果预测该地段的最终危险等级。

多因素耦合法的危险等级分为弱冲击危险、中等冲击危险和强冲击危险。当不同区域的最终危险等级确定后，采用不同图例和颜色标定在采掘工程平面图上。表 4-5 为多因素耦合法分区分级划分表。

表 4-5　多因素耦合法分区分级划分表

序号	影响因素	因素说明	区域划分	危险等级
1	W_1	落差大于 3 m、小于 10 m 的断层区域	前后 20 m 范围	强
			前后 20 ～50 m 范围	中等
2	W_2	煤层倾角剧烈变化（大于 15°）的褶曲区域	前后 10 m 范围	中等
3	W_3	煤层侵蚀、合层或厚度变化区域	前后 10 m 范围	强
			前后 10 ～20 m 范围	中等
4	W_4	顶底板岩性变化区域	前后 50 m 范围	强
			前后 50 ～100 m 范围	弱
5	W_5	上保护层开采遗留的煤柱下方区域	煤柱下方及距离煤柱水平距离 30 m 范围	强
			距离煤柱水平距离 30 ～60 m 范围	中等

表 4-5(续)

序号	影响因素	因素说明	区域划分	危险等级
6	W_6	落差大于 10 m 的断层或断层群区域	距离断层 30 m 范围	强
			距离断层 30～50 m 范围	中等
7	W_7	向采空区推进的工作面	接近采空区 50 m 范围内	强
			接近采空区 50 ～100 m 范围内	中等
			接近采空区 100 ～200 m 范围内	弱
8	W_8	刀把形等不规则工作面或多个工作面的开切眼及停采线不对齐等区域	拐角煤柱前后 20 m 范围	强
9	W_9	巷道交叉区域	四角交叉前后 20 m 范围	强
			三角交叉前后 20 m 范围	中等
10	W_{10}	沿空巷道煤柱	区段煤柱宽 6 ～10 m 时	弱
			区段煤柱宽 10 ～30 m 时	强
			区段煤柱宽 30 ～50 m 时	中等
11	W_{11}	工作面超前支承压力区	工作面煤壁超前 0 ～50 m 范围	强
			工作面煤壁超前 50 ～100 m 范围	中等
			工作面煤壁超前 100 ～150 m 范围	弱
12	W_{12}	基本顶初次来压	前后 20 m 范围	中等
13	W_{13}	工作面采空区“见方”区域	单工作面初次“见方”前后 50 m 范围	强
			多工作面初次“见方”前后 50 m 范围	强
			单或多工作面周期“见方”前后 20 m 范围	中等
14	W_{14}	留底煤区域	底煤厚 0 ～1 m 时	弱
			底煤厚 1 ～2 m 时	中等
			底煤厚度大于 2 m 时	强
15	W_{15}	采掘扰动区域	—	强

表 4-5(续)

说明	1. 该表主要适用于工作面回采和巷道掘进期间,对于矿井和采区等大区域冲击危险区划分时,划分参数可根据实际情况进行扩大。 2. 经综合指数法评估为无冲击危险的,不需进行分区分级划分。 3. 经综合指数法评估为具有冲击危险、本表未描述的其他区域均定为"弱"等级。 4. 多个"强"因素叠加或"强"因素与其他因素叠加时,定为"强"等级。 5. 1 个"中等"因素与 1 个或多个"弱"因素叠加时,定为"中等"等级。 6. 2 个及以上"中等"因素叠加时,定为"强"等级。 7. 2 个及以上"弱"因素叠加时,定为"弱"或"中等"等级,具体划分结果依据判定数值与临界值相差百分比来定

4.3.3　典型工作面冲击危险性评价

4.3.3.1　工作面综合指数法评价

4.3.3.1.1　地质因素影响的冲击地压危险指数

根据 250202上 工作面地质条件,可以确定回采期间地质因素影响下的冲击地压危险指数,确定冲击地压危险等级。

(1) 同一水平煤层发生冲击地压次数超过 3 次,则 W_1 取值为 3。

(2) 250202上 采煤工作面开采深度为 450 ～588 m,采深大于 400 m,且小于 600 m,则 W_2 取值为 1。

(3) 250202上 采煤工作面上覆 100 m 范围内无单轴抗压强度大于 60 MPa 的坚硬厚岩层,则 W_3 取值为 0。

(4) 250202上 工作面区域内构造较为复杂,褶皱构造发育。250203上 采空区和 250202上 采煤工作面靠近切眼区域为向斜构造,靠近停采线区域为背斜构造。工作面整体受背向斜构造影响较大,故 W_4 取值为 3。

(5) 根据地质钻孔 1304(材料平巷侧)、H1204(运输平巷侧)、B901(停采线附近)资料,250202上 采煤工作面煤层上方 100 m 范围顶板岩层厚度特征参数 L_{st}的计算见表 4-6～表 4-8,取其平均值,则 $L_{st}=(96.44+91.54+85.14)/3=91.04$ (m),故 W_5 取值为 3。

表 4-6　250202上 工作面顶板岩层厚度特征参数 L_{st}的计算(1304 钻孔)

序号	岩性	弱面递减系数	厚度/m	厚度特征参数/m
1	粉砂岩、中粒砂岩	1.00	7.35	7.35
2	煤	0.31	0.35	0.11

表 4-6(续)

序号	岩性	弱面递减系数	厚度/m	厚度特征参数/m
3	粉砂岩、煤 2-2	1.00	6.61	6.61
4	中粒砂岩	1.00	3.34	3.34
5	石英中粒砂岩	1.00	1.49	1.49
6	砂质泥岩、碳质泥岩	0.62	1.92	1.19
7	煤 2-3	0.31	0.65	0.20
8	粉砂岩	1.00	7.86	7.86
9	煤 3	0.31	2.03	0.63
10	细粒砂岩	1.00	5.30	5.30
11	煤	0.31	0.35	0.11
12	粉砂岩及碳质泥岩	0.62	4.45	2.76
13	泥质粉砂岩及粗粒砂岩	1.00	3.12	3.12
14	泥岩	0.62	1.20	0.74
15	煤 4	0.31	0.60	0.19
16	油页岩	0.29	5.28	1.53
17	泥质粉砂岩	1.00	7.28	7.28
18	中粒砂岩	1.00	1.20	1.20
19	粉砂岩	1.00	11.24	11.24
20	粗粒砂岩	1.00	1.49	1.49
21	粉砂岩	1.00	8.57	8.57
22	石英砂岩	1.00	0.99	0.99
23	粉砂岩	1.00	10.12	10.12
24	细粒砂岩	1.00	3.43	3.43
25	泥质粉砂岩	1.00	9.50	9.50
26	碳质泥岩	0.62	0.14	0.09
合计			105.86	96.44

表 4-7 250202上 工作面顶板岩层厚度特征参数 L_{st} 的计算(H1204 钻孔)

序号	岩性	弱面递减系数	厚度/m	厚度特征参数/m
1	泥质粉砂岩	1.00	7.84	7.84
2	煤	0.31	0.48	0.15
3	泥质粉砂岩	1.00	6.66	6.66

表 4-7(续)

序号	岩性	弱面递减系数	厚度/m	厚度特征参数/m
4	煤	0.31	0.44	0.14
5	细砂岩	1.00	11.34	11.34
6	泥质粉砂岩	1.00	4.15	4.15
7	煤	0.31	1.74	0.54
8	泥质粉砂岩	1.00	4.06	4.06
9	碳质泥岩	0.62	0.87	0.54
10	泥质粉砂岩	1.00	2.32	2.32
11	泥岩	0.62	6.44	3.99
12	煤	0.31	0.53	0.16
13	碳质泥岩	0.62	2.01	1.25
14	油页岩	0.29	1.93	0.56
15	粗砂岩	1.00	0.77	0.77
16	油页岩	0.29	5.02	1.46
17	泥质粉砂岩	1.00	17.39	17.39
18	中砂岩	1.00	1.45	1.45
19	泥质粉砂岩	1.00	26.77	26.77
合计			102.21	91.54

表 4-8　250202上 工作面顶板岩层厚度特征参数 L_{st}的计算(B901 钻孔)

序号	岩性	弱面递减系数	厚度/m	厚度特征参数/m
1	泥岩煤 2-1	0.62	3.68	2.28
2	细粉砂岩	1.00	12.32	12.32
3	煤 2-2 砂质泥岩	0.62	4.62	2.86
4	粉砂岩	1.00	3.48	3.48
5	煤 2-3	0.31	0.49	0.15
6	粉砂岩泥岩	1.00	7.61	7.61
7	煤 3	0.31	1.35	0.42
8	粉-砂质泥岩	0.62	4.83	2.99
9	泥岩含砾粗砂岩	1.00	3.45	3.45
10	泥岩与细砂岩互层	1.00	4.52	4.52
11	泥岩煤 4	0.62	1.64	1.02

表 4-8(续)

序号	岩性	弱面递减系数	厚度/m	厚度特征参数/m
12	中砂岩	1.00	1.34	1.34
13	细粉砂岩砂质泥岩	0.62	19.70	12.21
14	细砂岩	1.00	8.33	8.33
15	粗砂岩	1.00	17.74	17.74
16	粉-砂质泥岩	0.62	7.13	4.42
合计			102.23	85.14

(6) 根据《砚北煤矿 $5^{\#}$ 煤层煤岩冲击倾向性鉴定报告》得出 $5^{\#}$ 煤层单轴抗压强度为 9.85 MPa，故 W_6 取值为 0。

(7) 根据《砚北煤矿 $5^{\#}$ 煤层煤岩冲击倾向性鉴定报告》得出 $5^{\#}$ 煤层弹性能指数为 7.06，故 W_7 取值为 3。

根据 250202上 工作面地质条件，可以确定地质因素影响下的冲击地压危险指数。用地质因素确定的冲击地压危险状态等级评定的综合指数见表 4-9。

$$W_{t1}=\frac{\sum_{i=1}^{n_1} W_i}{\sum_{i=1}^{n_1} W_{i\max}}=\frac{3+1+0+3+3+0+3}{3+3+3+3+3+3+3}=0.62$$

表 4-9　地质因素确定的冲击地压危害危险等级

序号	影响因素	因素说明	因素分类	评价指数	地质因素	实际指数
1	W_1	同一水平煤层冲击地压发生历史(次数 n)	$n=0$	0	该矿记录冲击危险次数大于 3 次	3
			$n=1$	1		
			$2\leqslant n<3$	2		
			$n\geqslant 3$	3		
2	W_2	开采深度 h	$h\leqslant 400$ m	0	工作面采深为 450 ～ 588 m	1
			400 m$<h\leqslant$600 m	1		
			600 m$<h\leqslant$800 m	2		
			$h>800$ m	3		

表 4-9(续)

序号	影响因素	因素说明	因素分类	评价指数	地质因素	实际指数
3	W_3	上覆裂隙带内坚硬厚层岩层距煤层的距离 d	$d>100$ m	0	无单轴抗压强度大于60 MPa的坚硬厚岩层	0
			50 m$<d\leqslant$100 m	1		
			20 m$<d\leqslant$50 m	2		
			$d\leqslant$20 m	3		
4	W_4	开采区域内构造引起的应力增量与正常应力值之比 γ	$\gamma\leqslant10\%$	0	工作面整体受背向斜构造影响较大	3
			$10\%<\gamma\leqslant20\%$	1		
			$20\%<\gamma\leqslant30\%$	2		
			$\gamma>30\%$	3		
5	W_5	顶板岩层厚度特征参数 L_{st}	$L_{st}<50$ m	0	煤层顶板岩层厚度特征参数 $L_{st}=91.04$ m	3
			50 m$<L_{st}\leqslant$70 m	1		
			70 m$<L_{st}\leqslant$90 m	2		
			$L_{st}>90$ m	3		
6	W_6	煤的单轴抗压强度 R_C	$R_C\leqslant$10 MPa	0	煤层单轴抗压强度为9.85 MPa	0
			10 MPa$<R_C\leqslant$14 MPa	1		
			14 MPa$<R_C\leqslant$20 MPa	2		
			$R_C>$20 MPa	3		
7	W_7	煤的弹性能指数 W_{ET}	$W_{ET}<2$	0	煤层弹性能指数为7.06	3
			$2\leqslant W_{ET}<3.5$	1		
			$3.5\leqslant W_{ET}<5$	2		
			$W_{ET}\geqslant5$	3		
危险等级评价	$W_{t1}=\dfrac{\sum_{i=1}^{n_1}W_i}{\sum_{i=1}^{n_1}W_{i\max}}$		$W_{t1}\leqslant0.25$	无冲击	$W_{t1}=0.62$，中等冲击危险	
			$0.25<W_{t1}\leqslant0.5$	弱冲击		
			$0.5<W_{t1}\leqslant0.75$	中等冲击		
			$W_{t1}>0.75$	强冲击		

4.3.3.1.2　开采技术因素影响的冲击地压危险指数

根据250202上工作面回采条件，可以确定回采期间开采技术条件影响下的冲击地压险指数，确定的冲击地压危险等级评定的综合指数见表4-10。

表 4-10　技术条件因素确定的冲击地压危险等级

序号	影响因素	因素说明	因素分类	评价指数	实际指数
1	W_1	保护层的卸压程度	好	0	\
			中等	1	
			一般	2	
			很差	3	
2	W_2	工作面距上保护层开采遗留的煤柱的水平距离 h_z	$h_z \geqslant 60$ m	0	\
			30 m$\leqslant h_z <$60 m	1	
			$0 \leqslant h_z <$30 m	2	
			$h_z < 0$(煤柱下方)	3	
3	W_3	工作面与邻近采空区的关系	实体煤工作面	0	1
			一侧采空	1	
			两侧采空	2	
			三侧及以上采空	3	
4	W_4	工作面长度 L_m	$L_m >$300 m	0	1
			150 m$\leqslant L_m <$300 m	1	
			100 m$\leqslant L_m <$150 m	2	
			$L_m <$100 m	3	
5	W_5	区段煤柱宽度 d	$d \leqslant$3 m，或 $d \geqslant$50 m	0	1
			3 m$< d \leqslant$6 m	1	
			6 m$< d \leqslant$10 m	2	
			10 m$< d <$50 m	3	
6	W_6	底煤厚度 t_d	$t_d = 0$	0	3
			$0 < t_d \leqslant$1 m	1	
			1 m$< t_d \leqslant$2 m	2	
			$t_d >$2 m	3	
7	W_7	向采空区掘进的巷道，停掘位置与采空区的距离 L_{jc}	$L_{jc} \geqslant$150 m	0	\
			100 m$\leqslant L_{jc} <$150 m	1	
			50 m$\leqslant L_{jc} <$100 m	2	
			$L_{jc} <$50 m	3	

表 4-10(续)

序号	影响因素	因素说明	因素分类	评价指数	实际指数
8	W_8	向采空区推进的工作面，停采线与采空区的距离 L_{mc}	$L_{mc} \geqslant 300$ m	0	\
			200 m $\leqslant L_{mc} <$ 300 m	1	
			100 m $\leqslant L_{mc} <$ 200 m	2	
			$L_{mc} <$ 100 m	3	
9	W_9	向落差大于 3 m 的断层推进的工作面或巷道，工作面或迎头与断层的距离 L_d	$L_d \geqslant 100$ m	0	\
			50 m $\leqslant L_d <$ 100 m	1	
			20 m $\leqslant L_d <$ 50 m	2	
			$L_d <$ 20 m	3	
10	W_{10}	向煤层倾角剧烈变化（$>15°$）的向斜或背斜推进的工作面或巷道，工作面或迎头与之的距离 L_z	$L_z \geqslant 50$ m	0	0～3
			20 m $\leqslant L_z <$ 50 m	1	
			10 m $\leqslant L_z <$ 20 m	2	
			$L_z <$ 10 m	3	
11	W_{11}	向煤层侵蚀、合层或厚度变化部分推进的工作面或巷道，接近煤层变化部分的距离 L_b	$L_b \geqslant 50$ m	0	0～3
			20 m $\leqslant L_b <$ 50 m	1	
			10 m $\leqslant L_b <$ 20 m	2	
			$L_b <$ 10 m	3	
危险等级评价	$W_{t2} = \dfrac{\sum_{i=1}^{n_2} W_i}{\sum_{i=1}^{n_2} W_{i\max}}$		$W_{t2} \leqslant 0.25$	无冲击	W_{t2}=0.39～0.72，属弱～中等冲击危险
			$0.25 < W_{t2} \leqslant 0.5$	弱冲击	
			$0.5 < W_{t2} \leqslant 0.75$	中等冲击	
			$W_{t2} > 0.75$	强冲击	

(1) 250202上 采煤工作面上方无保护层，对 W_1、W_2 不进行取值。

(2) 250202上 采煤工作面西侧临近 250203上 采空区，为一侧采空，故 W_3 取值为 1。

(3) 250202上 采煤工作面长度 L_m 为 206 m，150 m $\leqslant L_m <$ 300 m，故 W_4 取值为 1。

(4) 250202上 采煤工作面与 250203上 工作面区段煤柱宽度 d 为 6 m，3 m $< d \leqslant$ 6 m，故 W_5 取值为 1。

(5) 250202上 采煤工作面留底煤厚度 $t_d >$ 2 m，故 W_6 取值为 3。

(6) 250202上 采煤工作面与向背斜轴距离 L_z 出现 4 种情况：① $L_z \geqslant$ 50 m；② 20 m $\leqslant L_z <$ 50 m；③ 10 m $\leqslant L_z <$ 20 m；④ $L_z <$ 10 m。故 W_{10} 取值为 0～3。

(7) 煤层厚度变化对冲击地压显现有较大影响,煤层厚度变化越剧烈,应力集中的程度越高,故 W_{11} 取值为 0～3。

由于技术因素中某一影响因素值在不同条件下取值不同,所以依据开采技术因素影响的冲击地压危险指数是一个区间值,如下：

$$W_{t2}=\frac{\sum_{i=1}^{n_2}W_i}{\sum_{i=1}^{n_2}W_{i\max}}=\frac{1+1+1+3+0+0}{3+3+3+3+3+3}=0.33$$

$$W_{t2}=\frac{\sum_{i=1}^{n_2}W_i}{\sum_{i=1}^{n_2}W_{i\max}}=\frac{1+1+1+3+1+1}{3+3+3+3+3+3}=0.5$$

$$W_{t2}=\frac{\sum_{i=1}^{n_2}W_i}{\sum_{i=1}^{n_2}W_{i\max}}=\frac{1+1+1+3+2+2}{3+3+3+3+3+3}=0.56$$

$$W_{t2}=\frac{\sum_{i=1}^{n_2}W_i}{\sum_{i=1}^{n_2}W_{i\max}}=\frac{1+1+1+3+3+3}{3+3+3+3+3+3}=0.67$$

综合以上地质因素与采矿技术因素对冲击地压危险状态等级评定,可得出 250202^{上} 采煤工作面综合指数为：

$$W_t=\max\{W_{t1},W_{t2}\}=\max\{0.62,0.67\}=0.67$$

250202^{上} 采煤工作面的冲击地压危险状态等级评定综合指数 $W_t=0.67$,具有中等冲击危险性。

4.3.3.2 工作面多因素耦合法

影响砚北煤矿 250202^{上} 工作面回采冲击危险的主要因素包括煤岩的物理力学性质及冲击倾向性、顶板岩层结构特征及活动、褶曲构造、工作面布置等。

4.3.3.2.1 覆岩运动影响

(1) 基本顶初次破断影响

通常认为,工作面开采过程中,直接顶初次垮落期间,工作面压力急剧升高,常造成煤岩体结构发生显著变形,对工作面造成剧烈的扰动影响,极易诱发冲击地压。因此将基本顶初次来压前后 20 m 范围的冲击危险等级划为中等,应加强顶板支护,提高支架初撑力。

(2) 工作面“见方”影响

当工作面沿走向推进到一倍倾向长度左右时，冲击危险性将逐步增强，采空区上覆顶板稳定性显著减弱，岩层断裂运动加剧，容易形成大范围顶板运动造成的动压扰动，即所谓的“见方”阶段。根据岩层移动理论，当采空区宽度之和达到 $0.4H$（H 为采深）时，上覆岩层已充分活动，即进入裂隙带的岩层已达到最高层位，之后所有裂隙带岩层均只会出现周期断裂产生周期来压。根据 250202上 工作面地质资料和工作面布置可确定在其回采期间存在“一次见方”和“二次见方”，此期间容易形成顶板型冲击地压，应当作为重点防冲区域。因此将工作面“见方”前后 50 m 范围划分为强冲击危险区域。

综上分析，工作面受覆岩运动影响冲击危险区域划分结果如图 4-2 所示。

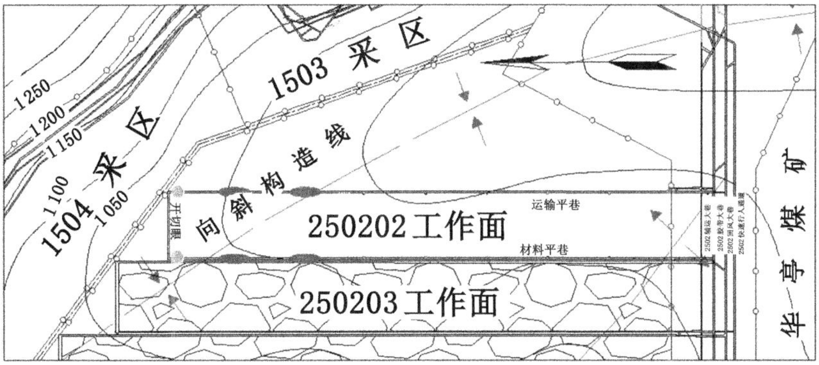

■一强冲击危险区域；■一中等冲击危险区域。

图 4-2　覆岩运动影响危险区域划分

4.3.3.2.2　停采线影响区域

停采线是否对齐或者当前采煤工作面停采线是否外错紧邻工作面是影响停采线附近区域冲击危险程度的重要因素。当停采线参差不齐或者外错相邻工作面停采线时，停采线附近应力集中程度很高，将直接导致冲击危险程度升高。当 250202上 工作面回采至设计停采线处时，工作面前方两巷将受到超前支承压力的影响，产生较高的应力集中，容易产生冲击地压。因此将停采线前方 50 m 范围内的巷道定为强冲击危险区域，50～100 m 范围为中等冲击危险区域，划分结果如图 4-3 所示。

4.3.3.2.3　巷道交叉影响

在巷道转弯、交叉位置区域容易形成应力集中，产生大量震动，是容易发生冲击地压事故的区域。这些区域易出现高能量的矿震，而高能量矿震的发生反映了较高的应力集中水平，冲击危险性较大，对工作面掘进影响较大。因此将巷

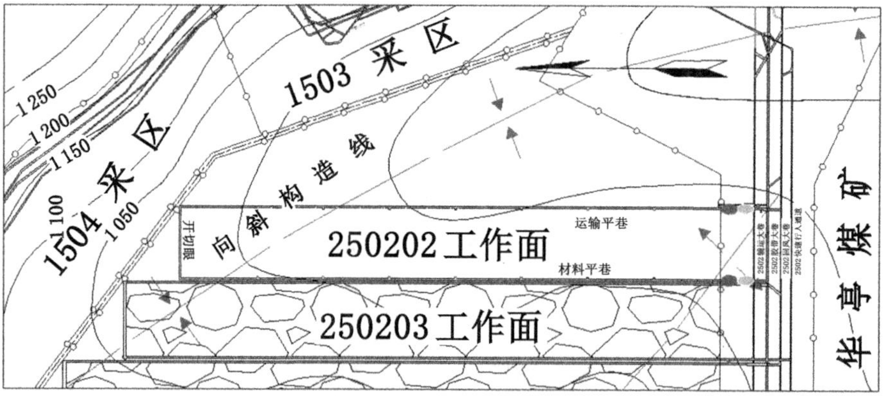

■—强冲击危险区域；■—中等冲击危险区域。

图 4-3　停采线影响危险区域划分

道三角交叉区域前后 20 m 范围划分为中等冲击危险区域，四角交叉前后 20 m 范围划分为强冲击危险区域，划分结果如图 4-4 所示。

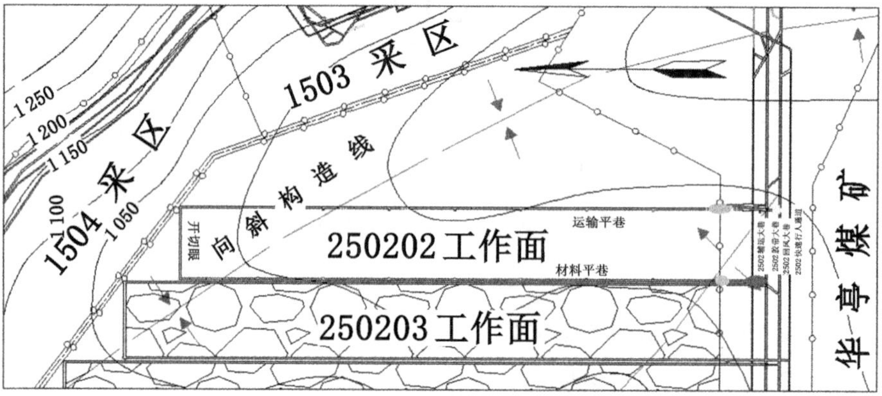

■—强冲击危险区域；■—中等冲击危险区域。

图 4-4　巷道交叉影响危险区域划分

4.3.3.2.4　沿空煤柱影响

工作面临近 $250203^{\text{上}}$ 工作面采空区开采，受采空区侧向支承压力影响，材料平巷侧煤体静载应力水平较高，对工作面回采冲击危险性影响较大，因此将采空区侧整体划分为中等冲击危险区域，划分结果如图 4-5 所示。

4.3.3.2.5　褶皱构造影响

受向斜构造影响，巷道压力较大，将向斜轴与巷道交叉点前后 100 m 区域

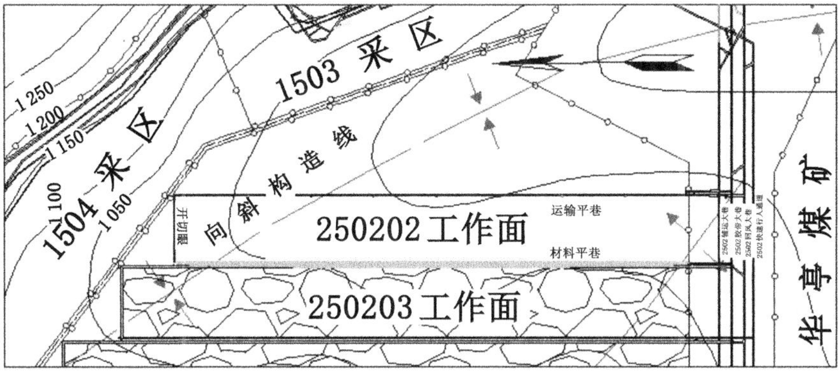

■—强冲击危险区域；■—中等冲击危险区域。

图 4-5　沿空煤柱影响危险区域划分

划分为强冲击危险区域，向斜轴与巷道交叉点前后 100～200 m 区域划分为中等冲击危险区域。

4.3.3.3　工作面冲击危险性评价结果

4.3.3.3.1　250202上 工作面回采期间综合指数法评价结果

根据 250202上 工作面回采期间地质因素与采矿技术因素，对冲击地压危险状态等级评定得出，250202上 采煤工作面综合指数为：$W_t=0.67$，具有中等冲击危险性。

4.3.3.3.2　250202上 工作面回采期间冲击危险多因素叠加结果

按照多因素叠加原则，将各危险区互相叠加进行分析。250202上 工作面回采期间冲击危险区域范围、影响因素及危险程度如表 4-11 所列。

表 4-11　250202上 工作面回采期间冲击危险区域范围、影响因素及危险程度

序号	巷道名称	位置(距切眼)/m	影响因素	危险程度
1	运输平巷	0～79	留底煤、初次来压	中等冲击危险
2		79～912	褶曲、留底煤、一二次“见方”	强冲击危险
3		912～987	留底煤	中等冲击危险
4		987～1 363	留底煤	强冲击危险
5		1 363～1 528	留底煤	中等冲击危险
6		1 528～1 636	褶曲、留底煤、巷道交叉、停采线	强冲击危险

表 4-11(续)

序号	巷道名称	位置(距切眼)/m	影响因素	危险程度
7	材料平巷	0～515	褶曲、留底煤、初次来压、一二次“见方”、沿空煤柱	强冲击危险
8		515～1 016	留底煤、沿空煤柱	中等冲击危险
9		1 016～1 206	留底煤、沿空煤柱	强冲击危险
10		1 206～1 364	留底煤、沿空煤柱	中等冲击危险
11		1 364～1 636	褶曲、留底煤、沿空煤柱、停采线	强冲击危险

4.4 冲击危险性监测预警

冲击地压监测预警是针对性冲击地压防治的前提。目前我国冲击地压监测、预测预报主要围绕冲击地压发生的强度理论和能量条件进行。国内冲击地压危险监测预警方法大致可分为两类:第一类是采矿方法,包括根据采矿地质条件确定冲击地压危险性的数值模拟分析法、钻屑法等;第二类是系统监测法,包括微震监测法、电磁辐射法、地音监测法等采矿地球物理方法,连续记录岩体内出现的地球物理参量变化来预警冲击动力危险。

4.4.1 微震监测技术

4.4.1.1 微震监测基本原理

微震法就是记录采矿震动的能量,确定和分析震动的方向,对震中定位来评价和预测矿山动力现象。具体地说,就是记录震动的地震图,确定已发生的震动参数,例如震动发生的时间、震中的坐标、震动释放的能量,特别是震中的大小、地震力矩、震动发生的机理、震中的压力降等,以此为基础,进行震动危险的预测预报。微震监测系统的主要功能是对全矿范围进行微震监测,是一种区域性监测方法,其原理是利用井下拾震器站接收的直达 P 波起始点的时间差,在特定的波速场条件下进行二维或三维定位,以判定破坏地点,同时利用震相持续时间计算所释放的能量和震级,并标入采掘工程平面图和速报显示给生产指挥系统,以便采取措施。

微震系统一般由三部分组成,微震监测硬件设备及系统工作原理如图 4-6 所示。

(1) 拾震传输系统:包括拾震器、传输电缆和接收箱。可接收 8 路微震信

(a)

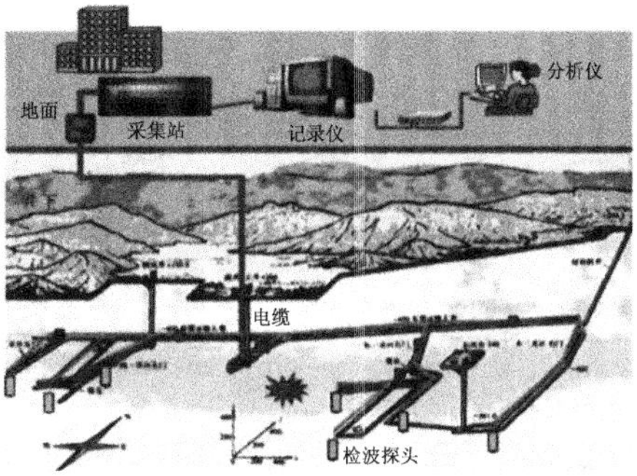

(b)

图 4-6　微震监测系统示意图

(a) 微震监测硬件设备;(b) 微震监测系统工作原理示意图

号,微震信号频带宽 0.1～50 Hz,最大传输距离 10 km。

(2) 信号处理系统:在可编程序支持下微机完成全部处理工作,并对全部信息进行存储,可以调出各次震动进行参数计算、机制测定和波谱分析等。

(3) 模拟记录装置:实时记录通道模拟震相,可以粗略定位和确定震源性质。

4.4.1.2　冲击危险性分析

通过大量的监测实践,根据微震活动的变化、震源方位和活动趋势可以评价冲击地压危险,对冲击地压灾害进行预警。根据微震活动评价工作面冲击危险性的指标主要有:

(1) 微震活动一直比较平静,持续保持在较低的能量水平(回采面小于 10^4 J),处于能量稳定释放状态,此时采掘区域冲击危险性较小。

(2) 强矿震发生或冲击危险上升前,矿震频次与能量迅速增加,维持在较高水平,持续 2～3 h 后会出现大的震动,之后矿震次数和矿震能量明显降低。

(3) 微震参量变化的原因应通过分析采掘工程条件和参数来识别。对采煤工作面,当采矿技术与地质条件恶化时,矿震能量降低是冲击危险大幅度增加的征兆。

(4) 工作面回采过程中,岩体中能量的释放总是处于一种波动状态,对应能量积聚和释放的频繁转换,而在具有冲击危险的情况时,这种波动状态开始加剧。震源总能量变化趋势是首先经历一个震动活跃期,之后出现较明显的下降阶段，开始具有冲击危险性，而在下降阶段再回升或下降阶段中出现比较长时间的沉寂现象后，或震动频次维持在较高水平时，此时具有强冲击危险性。

(5) 震动相对于观测巷道的位置变化：① 在震源向采煤工作面或巷道迎头接近时，冲击危险上升；② 当震源向离生产区域较近的断层、遗留煤柱、停采线等区域积聚时，冲击危险上升；③ 在震源向采空区方向远离采煤工作面或巷道迎头时，冲击危险下降；④ 震动频次升高后，若总是集中在一个较小的区域内释放能量，说明岩体的某个小区域内岩体活动加剧，是强矿震来临或冲击危险上升的又一个前兆。

利用微震监测系统，对测点进行实时监测，每天进行震源的定位、微震能量的计算等工作，研究微震活动的时-空-强演化规律，评价工作面区域冲击危险性程度，并对大能量震动信号进行进一步的频谱分析，判断强矿震的诱发机理及冲击破坏效应。

4.4.2 地音监测技术

4.4.2.1 地音监测基本原理

采矿活动引发的动力现象分为两种：强烈的，属于采矿微震范畴；较弱的，如声响、震动、卸压等则为采矿地音，也称为岩石的声发射。采矿地音现象的研究从 20 世纪开始，首先是由欧伯特(Obert)在锌矿和铅矿测量地震波传播时开始，其后在美国的密歇根(Michigan)铜矿进行，随后在美国、日本、南非、波兰、德国、俄罗斯、捷克等国家开展。

地音监测的是弱的、低能量的脉冲信号，其主要特性是：震动频率从几十至 2 000 Hz 或更高；能量低于 10^2 J，下限不定；震动范围从几米到大约 200 m。采用的方法主要有站式的连续监测和便携式流动地音监测，用来监测和评价局部震动的危险状态及随时间的变化情况。主要记录声发射频度(脉冲数量)、一定时间内脉冲数量的总和、采矿地质条件及采矿活动等。

4.4.2.2 冲击危险性评价

冲击地压危险性评价主要是根据记录到的岩体声发射的参数与局部应力场的变化来进行。岩体破坏的不稳定阶段是岩体中裂缝扩展的结果，而声发射现象则是微扩张(岩体中出现的破裂和零量裂隙缝)超过界限的表征，而该现象的进一步发展则表明岩体的最终断裂。根据矿山压力，最终断裂引发高能量的震动，对巷道的稳定形成威胁，也可能引发冲击地压。

根据地音信号特征实现对地音信号的震源定位，从而评价、预测岩体的破坏位置。在工作面采掘过程中若监测到如下几种现象，表明工作面存在冲击危险：

(1) 正常采掘情况下，能量和频次变化背离。

(2) 正常采掘情况下，出现地音事件的沉寂，即能量和频次都处于一个较低水平。

(3) 评价危险等级出现突然变化或反复变化。

4.4.3　煤层应力在线监测

4.4.3.1　煤层应力在线监测基本原理

煤岩冲击动力灾害应力实时在线监测可实现对煤体应力 24 h 连续监测，其理论基础是“基于当量钻屑量的煤岩冲击预警理论”。该机理指出，在有冲击危险的区域，在发生煤岩冲击动力灾害之前，采动应力存在逐步增加的过程，且应力必须达到煤体破坏极限时，才有可能发生煤岩冲击动力灾害。

以煤体应力增量作为冲击危险评价指标，评价一组压力传感器的冲击危险状态。以应力增量评价的冲击危险状态结合过程作为强冲击地压危险的判别标准，当应力在线监测系统监测到某区域处于强冲击危险时，工作面停产，进行卸压解危工作。

4.4.3.2　冲击危险性分析

工作面应力在线监测系统如图 4-7 所示，可通过该系统在线监测工作面前方采动应力场及特定区域应力场的变化规律，实时反映采煤工作面煤体内的应力变化，及时发现应力超限预警区域，为工作面冲击危险防治提供依据。

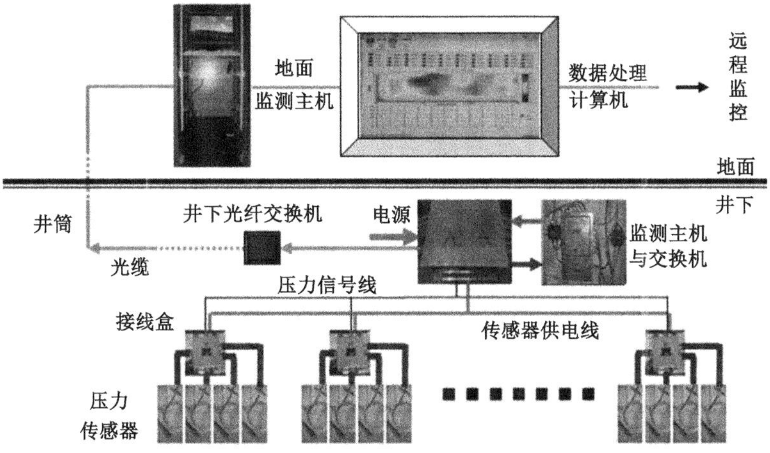

图 4-7　工作面应力实时监测预警系统

4.4.4 钻屑法监测

4.4.4.1 钻屑法监测基本原理

钻屑法在受压煤层中钻小直径钻孔，当钻孔进入煤体高应力区域时，钻进过程呈现动态特征，孔壁煤体部分可能突然挤入孔内，并伴有振动、声响或微冲击等钻孔效应，单位长度上排出的煤粉量大于正常排粉量，钻屑粒度增大，并随之出现卡钻现象。当单位长度的排粉量增大到标定值时，表示高应力和冲击危险状态。

我国从 20 世纪 70 年代开始了钻屑法的试验研究，不仅在实验室条件下进行了模拟研究，而且在发生冲击地压的采掘工作面试验应用，成功后在砚北煤矿全面推广使用。

4.4.4.2 钻屑法实施方法

4.4.4.2.1 钻屑法施工要求

监测内容主要为每米钻孔的钻屑量，单位为 kg，另外还需记录卡钻、孔内冲击等钻孔动力现象。

4.4.4.2.2 钻屑法施工基本步骤及要求

(1) 施工步骤：

① 根据要求和条件，选择第一点；选取煤壁中较为完整、破碎较少的部分，准备钻孔施工。

② 施工时，第一米钻屑舍弃，从第二米开始记录出屑量，直到第十米，共 9 个。

③ 每打进一米，加一米钻杆，原有钻杆停留在钻孔内。

④ 每米依次施工，遇有吸钻、卡钻、夹矸和颗粒增大的情况，在相应位置记录。

⑤ 最后一米打钻完毕之后，将杆全部抽出记录出屑量。

⑥ 从第二点开始按照设计的钻孔间距打钻，记录数据和动力现象。

(2) 施工要求：

① 钻孔尽量布置在采高中部，平行于煤层方向，避免钻入煤层顶底板。

② 钻孔必须由专业人员进行，钻孔人员须具有高度的责任感，严禁敷衍了事、伪造数据。

③ 监测到煤粉量异常时，须立即停止施工并向领导报告。

④ 最后一米钻孔完毕后抽离钻杆时，须力道合适，原则上不得扩容，减小人为因素造成的测量误差。

⑤ 如果监测到的煤粉量超过临界指标，或出现卡钻、吸钻、异响等动力现象，应认为煤体处于临界危险状态，必须立即采取解危措施。

为了确定煤粉量的临界值，首先在不受采动影响区域距离采煤工作面或掘进迎头至少 200 m 以外，在巷帮打眼，施工 5～10 个钻孔，钻孔直径 42 mm，深度 10 m，间距 5 m，钻孔平行于煤层倾斜方向，高度距底板 1.0～1.2 m，记录每孔每米煤粉量，画出正常煤粉量曲线，然后用加权平均法对其进行处理，作为标准煤粉量(正常值)，在此基础上，确定冲击地压危险的煤粉量的临界值。

4.4.4.3　冲击危险性分析

用钻屑法判别工作地点冲击地压危险性的临界煤粉量指标，可参照表 4-12 的规定执行。在表 4-12 中所列的孔深巷高比内，如果实际煤粉量超过临界煤粉量，或者钻进过程中出现卡钻、吸钻、异响以及煤粉颗粒的变化等现象，则表明该地点具有冲击危险性。

表 4-12　判别工作地点矿压危险性的钻屑量指数

孔深巷高比	1.5	1.5～3	3
煤粉量指数	>1.5	2～3	≥4

注：煤粉量指数＝每米实际煤粉量/每米正常煤粉量。

4.4.4.3.1　钻屑临界初值确定

在掘进工作面开口处，采用手持式风动钻机配直径为 45 mm 钻头和 1.0 m 可接长麻花钻杆施工，工作面煤壁 1 孔，两帮各 2 孔，孔距 10 m，共 5 孔，每孔取 2～10 m 钻屑量平均值，所取 5 孔钻屑量平均值为正常值。

采煤工作面回采前，采用手持式风动钻机配直径为 45 mm 钻头和 1.0 m 可接长麻花钻杆施工，在两平巷工作面附近区域连续取 5 孔，孔距 20 m，共 10 孔，每孔取 2～10 m 钻屑量平均值，所取 10 孔钻屑量平均值为正常值。

4.4.4.3.2　钻屑临界值修订

随采掘工作面推进，钻屑临界值根据冲击显现情况组织重新测取并及时修正。在工作面停止掘进或非生产班时，采用手持式风动钻机配直径为 45 mm 钻头和 1.0 m 可接长麻花钻杆施工，孔数不少于 5 孔，孔距 20 m，每孔取 2～10 m 钻屑量平均值，所取钻孔钻屑量平均值为正常值。

4.4.5　常规矿压监测

矿压监测作为一种常规的煤岩应力与围岩变形监测方法，主要监测指标是巷道围岩活动情况及采煤工作面支架工作阻力情况，可为采取矿压控制措施、指导工作面安全生产提供重要依据。该方法可作为上述微震、地音监测等监测预警方法的补充监测手段。

4.4.5.1 掘进期间矿压监测

对于掘进工作面，矿压监测主要指标是掘进巷道的围岩变形情况。巷道围岩活动的主要表现是顶板离层、下沉、冒落，两帮片帮、滑移，底板鼓起等。由于锚杆支护巷道围岩活动状况的隐蔽性，围岩的破坏失稳一般没有明显的预兆，不易被人们察觉，破坏往往具有突发性。

监测内容的选择必须充分考虑到以下两个方面：① 巷道围岩的运动状况，从监测数据直接判断围岩是否稳定；② 便于观测，易于现场测取。

经研究分析，与巷道两帮围岩稳定有关的监控指标主要有巷道两帮位移、围岩深部位移、锚杆受力；与巷道顶板稳定有关的监控内容有顶板下沉量，锚固区内、外的离层值，围岩深部位移，锚杆受力及其分布状况。

4.4.5.2 回采期间矿压监测

对于采煤工作面，矿压监测主要指标不仅包括巷道的围岩变形情况，还包括工作面的支护质量情况。

4.4.5.2.1 巷道的围岩变形监测

类似于掘进巷道，各测站于切眼超前支护外侧开始布置，随着工作面的回采，在巷道表面布置位移监测设施。

同时，对于超前支护段加强监测，主要是利用检修班的时间，用单体测力计对上、下平巷单体液压支柱支护阻力进行测定以及统计单体支柱的破坏情况，以掌握超前支承压力的大小及其分布情况。

4.4.5.2.2 工作面的支护质量监测

主要体现为工作面综采支架前后柱载荷，在工作面将综采支架分为上、中、下布置三部分，分别形成测区，在相应的支架上，分别安装电脑压力自动记录仪对工作面初期的支架受力情况进行连续观测，由前柱、后柱压力变化来反映支架受力变化情况及循环增阻情况，判断直接顶、基本顶的初次垮落步距及周期来压活动规律，支架的使用、运载、对顶板的适应情况等。

4.5 砚北煤矿冲击地压监测预警技术体系

4.5.1 监测系统体系

上述冲击地压监测方法应用过程中需配合使用，首先根据综合指数法和多因素耦合分析法分析地质和开采条件，划分出砚北煤矿冲击地压危险区域及重点监测区域，实现矿井冲击地压的早期评价。在早期评价的基础上，采用 SOS 微震监测系统对砚北煤矿冲击地压的危险性进行分时段分区域监测预警；对于有冲击危险的局部区域，采用地音、应力在线、矿压监测等方法进行局部监测预警；对于局部监测预测有危险的区域，可采用钻屑法进行预测验证，综合确定冲击地压的危险等级，并对危险区域和地点采用强度弱化减冲技术进行综合治理，以达到减弱、消除冲击地压危险灾害影响的目的。

对于砚北煤矿存在较高冲击地压危险的区域，采用上述时间上早期综合分析与即时监测预警相结合，空间上区域预测与局部监测、点预测相结合的方法，构成可靠性高、简单易行、行之有效的冲击地压危险性预测技术体系，如图 4-8 所示。依据分析监测预警的结果，确定冲击地压危险程度等级，并根据冲击地压危险的不同等级，采用相应的解危和处理方案。

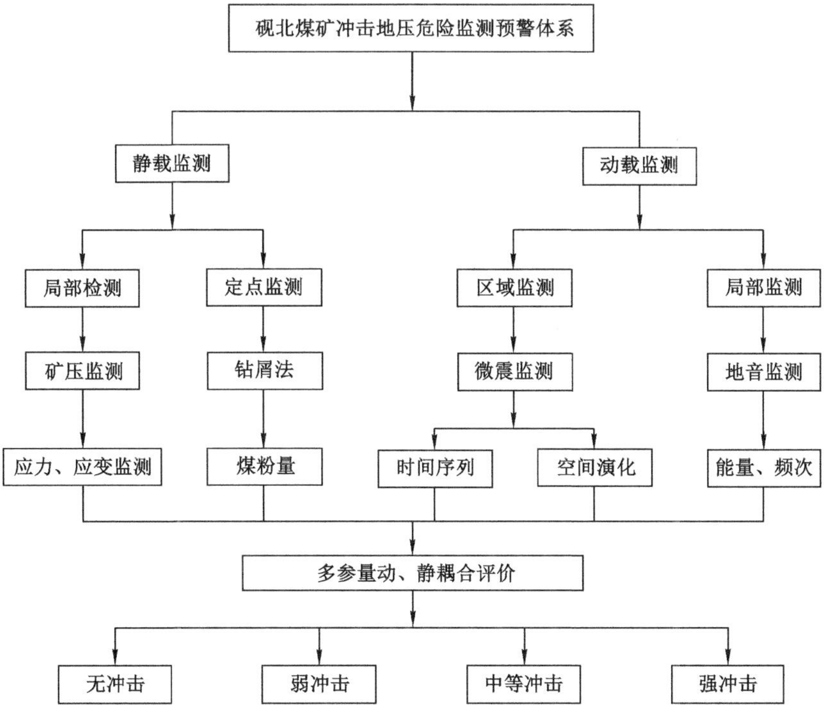

图 4-8　砚北煤矿冲击地压危险监测预警体系

4.5.1.1　微震法监测

砚北煤矿已安装运行了覆盖全矿井的 SOS 微震监测系统，台站布置如图 4-9 所示，该监测系统由波兰矿山研究总院研发，可实现对矿井包括冲击地压在内的矿震信号进行远距离(最大 10 km)、实时、动态、自动监测，给出冲击地压等矿震信号的完全波形。通过分析研究，可准确计算出能量大于 100 J 的震动及冲击地压发生的时间、能量及空间三维坐标，并将定位结果显示在矿区平面示意图上，利用这些宝贵信息源对矿井冲击地压危险程度进行评价；能分析出矿井上覆岩层的断裂信息，实现描述空间岩层结构运动和应力场的迁移演化规律，为煤矿的安全生产服务。

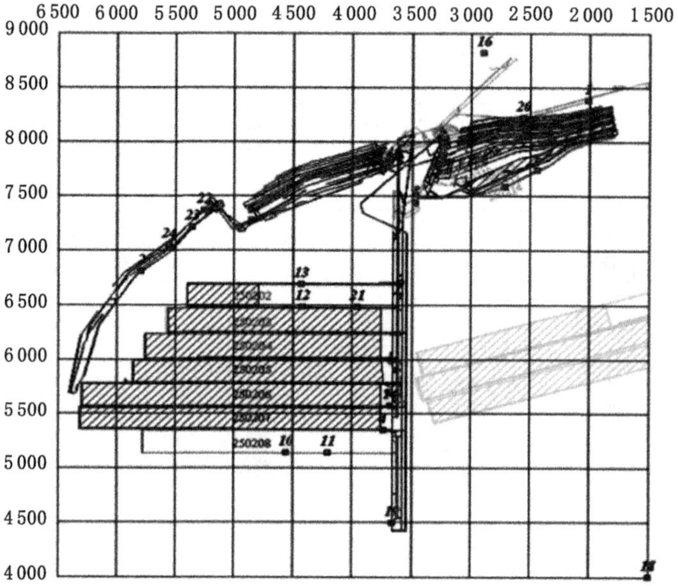

图 4-9　砚北煤矿微震台站布置图

结合砚北煤矿实际地质情况，在后续各工作面采掘期间在工作面内及附近至少要布置 4 个微震监测探头，探头位置根据实际采掘情况合理选取。

砚北煤矿日常微震监测报表如图 4-10 所示，可根据日常监测报表，预测工作面冲击危险性。

		编　　制	咸明遐
		审　　核	
		防冲办	
		副　　总	
受控文件不得翻印		主管矿长	
文件编号	YBSOS2018091001	份　　数	1份

2018 年 9 月 10 日微震监测数据表

9 月 9 日 250202上 采煤工作面震动数据

序号	震动时间		震源坐标(X,Y,Z)/m			震动能量/J	震源位置/m			
							南北(采空区)距煤壁		东西(煤体)距运输巷中心	
1	09-09	07:25	4 630	6 634	1 004	1.12×10^4	正南	4	正西	59
2	09-09	07:58	4 693	6 615	1 013	8.20×10^3	正北	59	正西	77
3	09-09	08:21	4 660	6 617	1 009	2.81×10^4	正北	26	正西	76
4	09-09	09:06	4 607	6 591	1 004	2.17×10^4	正南	27	正西	102
5	09-09	09:26	4 677	6 670	1 008	7.23×10^3	正北	43	正西	23
6	09-09	09:59	4 579	6 468	1 014	5.81×10^3	正南	55	正西	225
7	09-09	10:20	4 653	6 462	1 021	1.27×10^4	正北	19	正西	231
8	09-09	10:41	4 667	6 536	1 016	9.08×10^3	正北	33	正西	157
9	09-09	13:00	4 658	6 657	1 006	2.16×10^4	正北	24	正西	36
10	09-09	15:55	4 686	6 561	1 016	2.37×10^4	正北	52	正西	132
11	09-09	16:09	4 627	6 531	1 013	4.23×10^3	正南	7	正西	162
12	09-09	16:37	4 640	6 569	1 010	4.24×10^4	正北	6	正西	124
13	09-09	18:06	4 655	6 495	1 019	3.32×10^3	正北	21	正西	198
14	09-09	18:18	4 637	6 659	1 003	5.20×10^3	正北	3	正西	33
15	09-09	18:20	4 658	6 587	1 011	1.05×10^5	正北	24	正西	106
16	09-09	18:51	4 668	6 490	1 020	5.89×10^3	正北	34	正西	203
17	09-09	20:07	4 703	6 482	1 025	2.11×10^4	正北	69	正西	211
18	09-09	20:37	4 624	6 504	1 015	2.51×10^3	正南	10	正西	189
19	09-09	20:50	4 664	6 469	1 022	6.20×10^4	正北	30	正西	224
20	09-09	21:23	4 640	6 703	1 001	5.59×10^3	正北	6	正东	10
21	09-09	21:39	4 668	6 528	1 017	9.77×10^3	正北	34	正西	165
22	09-10	01:01	4 624	6 670	1 000	2.93×10^4	正南	10	正西	23
当日震动 22 次(其中正北 16 次),释放总能量 4.45×10^5 J,能量释放系数为 165.87%										

备注:结合生产实际,采掘工作面每日周期按当日 7 时至次日 7 时计。

图 4-10　微震日常监测报表

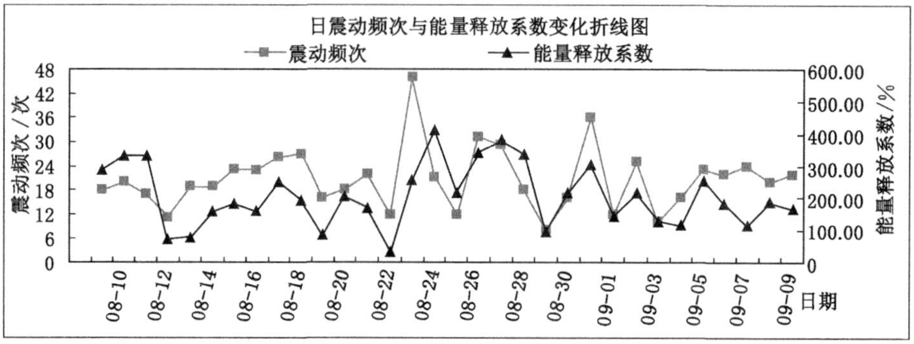

图 4-10(续)

4.5.1.2 地音法监测

砚北煤矿于 2008 年 11 月引进波兰研发的 ARES 地音监测系统,实行 24 h 实时监测。探头安装方式:在采煤工作面两平巷距工作面 80～110 m 范围各安装 2 个地音探头,每个采煤工作面安装 4 个探头。

4.5.1.2.1 测点布置

采煤工作面采用地音监测,探头安装必须遵循以下要求:

(1) 每个采煤工作面使用 4 个地音探头,每个平巷安装 2 个,分别安装在距离工作面 80 m、110 m 内帮底板往上 1.6 m 左右的锚杆上,2 个平巷安装方式相同,两探头之间的距离为 30 m(间距始终保持不变)。

如砚北煤矿 250202^{上} 采煤工作面是 2502 采区第六个采煤工作面,工作面开采深度为 450～588 m。该工作面北部为 1504 采区,南部为二水平辅运、胶带及回风大巷,西部为 250203^{上} 工作面采空区,东部为 2502 采区未开采区域。250202^{上} 采煤工作面两平巷各布置 2 个地音探头,7$^{\#}$、8$^{\#}$ 布置在材料平巷,5$^{\#}$、6$^{\#}$ 布置在运输平巷。250202^{上} 采煤工作面地音探头布置如图 4-11 所示,地音监测日常报表如图 4-12 所示。

(2) 随着工作面的推进,两平巷前方地音探头距工作面煤壁距离小于 40 m 时,冲击地压防治队监测线路维护人员要立即将探头进行移设,确保两探头的间距为 30 m。在移设过程中,要确保探头不被损坏,每次移动探头以后必须向冲击地压防治办公室主管人员进行汇报,以便分析人员修改监测参数。

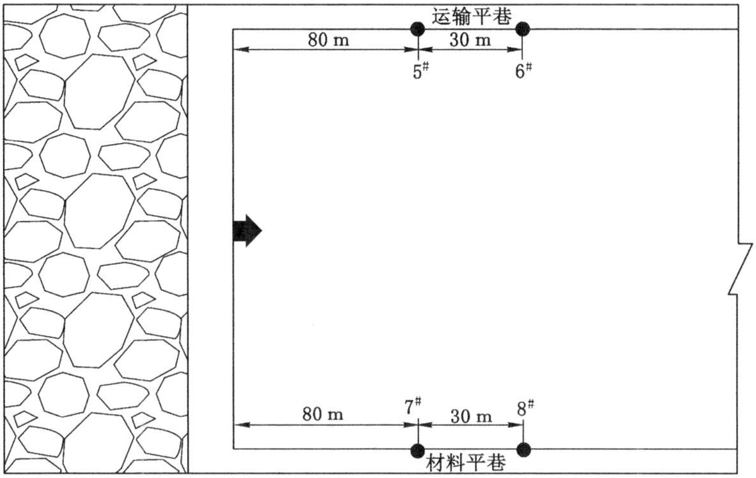

图 4-11　250202上 工作面地音探头安装位置示意图

4.5.1.2.2　安装维护要求

(1) 地音监测探头必须用扳手牢固地固定在锚杆上，并挂牌管理。

(2) 在移动探头的过程中要将探头、接线口、监测线路及放大器绑扎固定，避免断线，尽量减少对监测数据的影响。

4.5.1.3　钻屑监测法

钻屑法可对工作面回采过程中的煤体静载变化进行监测，在微震、地音监测存在较高冲击危险的区域，采用钻屑法对该区域进一步进行重点监测。

4.5.1.3.1　回采期间钻屑法实施方案

在工作面至前方 90 m 范围内进行钻屑监测，从距工作面煤壁 10 m 处布置第一个测点，此后每间隔 20 m 布置一个测点，每侧平巷布置 5 个测点，共 10 个测点，布置示意图如图 4-13 所示，测点随工作面推进向前移动。强冲击危险区域每天监测一次，中等冲击危险区域每 2 d 监测一次，弱冲击危险区域每 3 d 监测一次。

4.5.1.3.2　掘进期间钻屑法实施方案

在掘进工作面至后方 40 m 范围内进行钻屑监测，工作面迎头煤壁布置 1 孔，两帮 20 m 各布置 2 孔，共 5 孔，掘进巷道一侧为煤柱时不布置测点，如图 4-14 所示。弱冲击危险区域每掘进 12 m 取钻屑一次，中等冲击危险区域每掘进 10 m 取钻屑一次，强冲击危险区域每掘进 8 m 取钻屑一次。

	编　制	邢　娟
	审　核	
	防冲办	
	副　总	
受控文件不得翻印	主管矿长	
文件编号　YBARES2018091001	份　数	1份

2018年09月10日250202工作面地音监测报表

(9月9日8时至9月10日9时)

探头安装地点	运输巷		材料巷	
探头距工作面距离/m	5#探头	6#探头	7#探头	8#探头
	73	103	73	103

地音 活动 – 日工作班报告 2018-9-10

Kopalnia nieznana

作业地	(通道) 地音探测器	工作班	支距	扩充	活动	前工作班活动平均值	前工作班活动偏差 %	活动危险级	能量	前工作班能量平均值	前工作班能量偏差 %
1分层/2502采区/250202工作面	⑥g5 (运输顺槽)	2018-9-9 08:00	73	1,00e+4	1552	3597	-57	a	8,51e+6	1,97e+6	-57
	⑥g5 (运输顺槽)	2018-9-9 16:00	73	1,00e+4	1661	2269	-27	a	1,73e+6	1,54e+6	13
	⑥g5 (运输顺槽)	2018-9-10 00:00	73	1,00e+4	2622	1442	75	a	2,23e+6	1,21e+6	84
	⑥g5 (运输顺槽)	2018-9-10 08:00	73	1,00e+4	1084	1694	-36	a	5,59e+5	1,44e+6	-61
	⑥g6 (运输顺槽)	2018-9-9 08:00	103	1,00e+4	1045	1436	-27	a	6,14e+5	1,15e+6	-47
	⑥g6 (运输顺槽)	2018-9-9 16:00	103	1,00e+4	1101	1386	-21	a	1,15e+6	1,11e+6	4
	⑥g6 (运输顺槽)	2018-9-10 00:00	103	1,00e+4	1456	1367	7	a	1,22e+6	1,16e+6	5
	⑥g6 (运输顺槽)	2018-9-10 08:00	103	1,00e+4	458	1348	-66	a	4,45e+5	1,17e+6	-62
	⑦g7 (材料顺槽)	2018-9-9 08:00	73	1,00e+4	8665	7063	23	c	9,32e+5	8,98e+5	4
	⑦g7 (材料顺槽)	2018-9-9 16:00	73	1,00e+4	12696	7663	66	d	1,25e+6	9,43e+5	32
	⑦g7 (材料顺槽)	2018-9-10 00:00	73	1,00e+4	12756	8754	46	d	1,33e+6	1,03e+6	28
	⑦g7 (材料顺槽)	2018-9-10 08:00	73	1,00e+4	5990	9730	-38	c	3,26e+5	1,11e+6	-71
	⑥g8 (材料顺槽)	2018-9-9 08:00	103	1,00e+4	1510	4945	-69	a	1,22e+6	2,73e+6	-55
	⑥g8 (材料顺槽)	2018-9-9 16:00	103	1,00e+4	1689	4579	-63	a	1,38e+6	2,66e+6	-48
	⑥g8 (材料顺槽)	2018-9-10 00:00	103	1,00e+4	1888	4505	-58	a	1,44e+6	2,62e+6	-45
	⑥g8 (材料顺槽)	2018-9-10 08:00	103	1,00e+4	793	2028	-61	a	5,82e+5	1,62e+6	-64

250202工作面地音监测分析	9月9日250202工作面累计推进766.2 m，地音活动3 554次，能量强度为1.08×10^{6} J，能量释放系数为127.78%。**地音监测数据显示，与昨日相比各探头监测到工作面附近煤体活动次数降低，能量强度降低，能量释放系数升高。**

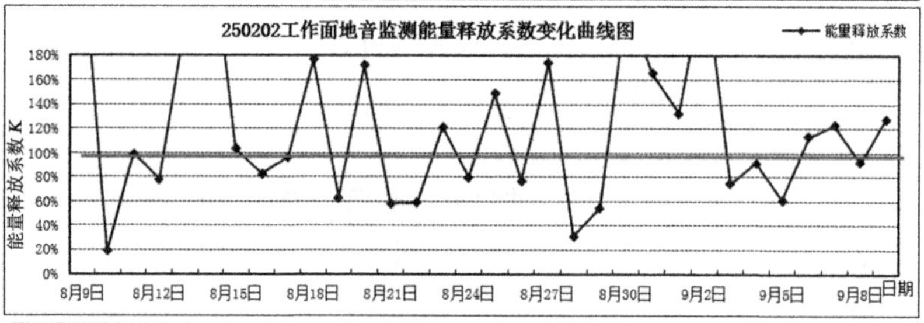

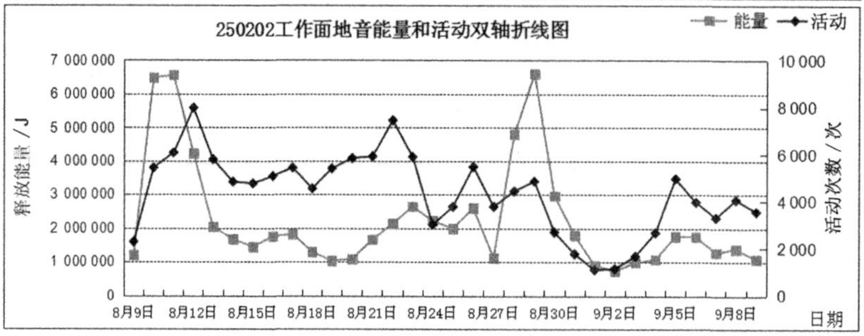

图 4-12　地音监测日常报表

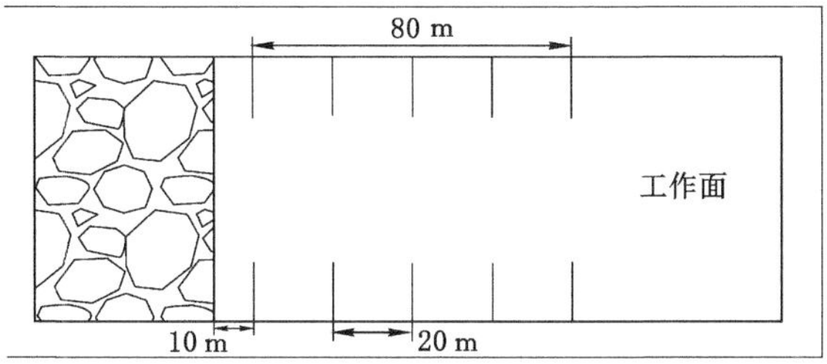

图 4-13　回采期间钻屑孔布置示意图

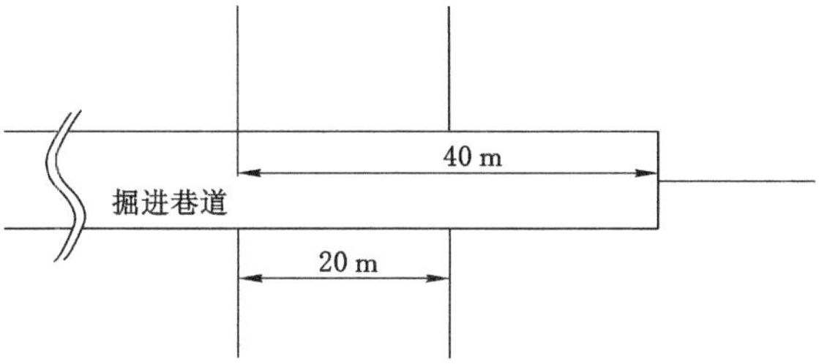

图 4-14　掘进期间钻屑孔布置示意图

4.5.1.4　*常规矿压监测法*

4.5.1.4.1　巷道表面位移

巷道表面位移观测反映巷道表面位移的大小及巷道断面缩小程度，可以此判断围岩的运动是否超过其安全最大允许值，是否影响巷道的正常使用。沿掘进头 30 m 以外每掘进 50 m 设置 1 个综合测站，每个测站布置 2 个表面位移监测断面，监测点同距巷道帮部 1～2 m；观测频度为巷道变形严重时每天观测 1 次，变形较小时每周观测 2 次。布置形式如图 4-15 所示。

4.5.1.4.2　工作面支架阻力监测

如砚北煤矿在 250202上 工作面支架安装 KJ-653 工作面支架工作阻力在线监测系统，共安装 20 个压力分机，即每 6 架安设一个，通过该系统在线监测工作面前方采动应力场及特定区域应力场的变化规律，实时反映采煤工作面煤体内的应力变化，及时发现应力超限预警区域，为工作面冲击危险防治提供依据。

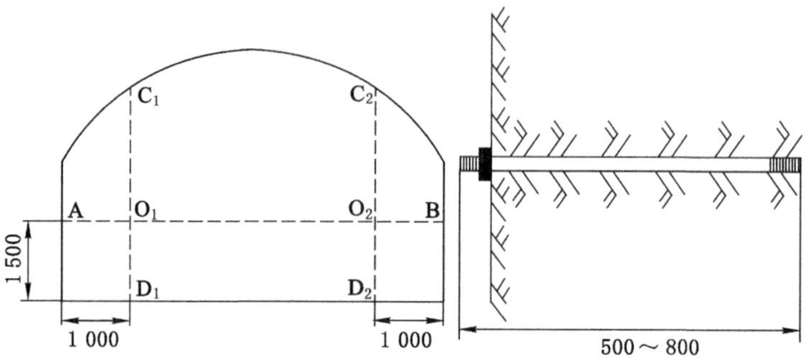

图 4-15　表面位移观测及基点安设示意图

4.5.2　预警管理办法

4.5.2.1　预警指标

4.5.2.1.1　微震指标

采用微震监测对矿井进行区域监测，在工作面正规循环作业，微震活动连续 3 d 微震震源出现回迁或区域集中现象时，运用矿山微震预测分析软件 MapRAS3.5对微震数据进行分析，判断微震指标是否异常。矿山微震预测分析软件 MapRAS3.5 判断指标为：

（1）震动频次：连续 3 d 出现连续上升或波动上升或上升至峰值过后 1～2 d 内不下降。

（2）震动能量：连续 3 d 出现上升或波动上升或上升至峰值。

（3）活动率偏差：处于在 0 值以上的高值或变化峰值区及峰值附近下降区。

（4）顶底板损伤深度指数：由 0 值以上转入 0 值以下且出现连续下降。

（5）岩体破裂速率指数：处于峰值区或峰值点拐点附近下降区或由 0 值以上转入 0 值以下。

4.5.2.1.2　钻屑指标

采用钻屑法对采掘工作面进行局部监测，不同区域的钻屑临界值取值不同，根据现场情况对钻屑临界值进行总结修正，对临界值的修正必须有理有据。当钻屑值≥临界值时，具有冲击危险。

4.5.2.2　预警级别划分

根据钻屑量 K 值和微震指标异变数目，由低到高采取黄、橙、红三级预警，具体划分办法如图 4-16 所示。

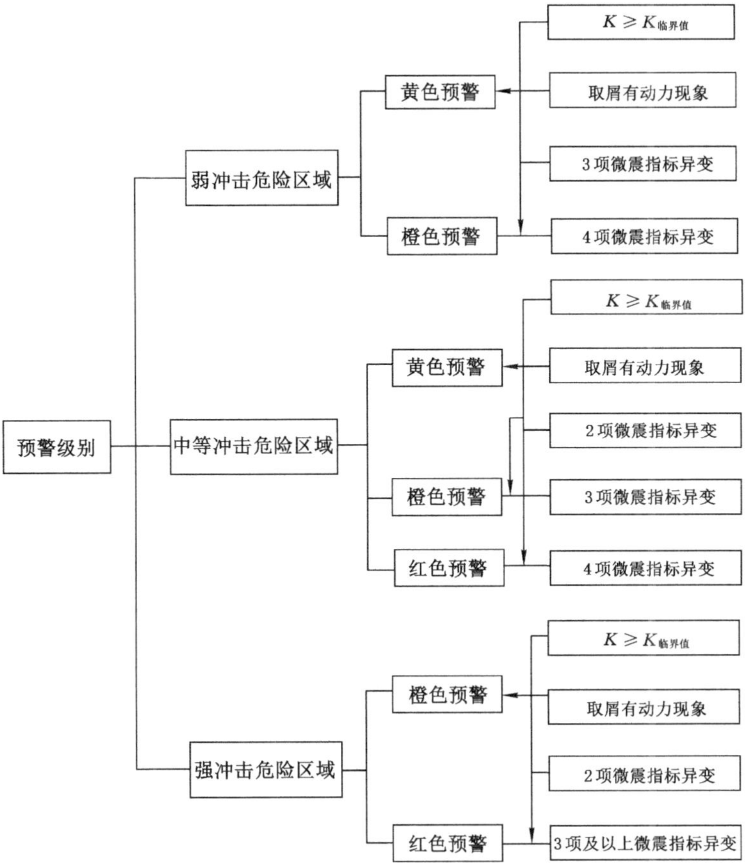

图 4-16　预警级别划分示意图

4.5.2.3　预警响应措施

采取黄、橙、红三级预警，针对不同的预警级别采取不同的响应措施，具体如下。

4.5.2.3.1　黄色预警响应措施

(1) 冲击地压防治办公室立即通知矿调度室，同时下发黄色预警通知单，如图 4-17 所示。

(2) 调度室通知被预警工作面停止作业，切断电源，撤出人员至警戒区域外，并汇报值班矿长、总工程师。

<table>
<tr><th colspan="6">冲击地压预警通知单</th></tr>
<tr><td>预警地点</td><td></td><td>预警级别</td><td></td><td>预警单编号</td><td></td></tr>
<tr><td>预警时间</td><td colspan="5">年　　月　　日　　时　　分</td></tr>
<tr><td>监测数据分析</td><td colspan="5"></td></tr>
<tr><td>预警响应及安全管理措施</td><td colspan="5"></td></tr>
<tr><td colspan="4">会　签　栏</td><td colspan="2" rowspan="6">冲击地压防治办公室
年　　月　　日</td></tr>
<tr><td>编　制</td><td colspan="3"></td></tr>
<tr><td>审　核</td><td colspan="3"></td></tr>
<tr><td>防 冲 办</td><td colspan="3"></td></tr>
<tr><td>副　总</td><td colspan="3"></td></tr>
<tr><td>总　工</td><td colspan="3"></td></tr>
</table>

图 4-17　冲击地压预警通知单

(3) 冲击地压防治办公室组织冲击地压防治队采用巷帮煤体爆破进行卸压，钻孔深度 12 m，孔径 76 mm，孔高 1.0 m，钻孔间距 8 m，倾角 0°，方位垂直于巷帮，装药量 3.43 kg/孔(药卷规格 850 g/ϕ50 mm×0.5 m)，装药长度 2 m，施工孔数根据实际情况确定，并对检测结果进行分析和评估，确认无冲击地压显现危险后方可解除预警，恢复生产。预警期间冲击地压防治卸压解危措施安排表如图 4-18 所示。

<table>
<tr><th colspan="6">预警期间冲击地压防治卸压解危措施安排表</th></tr>
<tr><td>预警工作面</td><td></td><td>预警级别</td><td></td><td>预警单编号</td><td></td></tr>
<tr><td>施工时间</td><td colspan="5"></td></tr>
<tr><td>具体措施</td><td colspan="5"></td></tr>
<tr><td colspan="3">会　签　栏</td><td colspan="3" rowspan="6">冲击地压防治办公室
年　月　日</td></tr>
<tr><td>编　制</td><td colspan="2"></td></tr>
<tr><td>审　核</td><td colspan="2"></td></tr>
<tr><td>防冲办</td><td colspan="2"></td></tr>
<tr><td>副　总</td><td colspan="2"></td></tr>
<tr><td>总　工</td><td colspan="2"></td></tr>
</table>

图 4-18　预警期间冲击地压防治卸压解危措施安排表

(4) 若仍有冲击地压显现危险，由冲击地压防治办公室再次制定强化措施进行反复卸压并进行效果检验，对检测结果进行分析和评估，直至确认无冲击地压显现危险后方可解除预警，恢复生产。冲击地压预警解除通知单如图 4-19 所示。

<table>
<tr><td colspan="4">冲击地压预警解除通知单</td></tr>
<tr><td>施工结束时间</td><td></td><td>效果检验时间</td><td></td></tr>
<tr><td>检验结束</td><td colspan="3">年　月　日　时　分</td></tr>
<tr><td>现场效果检验表</td><td colspan="3"></td></tr>
<tr><td colspan="2">会　签　栏</td><td colspan="2" rowspan="6">冲击地压防治办公室
年　月　日</td></tr>
<tr><td>编　制</td><td></td></tr>
<tr><td>审　核</td><td></td></tr>
<tr><td>防冲办</td><td></td></tr>
<tr><td>副　总</td><td></td></tr>
<tr><td>总　工</td><td></td></tr>
</table>

图 4-19　冲击地压预警解除通知单

4.5.2.3.2　橙色预警响应措施

(1) 冲击地压防治办公室立即通知矿调度室，同时下发橙色预警通知单。

(2) 调度室通知被预警工作面停止作业，切断电源，撤出人员至警戒区域外，并汇报值班矿长、总工程师。

(3) 冲击地压防治办公室组织冲击地压防治队在原卸压措施基础上采用巷帮煤体爆破进行卸压，钻孔深度 12 m，孔径 76 mm，孔高 1.0 m，钻孔间距 5 m，倾角 0°，方位垂直于巷帮，装药量 4.29 kg/孔（药卷规格 850 g/ϕ50 mm×0.5 m），装药长度 2.5 m，施工孔数根据实际情况确定，并对检测结果进行分析和评估，确认无冲击地压显现危险后方可解除预警，恢复生产。

(4) 若仍有冲击地压显现危险，由矿总工程师负责召开防冲紧急办公会，制定专项强化卸压措施进行反复卸压并进行效果检验，对检测结果进行分析和评估，直至确认无冲击地压显现危险后方可解除预警，恢复生产。

4.5.2.3.3　红色预警响应措施

（1）冲击地压防治办公室立即通知矿调度室，同时下发红色预警通知单。

（2）调度室通知被预警工作面停止作业，切断电源，撤出人员至警戒区域外，并汇报值班矿长、总工程师、矿长。

（3）冲击地压防治办公室组织冲击地压防治队在原卸压措施基础上采用巷帮煤体爆破进行卸压，钻孔深度 15 m，孔径 76 mm，孔高 1.0 m，钻孔间距 3.2 m，倾角 0°，方位垂直于巷帮，装药量 6 kg/孔（药卷规格 850 g/ϕ50 mm×0.5 m），装药长度 3.5 m，施工孔数根据实际情况确定，并对检测结果进行分析和评估，确认无冲击地压显现危险后方可解除预警，恢复生产。

（4）若仍有冲击地压显现危险，由矿长负责召开防冲紧急办公会，制定专项强化卸压措施进行反复卸压并进行效果检验，对检测结果进行分析和评估，直至确认无冲击地压显现危险后方可解除预警，恢复生产。

4.5.3　监测预警业务开展及流程

冲击地压防治日常业务具体由冲击地压防治办公室组织开展，主要包括冲击地压监测与预警、卸压措施制定与落实、安全管理相关规定制定与下发等。

4.5.3.1　冲击地压监测流程（图 4-20）

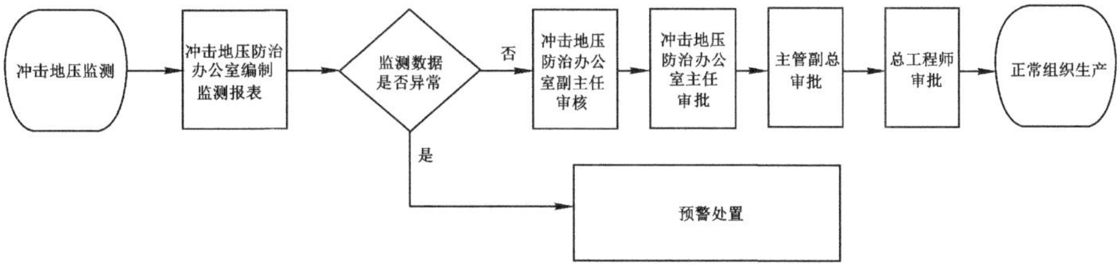

图 4-20　冲击地压监测流程

4.5.3.2　预警处置流程

（1）发出预警，流程如图 4-21 所示。

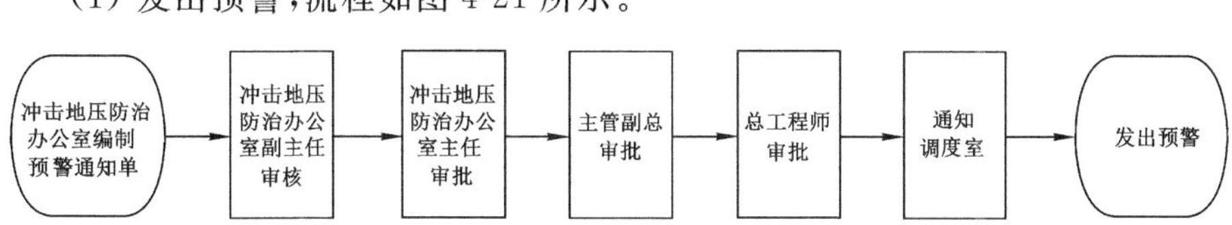

图 4-21　发出预警流程

(2) 预警处置,流程如图 4-22 所示。

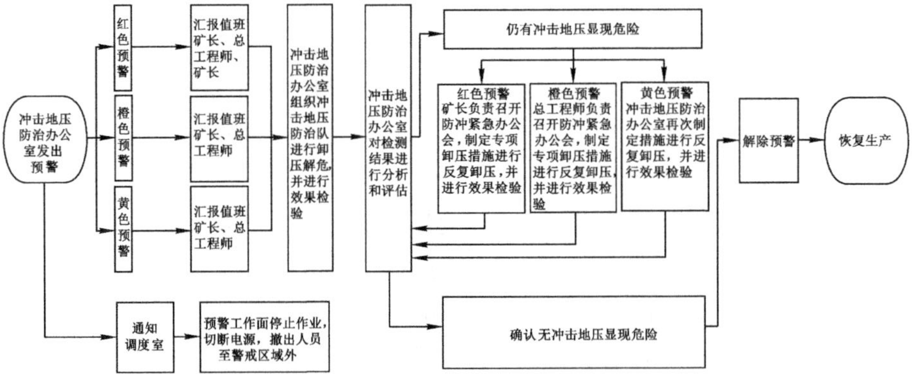

图 4-22 预警处置流程

(3) 解除预警,流程如图 4-23 所示。

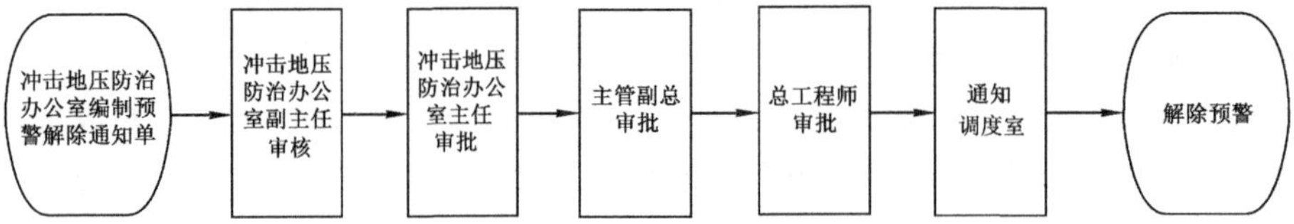

图 4-23 解除预警流程

第 5 章　冲击地压危险的防范与解危

5.1　冲击地压防治原则

冲击地压研究的最终目的就是有效地防止冲击地压的发生。根据实际煤岩体条件,冲击地压的防治包括两个方面,即已具有冲击危险煤岩层的冲击地压防治和目前尚无冲击危险但开采过程中可能发生冲击地压的防治。目前国内外对已经具有冲击危险的煤岩层,采用煤层卸压爆破、钻孔卸压、煤层切槽、底板定向切槽和顶板定向断裂等卸压方法,对开采过程中可能发生冲击地压煤层采用优化开采布置、保护层开采、煤层松动爆破及煤层预注水等方法。冲击地压防治在总体上遵循“区域先行、局部跟进、分区管理、分类防治”原则,具体应注重以下细节:

(1) 优先开采无冲击倾向性或冲击倾向性较小的煤层。在煤层群开采条件下使用,通过首先开采无冲击倾向性或冲击倾向性相对较弱的煤层,可使具有冲击危险煤层的应力条件得到改善,从而使冲击危险煤层在采煤过程中的冲击危险性下降。

(2) 最大限度地降低构造对冲击地压的影响。煤岩层中极软弱薄层的存在,往往会产生非连续变形与破坏并导致冲击地压的发生。加固软弱层使煤岩体形成稳定结构,可避免煤岩体沿软弱层产生黏滑而发生冲击地压;或者采取煤层高压预注水、煤层深孔爆破等方法,使软弱层加厚,变形加大,易于以稳定、缓慢形式释放大量的弹性能,起到防止冲击地压的作用。

(3) 控制顶板能量的突然释放与加载。顶板的可控垮落实质上就是改善煤岩层结构系统的能量存储条件,因为顶板特别是坚硬难冒顶板中存储着大量的能量。对顶板实施定向断裂(定向水压致裂或深孔断顶爆破技术),可改变工作面周围煤岩层的应力分布,使煤岩体中存储的能量能够及时、有效地以稳定破坏的形式释放出来。

(4) 改善底板的支承能力并加大煤层和顶板的变形。对底板进行切槽卸压,使煤层底板能及时破坏,可促使煤层和顶板岩层的变形加大,其弹性变形能的消耗也将增加,从而避免煤岩层中能量的高度积聚与突然释放。

5.2 砚北煤矿冲击危险解危技术体系

5.2.1 砚北煤矿冲击危险解危技术体系建立

在冲击地压治理上,砚北煤矿在区域防治措施上,实行 2502 采区两侧工作面交替开采,1502 与 1504 采区工作面交替开采,避免开采相互影响;同时,2502 采区工作面采用小煤柱护巷工艺,煤柱宽 5～7 m,避免了煤柱冲击源产生。在局部防冲卸压措施上,采取煤体爆破、顶底板预裂爆破、大直径钻孔等综合卸压措施,针对弱、中、强不同危险等级通过调整爆破孔距、装药量、布孔方式制订不同的综合卸压方案,合理确定相关参数。对采取措施后的实际效果,采用微震法、钻屑法验证。砚北煤矿冲击地压分区监测及解危方案如图 5-1 所示。

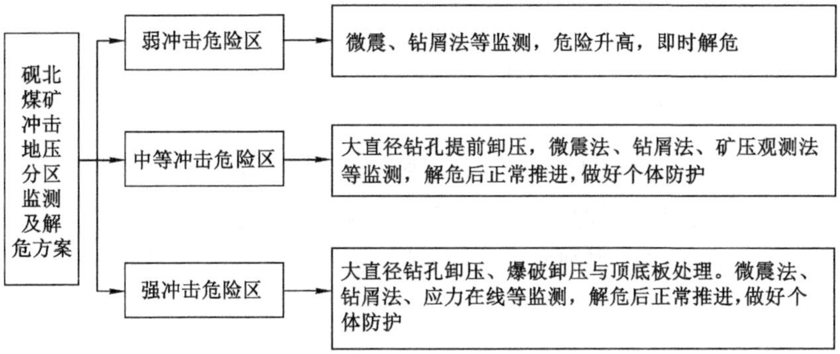

图 5-1 砚北煤矿冲击地压分区监测及解危方案

综合砚北煤矿冲击地压危险监测预警和冲击危险解危措施,提出砚北煤矿冲击地压危险防治体系,如图 5-2 所示,包括:冲击地压危险等级的确定与危险区域划分→冲击危险区域的优化设计布置→冲击危险的静载动载分级监测预警→防范与解危措施的实施→冲击危险解危效果的检验→采掘正常作业。

5.2.2 卸压解危作业开展流程

冲击地压防治办公室每天必须根据各采掘工作面冲击地压防治作业规程中的卸压方案及相应《设计变更通知单》,编写《采掘工作面冲击地压防治任务安排

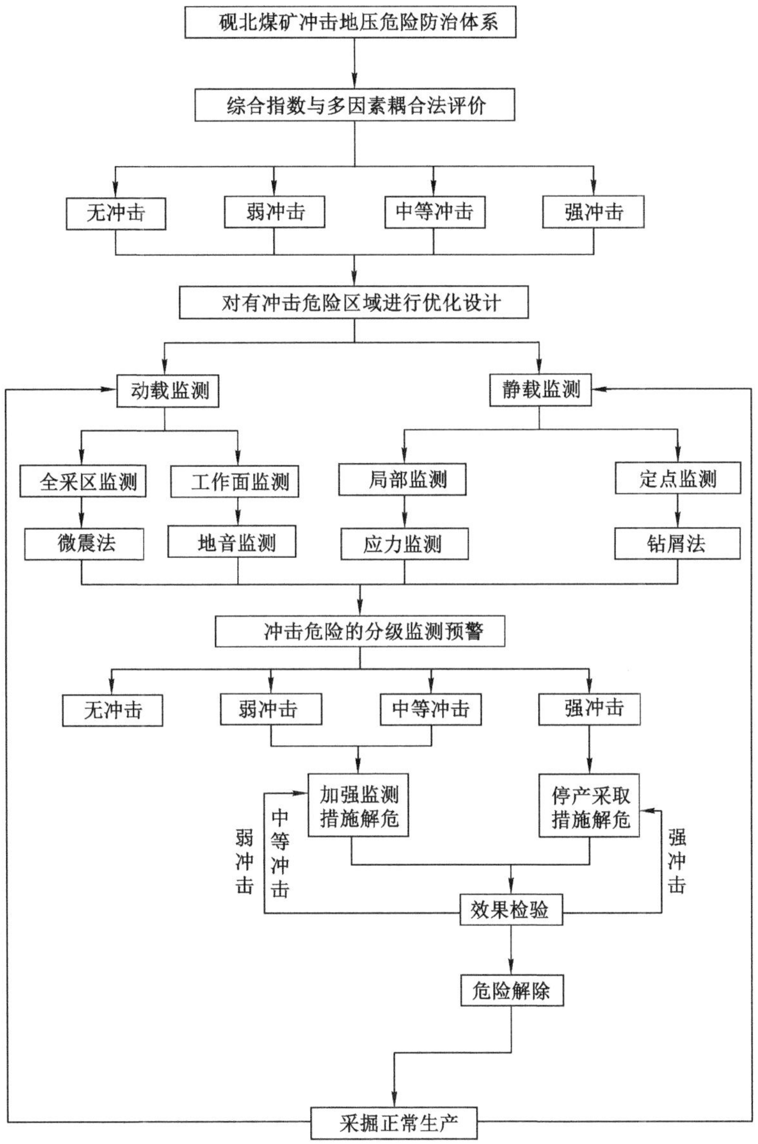

图 5-2　砚北煤矿冲击地压危险防治体系

日报表》，进行防冲卸压任务量化安排，由冲击地压防治队现场执行。

冲击地压防治办公室必须根据不同区域的危险性制定针对措施，卸压措施必须根据掘进过程中的监测数据、冲击地压发生频次与强度、采掘工作面现场情况等及时优化调整。卸压技术方案或参数、施工工艺调整时，冲击地压防治办公室必须编写《设计变更通知单》，经矿压副总、总工程师批准后实施。流程如图5-3、图5-4所示。

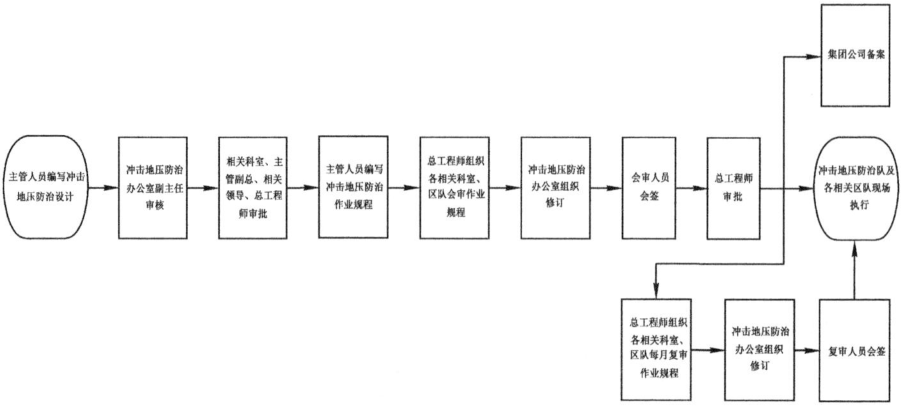

图 5-3 卸压措施制定流程

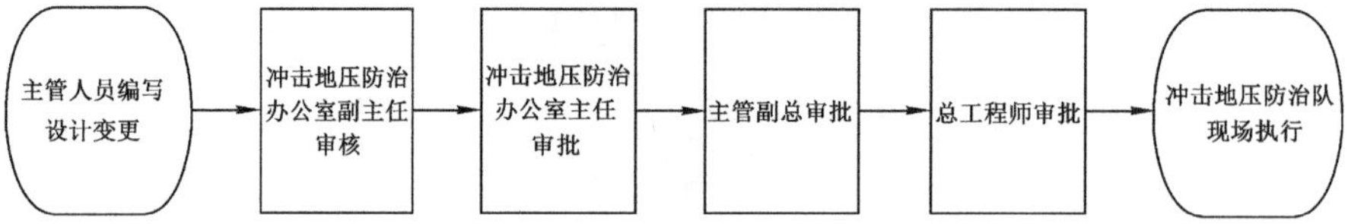

图 5-4 防冲方案变更流程

5.3 区域解危措施

5.3.1 合理开拓布置与分区开采

合理的开拓布置和开采方式对于避免应力集中和叠加，防治冲击地压关系极大。大量实例证明，多数冲击地压是开采技术不合理造成的，不正确的开拓开采方式一经形成就难于改变，临到煤层开采时，只能采取局部措施，而且耗费很大，效果有限。故合理的开拓布置和开采方式是防治冲击地压的根本性措施。

5.3.1.1　冲击地压煤层开采设计基本原则

(1) 开采煤层群时,开拓布置应有利于保护层开采。首先开采无冲击危险或冲击危险小的煤层作为保护层,且优先开采上保护层。

(2) 划分采区时,应保证合理的开采顺序,最大限度地避免形成煤柱等应力集中区。

(3) 在地质构造等特殊部位,应采取能避免或减缓应力集中和叠加的开采程序。向斜和背斜构造区应从轴部开始回采,构造盆地应从盆底开始回采,在有断层和采空区的条件下应从断层或采空区开始回采。

(4) 开采有冲击危险的煤层,应采用不留煤柱垮落法管理顶板的长壁开采法,回采线尽量是直线且有规律地推进。

(5) 顶板管理采用全部垮落法,工作面支架采用具有整体性和防护能力的可缩性支架。

5.3.1.2　冲击地压煤层开采技术原则

在冲击地压煤层开采过程中,除严格遵守设计基本原则外,还应遵守以下技术原则:

(1) 在冲击危险区的煤层中掘进和回采时,必须始终在煤层的保护带范围内进行,确保保护层的宽度不小于 3.5 倍采高(巷高)。

(2) 煤层应力高度集中时,必须进行解危处理,否则不得进行回采和掘进工作。如果采取的措施不能阻止冲击地压危险的发生,或出现中等以上的危险时,必须停止作业,直到采取有效措施,使之卸压为止。

(3) 煤层巷道应采用宽巷掘进,应避免在支承压力峰值区掘进巷道。

(4) 严重冲击地压厚煤层中的巷道应布置在应力集中区外。双巷同时掘进时,2 条平行巷道之间的前后错距应大于 150 m,避免在时间、空间上的相互干扰影响。掘进的巷道相距小于 150 m 时,必须停止一个头掘进。停掘的巷道要加固,继续掘进的巷道除加强支护外,冲击地压危险严重时,还必须采取卸压措施。

(5) 新采区投产要保持合理的开采顺序,避免形成“孤岛区”或“孤岛工作面”。同一煤层相邻阶段的工作面向同一方向推进时,错距不得小于 500 m。

(6) 在采空区内不得留有煤柱,如果必须在采空区内留有煤柱,则应进行论证,报企业技术负责人审批,并将煤柱的位置、尺寸及影响范围标在采掘工程平面图上。开采孤岛煤柱的,应进行防冲安全开采论证;严重冲击地压矿井不得开采孤岛煤柱。

(7) 采煤工作面一般应保持直线式。台阶式工作面的台阶错距不应大于3 m。

(8) 分层开采厚煤层时,分层平巷应内错布置,上、下分层平巷轴线距离至少不小于3倍巷道宽度。上、下分层切眼间距至少应内错5 m。每个分层工作面应先于上分层工作面停采线至少5 m停采。

(9) 厚煤层采用一次采全厚大采高回采和综放开采时,应尽可能将巷道沿底板布置;冲击危险区域因支承压力影响范围的扩大而应扩大到工作面前方150 m。采用分层综放开采时,第一分层巷道应注意加强支护。

(10) 采用冒落法管理顶板时,应提高切顶支架的工作阻力,选用强力液压支架。采用单体支柱支护时,必须加强切顶线支护强度,并将采空区所有支柱回收干净。

(11) 在一般情况下,掘进与采煤工作面的躲炮直线距离不小于300 m,躲炮时间大于30 min。

5.3.1.3　*冲击地压煤层开采技术参数*

5.3.1.3.1　工作面长度

研究表明,采煤工作面和采空区的大小对冲击地压的影响是非常大的。对于一个新采区的第一个工作面来说,由于两边都是实体煤,开始时顶板处于四周固支状态。当顶板初次断裂后形成三边固支状态,这种状态下,工作面的压力是最小的,冲击地压危险性也是最小的。

对于同一采区的第二、第三工作面,当采空区的宽度之和还没有完全影响到地表时,根据岩层移动理论,此时,采空区的宽度之和 S 一般小于0.4倍的开采深度,即:

$$S < 0.4H \tag{5-1}$$

此时,工作面周围岩体内的应力逐步增加。

当采空区的宽度之和达到了完全影响地表的程度,即:

$$S = 0.4H \tag{5-2}$$

此时,由于上覆岩层的充分移动,在煤系地层中,震动释放的能量是最大的,即冲击地压的危险性是最大的。

当采煤工作面继续开采,采空区继续增加时,即:

$$S > 0.4H \tag{5-3}$$

在这种情况下,由于上覆岩层的移动处于平衡状态,煤层中释放的震动能量将处于某一水平。

对于孤岛煤柱，由于三边均为采空区，因此开采时其释放的震动能量是很大的。

从上述分析可知，工作面长度对冲击地压危险程度的影响主要是在采空区宽度为 $S<0.4H$ 时。此时，采煤工作面的一边为采空区，另一边为实体煤。从工作面边缘到采空区形成一个直角，在这部分煤体上，因工作面前方移动应力集中区和采空区边缘煤体上的应力集中并相互叠加，形成很高的应力集中现象，而且在工作面推进过程中，这种现象一直存在。

研究表明，应力峰值距采空区边缘 10～20 m。上述直角区的应力集中影响范围为 40～50 m。当工作面长度大于 50 m 以后，直角对应力集中程度不会产生影响，而且对动力现象的发生也不会产生影响。在这种情况下，加大工作面长度对限制冲击地压的发生是有利的，如图 5-5 所示。

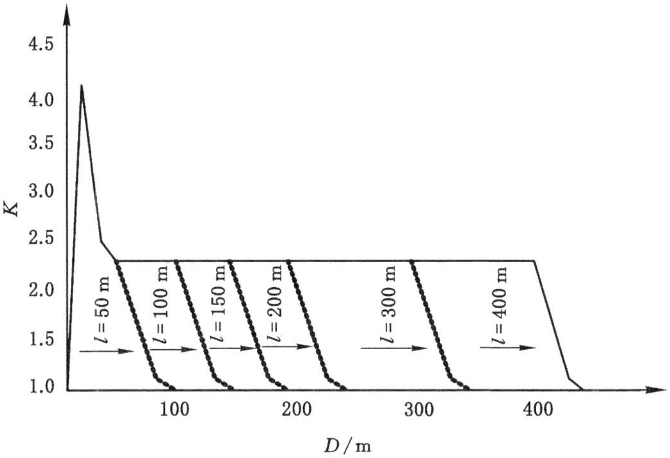

图 5-5　煤层中应力集中系数与工作面长度之间的关系

由上述分析可知，对于不同的工作面，不同开采时间和不同位置，其对冲击地压危险性的影响是不一样的。因此，对于某一工作面，应具体分析和具体考虑。

5.3.1.3.2　采高

一般情况下，效率最高、对工作面生产最有利的开采高度是 2.5～3.0 m。而在这种采高情况下，发生冲击地压的比例也高达 72%。如果将冲击地压发生的百分比与在给定采高条件下工作面产量的比值定义为冲击地压指数 n，则 n 与采高 m 之间的关系为：

$$n = 0.757m - 0.707 \tag{5-4}$$

上式表示这样一个趋势，即随着采高的增加，冲击地压危险性也增加。

而因顶板坚硬岩层引起的顶板冲击，则与该岩层的厚度、强度、距煤层的距离以及煤层采高等有关。采高的增加，将使顶板的坚固性下降，该层顶板引起的震动强度将会降低。如果降低采高不能保证坚硬顶板不断裂运动，则可使顶板的坚固性增加，在其破断时，将会释放更大的能量。在这种情况下，降低采高是无益的，除非保证坚硬顶板岩层不发生断裂破坏。

5.3.1.3.3 推进速度

大量的研究表明，采煤工作面的推进速度与低能量的矿山震动之间存在着明显的关系，即工作面的推进速度越快，产生的矿山震动就越多。

采煤工作面匀速推进对防治冲击地压的发生是有利的。工作面停采以后的恢复生产时期，推进速度突然加速等均有可能引发冲击地压。图 5-6 为某矿在工作面推进过程中释放能量的大小与工作面推进速度之间的关系，图中标明了该矿工作面在停采两周前、停采两周期间及停采两周后释放的能量的大小。由图可见，停采两周后释放的能量比停采两周前的要大约 6 倍，而产量和震动数量基本一样。

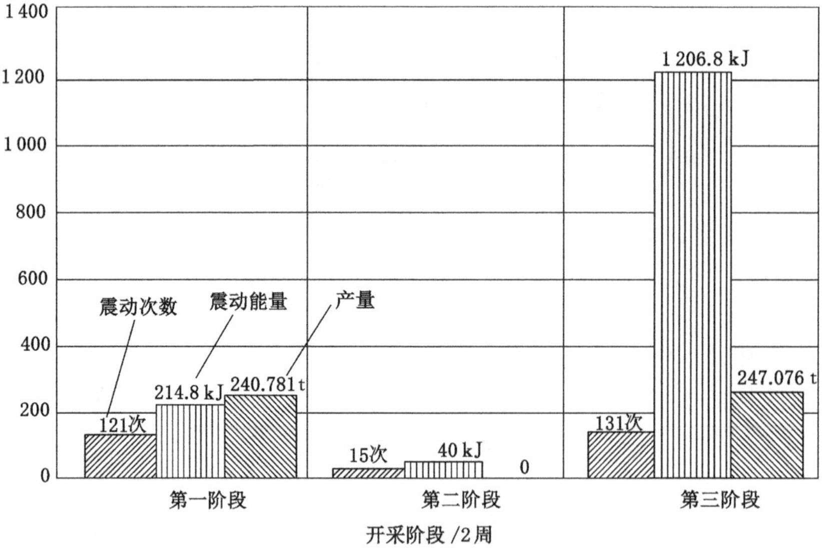

图 5-6 释放能量大小与工作面推进速度之间的关系

5.3.2　保护层开采

保护层开采技术是防治冲击地压最有效的战略性措施。有冲击地压的主要国家对这种方法的原理和实施参数进行了深入广泛的研究，取得了显著的成果。

5.3.2.1　保护层开采原理

保护煤层的开采对其周围的岩层及煤层产生较大的采动影响，并在采空区上下方的一定岩层内出现卸压作用，导致该岩层内岩体的应力状态及位移状态均发生较大程度的变化，应力降低，变形增大，煤岩体的完整性遭到破坏，由此削弱了冲击地压发生的地质条件，丧失了诱发冲击地压等动力灾害的可能性及危险性。

保护层工作面开采过后围岩产生变形、断裂、离层并向已采空间移动，根据保护煤层开采对煤岩实体的扰动影响程度和特征，可以将应力在走向或者倾向方向上划分为四个应力带，即正常应力带、支承压力带、卸压带及应力恢复带，并且这四种应力分布形式随着保护煤层工作面的推进而同向移动，并逐步对被保护煤层造成不同程度的影响，如图 5-7 所示。

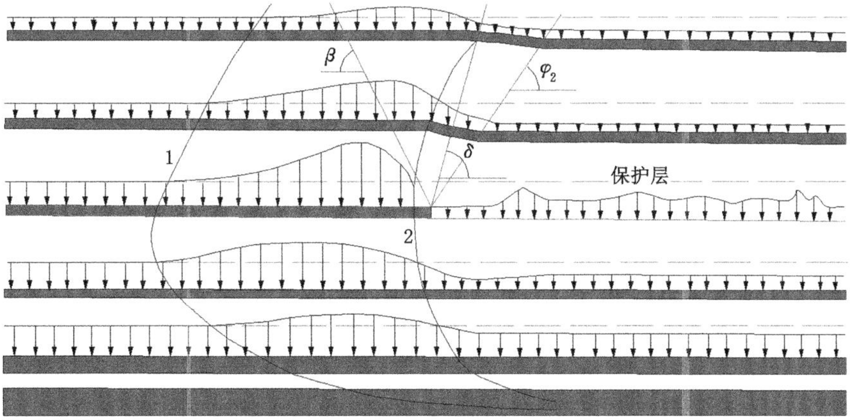

φ_2—充分移动角；β—边界角；δ—断裂角；

1—升高应力区边界线；2—卸压带边界线。

图 5-7　保护层开采卸压带示意图

正常应力带一般分布在保护煤层采煤工作面前方 50 m 以外。此带内的煤岩体未受采动影响，在不考虑构造应力影响时，其所受应力值应为 $\sigma=\delta H$；支承压力带一般分布在保护煤层工作面前方 50 m 至后方 20 m 范围内，其长度取决于工作面开采深度、开采长度、煤层厚度及其倾角等；在卸压带内，压力已传递给该带以外的煤岩层承受，煤体承受的压力不断减小，产生降压作用，煤体产生膨胀变形，释放弹性能，被保护层受到了“解放作用”而丧失发生冲击地压的能力；

应力恢复带位于保护层采煤工作面后方较远处，其位置与层间垂距有关，保护层采空区内冒落矸石逐渐被压实，使得该带的煤岩层重新承受压力，但应力值已小于原始应力值，煤层仍保留一定的膨胀变形，仍处于卸压保护状态。

综上所述，开采保护层后，上覆岩层垮落，底板岩层发生移动变形，被保护煤体所受支承压力降低，形成了保护带，从而起到降低冲击地压危险的作用。对被保护层而言，保护层起到了“降压、减震、吸能”的作用，这就是保护层开采的防冲原理。即：

(1) 降压：保护层开采后，在被保护的范围内，应力和支承压力降低。

(2) 减震：保护层开采后，上覆岩层结构发生了破坏。在被保护层开采时，上覆岩层的破断和滑移范围大幅度降低，上覆岩层的破坏和滑移的能量也大幅度降低，从而起到了“减震”的作用。

(3) 吸能：保护层开采后形成的冒落带和裂隙带破坏了岩层的结构，岩体的松散增大了震动波传播的衰减系数，起到了吸收震动能量的作用。

砚北煤矿 2502 采区上分层开采后，可对 5 煤其他分层起到解放层的作用，有效减弱下分层煤体储存弹性能的能力，改善了下分层开采中能量积聚与释放的空间分布状况。2502 采区下分层工作面可布置在上分层工作面的卸压区，这种内错布置方式可有效利用上分层采空区形成的“弱结构层”，充分保护下分层巷道，从而避免由于顶板型矿震震动波导致的叠加应力场高于巷道围岩体的极限承载强度而引发冲击地压。

5.3.2.2 保护范围的确定

5.3.2.2.1 倾斜方向的保护分层

保护层工作面沿倾斜方向的保护范围按卸压角划定，卸压角 δ 与煤层倾角 α 有关，对应关系如图 5-8 和表 5-1 所示。

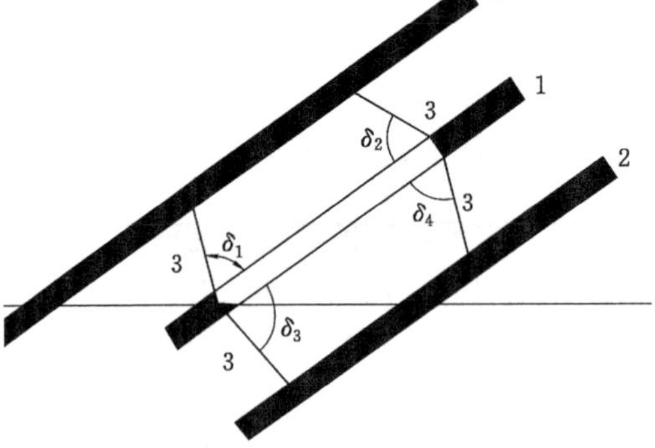

1—保护层；2—被保护层；3—保护范围边界线。

图 5-8 保护层工作面沿倾斜方向的保护范围

表 5-1　保护层沿倾斜方向的卸压角

煤层倾角 α/(°)	卸压角 δ/(°)			
	δ_1	δ_2	δ_3	δ_4
0	80	80	75	75
10	77	83	75	75
20	73	87	75	75
30	69	90	77	70
40	65	90	80	70
50	70	90	80	70
60	72	90	80	70
70	72	90	80	72
80	73	90	78	75
90	75	80	75	80

5.3.2.2.2　沿走向方向的保护范围

对停采的保护层工作面，停采时间超过 3 个月且卸压比较充分，该保护层工作面的始采线、采止线和煤柱留设对保护层沿走向的保护范围可按卸压角δ=56°～60°划定，如图 5-9 所示。

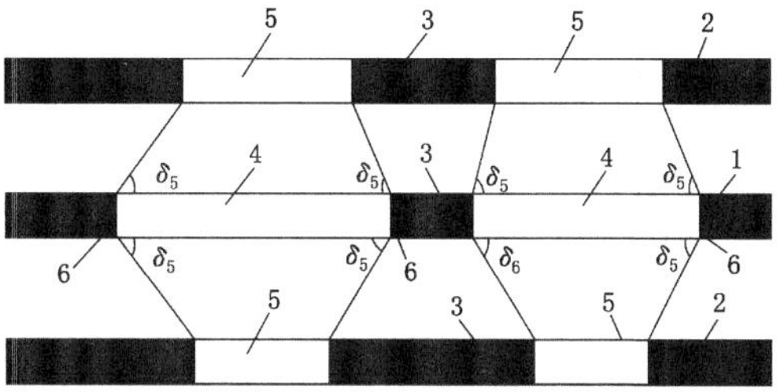

1—保护层；2—被保护层；3—煤柱；4—采空区；5—保护范围；6——始采线、采止线。

图 5-9　保护层工作面始采线、采止线和煤柱留设对保护层沿走向的保护范围

5.3.2.2.3　层间的保护范围

保护层与被保护层之间的有效垂距，可参用表 5-2 或式(5-5)或式(5-6)确定。

表 5-2　保护层与被保护层之间的有效垂距

煤层类别	最大有效垂距/m	
	保护层	被保护层
急倾斜煤层	＜60	＜80
缓倾斜和倾斜煤层	＜50	＜100

下保护层的最大保护垂距：

$$S_{下} = S'_{下}\ \beta_1\beta_2 \tag{5-5}$$

上保护层的最大保护垂距：

$$S_{上} = S'_{上}\ \beta_1\beta_2 \tag{5-6}$$

式中　$S'_{上}$，$S'_{下}$——上保护层和下保护层的理论有效垂距，m。它与工作面长度 L 和开采深度 H 有关，可参照表 5-3、表 5-4 取值，当 $L>0.3H$时，则取 $L=0.3H$，但 L 不得大于 250 m。

β_1——保护层开采的影响系数。当 $M \leqslant M_0$ 时，$\beta_1 = M/M_0$；当 $M > M_0$ 时，$\beta_1 = 1$。M 为保护层的开采厚度，m；M_0 为保护层的最小有效厚度，m。

β_2——层间硬岩含量系数。以 η 表示层间岩石所占的百分比，当 $\eta \geqslant 50\%$ 时，$\beta_2 = 1 - 0.4\eta$；当 $\eta < 50\%$时，$\beta_2 = 1$。

表 5-3　$S'_{下}$与开采深度 H 和工作面长度 L 之间的关系

开采深度 H/m	$S'_{下}$/m							
	工作面长度 L/m							
	50	75	100	125	150	175	200	250
300	70	100	125	148	172	190	205	220
400	58	85	112	134	155	170	182	194
500	50	75	100	120	142	154	164	174
600	45	67	90	109	126	138	146	155
800	33	54	73	90	103	117	127	135
1 000	27	41	57	71	88	100	114	122
1 200	24	37	50	63	80	92	104	113

表 5-4　$S'_{上}$与开采深度 H 和工作面长度 L 之间的关系

开采深度 H/m	$S'_{上}$/m						
	工作面长度 L/m						
	50	75	100	125	150	200	250
300	56	67	76	83	87	90	92
400	40	50	58	66	71	74	76
500	29	39	49	56	62	66	68
600	24	34	43	50	55	59	61
800	21	29	36	41	45	49	50
1 000	18	25	32	36	41	44	45
1 200	16	23	30	32	37	40	41

5.3.3　小煤柱护巷工艺

护巷煤柱合理留设尺寸是煤柱受本区段工作面回采影响时能保持稳定的最小尺寸。而保持煤柱稳定的基本条件是保证采动引起的超前侧向支承压力峰值低于煤柱本身的极限抗压强度，使向深部扩展的巷道侧破裂区不与采空区侧破裂区贯通，即在煤柱中间保持一定宽度的弹性核区。煤柱极限强度采用下式计算：

$$\sigma_{ymax}=K\gamma H=2.729(\eta\sigma_c)^{0.729} \tag{5-7}$$

式中　η——煤岩流变系数；

σ_c——煤岩试块的单轴抗压强度，MPa。

按照煤巷两帮煤体应力和极限平衡理论，参照图 5-10，合理的最小护巷煤柱宽度是：

$$B=x_1+x_2+x_3 \tag{5-8}$$

式中　B——区段煤柱宽度，m；

x_1——煤柱在采空区一侧的塑性区宽度，m；

x_2——锚杆锚入煤柱的深度，m；

x_3——安全系数，$x_3=(0.15\sim0.35)(x_1+x_2)$。

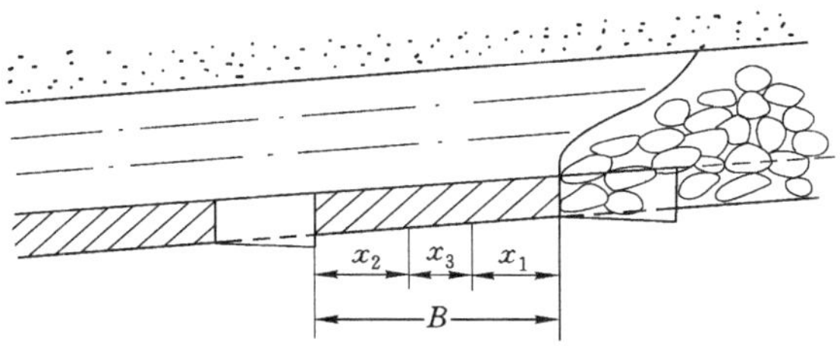

图 5-10　合理煤柱宽度计算简图

x_1 参考一次采全高综采工作面在采空区一侧的塑性区宽度计算，公式如下：

$$x_1=\frac{mA}{2\tan\varphi_0}\ln\left(\frac{K\gamma H+\dfrac{C_0}{\tan\varphi_0}}{\dfrac{C_0}{\tan\varphi_0}+\dfrac{P_x}{A}}\right) \tag{5-9}$$

式中　m——煤层厚度，m；

A——侧压系数；

C_0 和 φ_0——煤层的黏聚力(MPa)和内摩擦角(°)；

K——应力集中系数；

γ——岩层平均容重，MN/m^3；

H——巷道埋深，m；

P_x——巷帮的支护强度，MPa。

根据砚北煤矿5煤层的赋存特点及煤岩体物理力学性质和强度指标测试结果，区段煤柱宽度计算所需各参数的选取如表5-5所列，将表5-5中各参数值代入式中，计算得区段煤柱宽度 $B=7.19$ m。

表5-5 计算参数选取表

参数	m	γ	H	A	η	σ_c	C_0	φ_0	P_x	x_2
单位	m	kN/m^3	m			MPa	MPa	(°)	MPa	m
取值	15.6	25	10	0.4	0.38	17.37	6.34	25.2	0.3	2.2

为了防止本区段工作面回采引起的超前支承压力使煤柱塑性区贯通，引起漏风和采空区发火，煤柱宽度确定为7.6 m。

5.4 砚北煤矿冲击地压局部解危技术

5.4.1 卸压措施基本原理

砚北煤矿冲击地压局部防治卸压技术总体可分为两大类：爆破卸压技术和非爆破卸压技术。

5.4.1.1 煤体卸压爆破

煤体卸压爆破包括巷帮煤体爆破、超前煤体爆破等不同形式的布置在煤体中的卸压爆破，是对已形成冲击危险的煤体，用爆破方法减缓其应力集中程度的一种解危措施，属于震动卸压爆破。

根据煤岩体的强度弱化减冲理论，煤体卸压爆破可以起到以下两个作用：一是局部解除冲击地压发生的强度条件和能量条件，即在有冲击地压危险的工作面卸压和在近煤壁一定宽度的条带内破坏煤的结构，改变煤层的物理力学特性，降低煤体的强度、煤体的冲击倾向性，使它不能积聚弹性能或达不到威胁安全的程度，这样在工作面前方形成一条卸压保护带，隔绝了工作空间与处于煤层深处的高应力区，并且提高了发生冲击地压的最小能量水平；二是煤层卸压爆破后，煤岩体的承载能力降低，应力重新分布，形成卸载区域，支承压力高峰值向煤体深部转移，减弱或消除煤体的冲击危险性。

同时合理的钻孔布置可使炸药爆破后形成的弹性波以合理的方向传播，使炸药爆炸形成的压力与开采形成的压力叠加，超过极限状态，引发冲击地压，提前释放煤岩层中积聚的弹性能。

对承压煤体进行爆破处理，关键在于选取合适的爆破参数，既要达到有效转移煤体应力的目的，又不能对煤体造成整体性破坏。爆破参数如钻孔深度、钻孔间距、钻孔高度、起爆方式等均需针对矿井具体条件进行合理设计。

5.4.1.1.1　爆破半径

爆破半径是设计爆破孔间距的主要参照依据。当炸药在煤岩体中爆炸时，以爆炸点为中心，使煤岩体由近及远遭受不同程度的破坏。其影响范围可分为三个区域：破坏区、裂隙区、非破坏扰动区。其中，裂隙区是爆破所要控制的主要区域。裂隙区与原状岩体区的交界面至爆心的距离，称为爆炸破碎区半径。在爆破卸压中，爆炸破碎区半径范围内的区域视为有效卸压区。

用声学近似法计算爆炸破碎区公式为：

$$r_p = r_b\left(\frac{\lambda p}{R_t}\right)^{\frac{1}{\alpha}} \tag{5-10}$$

其中：

$$p = \frac{\rho_0 D^2}{2}\cdot\frac{1}{1+\dfrac{\rho_0 D^2}{\rho_m c_P}},\lambda = \frac{\mu}{1-\mu},\alpha = 2-\lambda$$

式中　r_p——破碎区半径，m；

r_b——装药半径，m；

λ——侧压力系数；

p——爆腔岩壁初始压力，Pa；

R_t——岩石抗拉强度，Pa；

ρ_0——炸药密度，kg/m^3；

ρ_m——岩石初始密度，kg/m^3；

D——炸药爆轰速度，m/s；

c_P——岩石纵波波速，m/s；

μ——岩石泊松比；

α——压缩波衰减指数。

5.4.1.1.2　钻孔深度

根据深孔爆破理论，其爆破深度的确定应符合深入应力集中区的原则，爆破范围应在应力集中区以达到最佳卸压效果。

5.4.1.1.3　钻孔间距

确定孔距的原则为：强冲击危险区域爆破后所形成的破坏区应相互贯通，以便使两者连接形成完全的卸压带，达到最佳卸压效果，如图 5-11 所示。

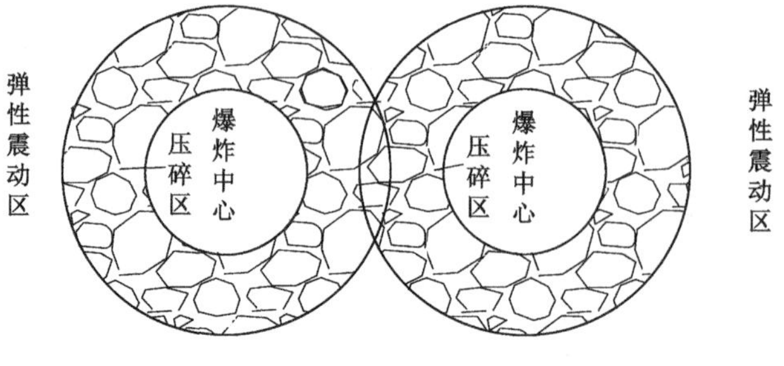

图 5-11　煤体卸压爆破最佳效果

5.4.1.1.4　钻孔高度

根据爆破形成的卸压区大小，爆破垂直有效卸压距离为 2.64 m（垂直于巷道走向），钻孔高度要根据巷道高度取值，则爆破作用范围在钻孔周围 2.64 m 之内，使爆破可对煤体相当于巷高的空间进行卸压，从而使煤体压力不会向平巷巷帮释放。同时，钻孔高度也要便于工人操作，且若炮眼封孔长度和质量均满足规定要求的话，不会对巷帮形成有效冲击，也不会使巷帮破坏。

5.4.1.1.5　装药量

装药量是关系爆破卸压效果的关键参数，不合理的装药量不仅不能达到卸压效果，反而还会对巷道产生破坏，甚至诱发冲击地压。在空气不耦合装药条件下，炮眼壁上产生的冲击压力为：

$$p_r = \frac{1}{8}\rho_c D^2 \left(\frac{d_c}{d_b}\right)^n \left(\frac{L_c}{L_c + L_a}\right) \tag{5-11}$$

式中　ρ_c——炸药密度，kg/m^3；

L_c——炮眼装药长度，m；

L_a——炮眼封孔长度，m；

n——气体与炮眼壁碰撞时压力增大系数；

d_c——炸药半径，m；

d_b——炮孔半径，m。

当 $p_r \leqslant K_b S_c$ 时，充分考虑到初始爆炸冲击波压力在煤炭破碎区的衰减，由下式可求得每米炮眼的装药长度为：

$$L_c = \frac{8K_b S_c}{n\rho_c D^2}\left(\frac{d_c}{d_b}\right)^6 \left(\frac{d_c}{d_b}\right)^{\partial} \tag{5-12}$$

式中　∂——爆炸冲击波在破碎区的衰减指数，一般取 3；

K_b——体积应力状态下煤体抗压强度增大系数，一般取 10；

S_c——煤体的单轴抗压强度，MPa。

由式(5-12)求得的结果为每米炮眼的装药长度。实际爆破操作中炮眼为连续装药,因此在装药过程中先确定每米装药长度,再确定炮眼总装药长度。

5.4.1.1.6　封孔长度

根据《煤矿安全规程》要求及爆破安全性,封孔长度不小于孔深的 1/3,可根据钻孔深度,确定封孔长度。

5.4.1.1.7　起爆与爆破方式

实施爆破时,既要保证每次起爆的总强度,又要保证起爆器的可靠性,采用煤矿许用毫秒电雷管分组爆破,每次 3～5 个孔同时起爆。

根据砚北煤矿实施的爆破防治冲击地压实例可得出,采用爆破法人工诱发冲击地压发生,可有效转移煤体内应力,降低临近工作空间煤体的弹性能积累,从而达到防治冲击地压的目的。从钻屑量指标来看,爆破后钻屑量有了明显降低,可有效缓解和防止冲击地压发生。爆破法防治冲击地压,关键是选择合理的爆破参数:沿巷道走向方向,必须形成连续相接的爆破卸载带;沿巷道高度方向,则必须尽量使整个巷道侧帮均处于卸载状态。

5.4.1.2　顶板深孔爆破

深孔断顶爆破技术是将控制爆破技术引入到冲击地压防治领域中。可以通过对顶板进行爆破,人为地切断顶板,进而促使采空区顶板冒落,削弱采空区与待采区之间的顶板连续性,减小顶板来压时的强度和冲击性。此外,爆破可以改变顶板的力学特性,释放顶板所积聚的能量,从而达到防治冲击地压发生的目的。

根据苏联阿维尔申的观点,煤层内的弹性能由体变弹性能 U_v、形变弹性能 U_f 和顶板弯曲弹性能 U_w 3 部分组成,即:

$$U = U_v + U_f + U_w \tag{5-13}$$

其中顶板弯曲弹性能 U_w 为:

$$U_w = \frac{1}{2} M\varphi \tag{5-14}$$

式中　M——煤壁上方顶板岩层的弯矩,kN・m;

　　φ——顶板岩层弯曲下沉的转角,(°)。

顶板初次垮落期间的弯曲弹性能为:

$$U_{w初} = \frac{q^2 L^5}{576EJ} \tag{5-15}$$

顶板周期垮落期间的弯曲弹性能为:

$$U_{w周} = \frac{q^2 L^5}{8EJ} \tag{5-16}$$

式中　q——顶板及上覆岩层附加载荷的单位长度载荷,N/m;

L——顶板来压步距，m；

E——顶板岩层弹性模量，Pa；

J——顶板断面惯性矩，m^4。

由式(5-15)和式(5-16)可以看出，顶板弯曲弹性能 U_w 与岩层悬伸长度的5次方成正比，即顶板跨距(悬顶)值越大，积聚的能量也越多。一般，厚度越大的坚硬岩层越不易冒落，形成的跨距(悬顶)值也就越大，所以厚度大的坚硬岩层顶板发生冲击地压的可能性很大。对于顶板中聚积的弯曲弹性能，其主要的散能手段就是破坏顶板，缩短顶板来压步距，降低顶板中聚积的弯曲弹性能。

针对这一现象，可以通过在巷道中适当位置对顶板进行深孔爆破，人为地切断顶板，进而促使采空区顶板冒落，削弱采空区与待采区之间的顶板连续性，减小顶板来压时的强度和冲击性。此外，爆破可以改变顶板的力学特性，释放顶板所聚积的能量，并且爆破后，岩石塑性增加，积聚弹性能的能力减弱，从而达到防治冲击地压的目的。顶板深孔爆破如图5-12所示。

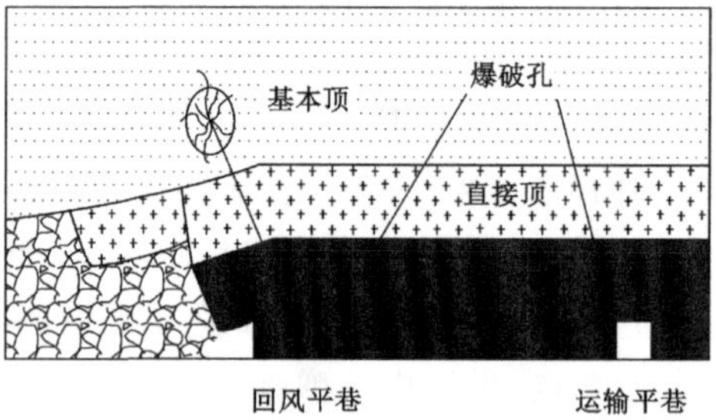

图5-12　顶板深孔爆破示意图

在一定的采深条件下，煤层上方坚硬厚层砂岩顶板是影响冲击地压发生的主要因素之一。采用顶板深孔卸压爆破，将顶板破断，降低顶板整体强度，释放因压力聚积而产生的能量，可以有效地降低冲击地压危险性。在相同的爆破深度下，卸压爆破效果会随着炮眼角度的增加而增大。当炮眼角度达到90°时，爆破效果最优。在相同的爆破角度下，卸压爆破效果会随着炮眼深度的增加而增大。

对顶板岩体进行爆破处理，关键在于选取合适的爆破参数，如炮孔间距、炮孔排距、炮孔深度等均需针对矿井具体条件进行合理设计。

5.4.1.2.1　炮孔间距

当炮孔与工作面平行时，根据断裂力学理论，可以得到超前深孔预裂松动爆破炮孔间距公式：

$$E = K r_b f^{\frac{1}{3}} \tag{5-17}$$

式中 K——调整系数，一般取10～15；

r_b——炮孔半径，m；

f——岩石坚固性系数。

当岩石的坚硬程度较高时，K 取较大值；当其坚硬程度较低时，K 取较小值。但是由于 K 取值的不确定性，通常采用经验公式来估算炮孔间距：

$$E = (70 \sim 90) r_b \tag{5-18}$$

同时由于对厚硬顶板进行放顶，为了缩短其周期垮落步距，炮孔间距还须小于最大周期垮落步距，即：

$$E < L = \sqrt{\frac{\sigma H}{3q}} \tag{5-19}$$

式中 L——周期垮落步距，m；

σ——极限抗拉强度，Pa；

H——岩层厚度，m；

q——均布载荷，Pa。

5.4.1.2.2 炮孔排距

由于爆破时炮孔之间会产生应力集中现象，有利于形成贯通性裂隙，致使岩石更加破碎，所以炮孔排距要小于炮孔间距，采用以下经验公式进行炮孔排距的计算：

$$b = mE \tag{5-20}$$

式中 m——炮孔密集系数，一般取值为0.4～0.6。

5.4.1.2.3 炮孔深度

炮孔深度是深孔预裂爆破的重要技术参数之一。其受岩石的坚硬程度、施工工具和炸药品种等因数影响，只有选择合理的炮孔深度才能取得较好的深孔爆破效果。

炮孔深度与工作面长度、钻孔布置方式以及孔底距平巷的水平距离有关，为了保证平巷断面不受爆破影响，必须在孔底与平巷断面之间留有足够长的隔离带。采用以下公式进行炮孔深度的计算：

$$l_b = \sqrt{\left(\frac{L-l}{2\sin\alpha}\right)^2 + \left[\tan\beta\left(\frac{L-l}{2}\right)\right]^2} \tag{5-21}$$

式中 L——工作面长度，m；

l——孔底距平巷的水平距离，m；

α,β——分别为炮孔与平巷的夹角和炮孔与工作面的夹角，(°)。

5.4.1.3 底板深孔爆破

底板冲击地压是在矿山采动或采掘面扰动下诱发底板煤岩层变形能的瞬时释放，表现为底板煤岩层突然向上突出，引起采掘空间围岩、设备破坏的冲击地压灾害。在留有底煤的采场，冲击地压发生时，以底鼓和煤岩压入采场空间为主要显现特征。根据统计资料分析结果，大部分表现为底板冲击的巷道一般是在开采上分层或厚煤层开采将巷道沿顶板布置留底煤时，没有对底板采取卸压措施和合理支护。

底板冲击地压的直接能量来源为底板的应力，根据研究成果，在原岩应力作用下开挖巷道，引起巷道应力重新分布，垂直应力向两帮转移，水平应力向顶、底板中转移，因而垂直应力的影响主要显现于两帮煤体，而水平应力的影响则主要显现于顶、底板煤岩层。所以，底板水平应力对底板冲击地压的发生起着决定性作用。在均匀岩体内，岩体在自重应力状态下，底板水平应力为：

$$\sigma_x = \lambda \sigma_y \tag{5-22}$$

式中　λ——侧压力系数，$\lambda = \dfrac{\mu}{1-\mu}$，$\mu$ 为泊松比。

当考虑到水平构造应力影响时，假设泊松比不变，则水平应力计算为：

$$\sigma_x = K_2 \frac{\mu}{1-\mu} \sigma_y \tag{5-23a}$$

式中　K_2——水平构造应力影响系数。岩体处于静水压力时，$K_2=1$；如根据地应力测量，存在较大水平构造应力，则 $K_2>1$。

煤层开采后形成采空区，部分坚硬基本顶不能完全垮落，使邻近巷道煤柱中的垂直应力升高，垂直应力按下式计算：

$$\sigma_y = K_1 \frac{\left(B_1 + \dfrac{B}{2}\right) H \gamma_r + B_1 D \gamma_m}{B_1} \tag{5-23b}$$

式中，K_1 为坚硬基本顶支承压力影响系数。

根据式(5-22)和式(5-23)，巷道底板水平应力计算为：

$$\sigma_x = K_1 K_2 \frac{\mu}{1-\mu} \frac{\left(B_1 + \dfrac{B}{2}\right) H \gamma_r + B_1 D \gamma_m}{B_1} \tag{5-24}$$

式中　B_1——煤柱压力承载范围，m；

B——巷道的宽度，m；

D——巷道高度，m；

H——巷道顶板距离地表的高度，m；

γ_r——巷道上覆岩层的平均容重，N/m^3；

γ_m——煤层的容重，N/m^3。

底板岩层在轴向力及自重作用下，使底板岩梁达到屈曲时的最小轴向应力 N_{cr} 为：

$$N_{cr}=\frac{\pi^2 EJ}{B^2} \tag{5-25}$$

式中　E——底板岩层的弹性模量，MPa；

B——巷道的宽度，m；

J——取底板为梁时横截面的惯性矩，m^4。假设底板梁长度为 b，厚度为 h，则 $J=\frac{bh^3}{12}$，这里取梁为单位长度，则 $J=\frac{h^3}{12}$。

式中，h 为巷道底板软弱层厚度。

研究表明，当巷道底板岩层所受轴向应力 $N\geqslant 0.8N_{cr}$时，将产生明显底鼓、破裂现象。底板岩层所受的轴向力 N 为：

$$N=hK_1K_2\frac{\mu}{1-\mu}\frac{\left(B_1+\frac{B}{2}\right)H\gamma_r+B_1D\gamma_m}{B_1} \tag{5-26}$$

式中，h 为巷道底板软弱层厚度，单位为 m。

则巷道底板岩层发生破坏的条件为：

$$hK_1K_2\frac{\mu}{1-\mu}\left[\left(1+\frac{B}{2B_1}\right)H\gamma_r+D\gamma_m\right]\geqslant 0.8\frac{\pi^2 Eh^3}{12B^2} \tag{5-27}$$

式中，$D\gamma_m$ 的值较小，可以忽略不计，两边消去 h，为便于分析，引入底板冲击地压危险性系数 K_{fb}：

$$K_{fb}=\frac{K_1K_2\frac{\mu}{1-\mu}\left[\left(1+\frac{B}{2B_1}\right)H\gamma_r\right]15B^2}{\pi^2 Eh^2} \tag{5-28}$$

考虑主要因素，简化后的表达式为：

$$K_{fb}=K_1K_2\lambda KH\gamma_r\frac{B^2}{Eh^2} \tag{5-29}$$

式中，K 为系数，$K=\frac{15\left(1+\frac{B}{2B_1}\right)}{\pi^2}$，一般 K 取 1.60～1.72。

当 $K_{fb}\geqslant 1$ 时，巷道底板岩层发生破坏。

从上式可以看出，巷道底板发生破坏与巷道埋深、巷道宽度、巷道底板软弱层结构厚度、底板岩层的弹性模量、泊松比、水平构造应力及巨厚坚硬基本顶等因素有关。当底板岩层泊松比一定时，底板冲击地压危险性系数与巷道埋深、巷道宽度的平方、水平构造应力、巨厚坚硬基本顶影响系数成正比，与弹性模量、巷道底板软弱层厚度的平方成反比。

根据此原理，对底板的煤层进行强度弱化，降低水平构造应力，释放底板煤层中的变形能，能有效地减小冲击危险性。

5.4.1.4 大直径钻孔

大直径钻孔作为防治冲击地压的一种方法，是指在煤岩体应力集中区域或可能的应力集中区域实施直径通常大于 100 mm 的钻孔，通过排出钻孔周围破坏区煤体变形或钻孔冲击所产生的大量煤粉，使钻孔周围煤体破坏区扩大，从而使钻孔周围一定区域范围内煤岩体的应力集中程度下降，或者将高应力转移到煤岩体的深处或远离高应力区，实现对局部煤岩体进行解危的目的，或起到预卸压的作用。钻孔形成后，其围岩破坏过程主要包括两个阶段：第一阶段，钻孔周围煤体由三向应力状态转变成两向或单向受力状态，其强度降低，在应力集中区的作用下，钻孔周围的煤体首先由弹性状态转变为塑性状态。随着时间的推移，孔壁近区的塑性区煤体变形量将不断增大，处于煤体塑性区内圈煤体变形量将比塑性区外圈煤体变形量要大，当达到变形极限时，内圈煤体就会破裂，形成破裂区，破裂区煤体的强度将明显削弱，低于原岩应力，最终钻孔由内而外形成破裂区、塑性区、弹性区，钻孔引起的卸压区主要集中在破裂区范围内。第二阶段，随着塑性区及破裂区煤体变形量的不断增加，破裂区煤体强度将进一步降低，当煤块之间的摩擦力不足以抵抗内部围岩的变形自重时，将发生塌孔。当塌落区松散煤炭逐渐被压实时，各区域相对保持稳定，形成最终卸压区。

5.4.1.4.1 大直径钻孔卸压间距设计方法

当圆孔周围应力大于岩体强度时，圆孔周围将产生塑性变形，从圆孔周边向深处扩展到一定范围，出现塑性变形区，为弹塑性介质。运用极限平衡理论，圆孔周围应力分布如图 5-13 中实线所示。在塑性区内圈（A）围岩强度明显削弱，低于原岩应力 γH，围岩发生破裂和位移，称为破裂区，也叫卸载和应力降低区。塑性区外圈（B）的应力高于原始应力，它与弹性区（C）内应力增高部分均为承载区，也称为应力增高区。再向深部即为处于稳定状态的原始应力区（D）。

$$\begin{cases} \sigma_r = \gamma H\left(1 - \dfrac{r_0^2}{r^2}\right) \\ \sigma_t = \gamma H\left(1 + \dfrac{r_0^2}{r^2}\right) \end{cases} \tag{5-30}$$

在各向等压条件下，圆孔塑性区半径 R 的计算式为：

$$R = r_0\left[\frac{(p + C\cot\varphi)(1 - \sin\varphi)}{p_i + C\cot\varphi}\right]^{\frac{1-\sin\varphi}{2\sin\varphi}} \tag{5-31}$$

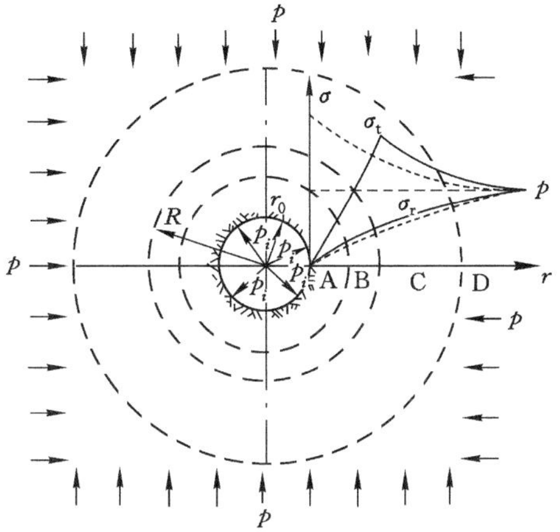

p—原岩应力；σ_t—切向应力；σ_r—径向应力；p_i—支护阻力；a—圆孔半径；
R—塑性区半径；A—破裂区；B—塑性区；C—弹性区；D—原始应力区。

图 5-13　圆孔周围塑性变形区及应力分布

式中　r_0——圆孔半径；

φ——围岩的内摩擦角；

C——围岩的黏聚力。

圆孔影响半径为：

$$R'=\sqrt{20}\,r_0\approx 4.5r_0$$

令圆孔周围应力集中系数为 K，则破碎区和塑性区的 $K\leqslant 1$，弹性区的 $K>1$。经分析，两圆孔间距的选取可分为三种情况：

① 当两圆孔的间距 $S<2R$ 时，圆孔间煤体的应力集中系数 $K\leqslant 1$，特别是极限情况($S=2r_0$)下，即两圆孔连通，从卸压角度考虑，煤体卸压虽然最充分，但卸压效能将大大降低(卸压工作量大幅度增加)。从支护角度考虑，此时煤体失去承载能力，容易出现垮落型冲击，不利于巷道的支护。

② 当两圆孔的间距 $2R\leqslant S\leqslant 2R'$时，两圆孔的弹性区出现重叠，很大程度上增加了弹性区煤体的应力集中系数，即此时的应力集中系数 $K>2$，不利于卸压。

③ 当两圆孔的间距 $S>2R'$时，卸压效能最高，同时维持了围岩的稳定性。

通过比较，上述三种情况下：卸压效果上①>③>②；卸压效能上③>①>②；围岩稳定性上③>②>①。因此，选取钻孔间距 S 时，应采用第三种情况，即 $S>2R'$，同时保证了最大卸压效果。

5.4.1.4.2　大直径钻孔深度设计方法

根据以上研究，同理可得出圆形巷道的影响半径 $R''=\sqrt{20}R_0\approx4.5R_0$（$R_0$ 为巷道等效半径），尤其是影响区域中的弹性区，其应力集中系数 $K>1$。因此，卸压孔的深度应大于等于弹性区的深度，即 $L\geqslant R''$。

5.4.1.4.3　大直径钻孔排列布置设计方法

大直径钻孔的布置方式一般为单排布置、三花布置和四方布置，根据相关研究，单位面积钻孔数量越多，卸压效果越好，当在单位面积内钻孔数量一定时，三种方式的卸压效果如表 5-6 所列。

表 5-6　各钻孔布置方式卸压效果统计

布置方式	水平应力			垂直应力		
	卸压程度	卸压厚度	均匀度	卸压厚度	均匀度	卸压程度
单排布置	优	优	良	优	优	良
三花布置	良	优	优	良	良	优
四方布置	优	优	良	差	差	优

从比较结果来看，在水平应力卸压效果方面，三种钻孔布置方式大致相当，为两“优”一“良”，三花布置虽然在水平方向卸压厚度和均匀度方面略有优势，但由于其钻孔相对分散，卸压程度不及钻孔相对密集的单排布置；而在垂直应力的卸压效果方面，单排布置最优，三花布置其次，四方布置最差，究其原因，亦为钻孔布置过于分散，彼此相互影响小，易形成新的应力集中。因此，对于砚北煤矿的地应力条件，在钻孔直径及钻孔密度相同的情况下，为实现卸压效率的最大化，采用单排布置方式要优于三花布置及四方布置。

5.4.2　典型工作面卸压方案

防冲工作始终坚持“区域先行、局部跟进”的防冲原则。在区域防治措施上，矿井实行两侧工作面交替开采，回采期间保证 500 m 范围内无任何采煤工作面，350 m 范围内无任何掘进工作面，不产生应力叠加诱发冲击地压；在局部防冲卸压措施上，根据已开采工作面防冲经验，采用巷帮煤体爆破、顶板深孔爆破、底板深孔爆破、大直径钻孔进行卸压。不同冲击危险性区域采取不同卸压参数，确保卸压效果，卸压完成后，对工作面冲击地压防治效果进行现场检验，检验值小于临界值时，方可组织生产。

5.4.2.1　250202 工作面卸压方案

5.4.2.1.1　煤体爆破卸压技术方案

（1）工作面回采期间

250202上 采煤工作面正规循环作业期间，在工作面前方 0～200 m 范围内采用巷帮煤体爆破进行循环卸压，不同危险性区域采用不同孔距，见表 5-7，爆破后可在煤体中距巷帮 6～10 m 范围形成弱化带。回采前依次布置钻孔进行卸压，不进行循环卸压，回采前完成警戒区域卸压。具体施工方式及参数如下：在两平巷内帮采用手持式 ZQSJ-80/2.8 风动钻机施工，孔深 10 m，孔径 45 mm，孔口距巷道底板 1.0 m，钻孔倾角 0°，方位垂直于巷帮。爆破采用粉状乳化炸药（150 g/ϕ32 mm×0.2 m），装药量为 3 kg/孔，装药长度为 4 m，正向装药，孔内串联，孔间串联，采用水炮泥与黏土炮泥封孔，封孔必须严实，封孔长度不小于 4 m，每孔采用 3 发煤矿许用毫秒电雷管，施工完成后每 3～5 孔使用炮线串联爆破。当循环卸压钻孔较为密集时，为防止冲孔，可适当调整孔高。巷帮煤体爆破孔布置见图 5-14。

表 5-7　两平巷不同危险性区域巷帮煤体爆破孔间距

冲击地压危险性	钻孔间距/m
弱	8
中等	5
强	3.2

（2）工作面掘进期间

① 运输平巷巷帮煤体钻孔施工方式及参数

在运输平巷内外帮采用手持式 ZQSJ-80/2.8 风动钻机施工，具体施工参数为：孔深 10 m，孔径 45 mm，孔间距 1.6 m，孔口距巷道底板 1.0 m，钻孔角度为 0°～－15°，装药量为 3 kg/孔，装药长度为 4 m，正向装药，孔内串联，孔间串联，采用水炮泥与黏土炮泥封孔，封孔必须严实，封孔长度不小于 4 m，施工完成后3～5孔串联爆破，采用 3 发矿用毫秒电雷管起爆。钻孔布置如图 5-15 所示。

② 材料平巷巷帮煤体钻孔施工方式及参数

在材料平巷内帮采用手持式 ZQSJ-80/2.8 风动钻机施工，具体施工参数为：孔深 10 m，孔径 45 mm，孔间距 1.6 m，孔口距巷道底板 0.8 m，钻孔角度为 0°～－15°，装药量为 3 kg/孔，装药长度为 4 m，正向装药，孔内串联，孔间串联，采用水炮泥与黏土炮泥封孔，封孔必须严实，封孔长度不小于 4 m，施工完成后 3～5 孔串联爆破，采用 3 发矿用毫秒电雷管起爆。钻孔布置如图 5-15 所示。

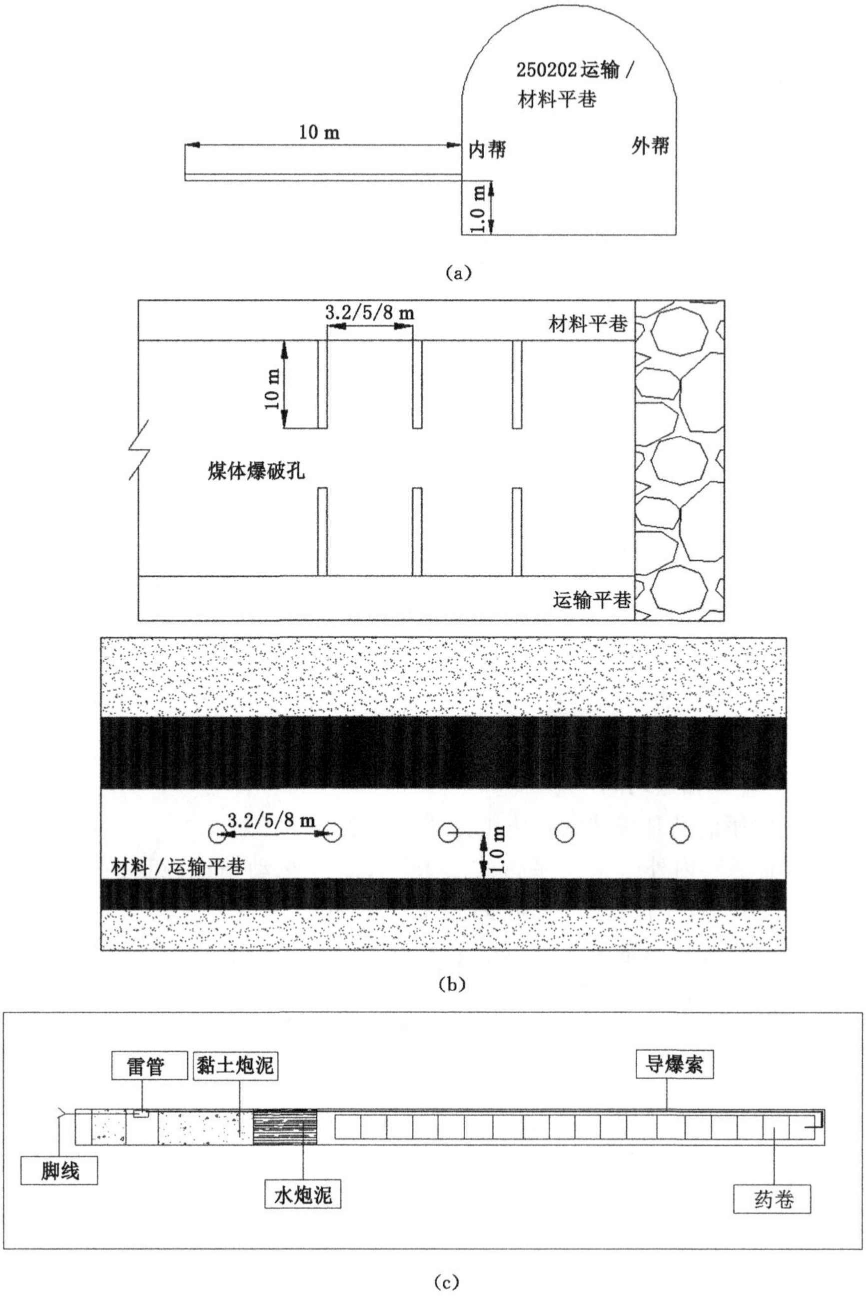

图 5-14 回采期间巷帮煤体爆破孔布置示意图

(a) 钻孔布置剖面图;(b) 钻孔布置平面图;(c) 钻孔装药示意图

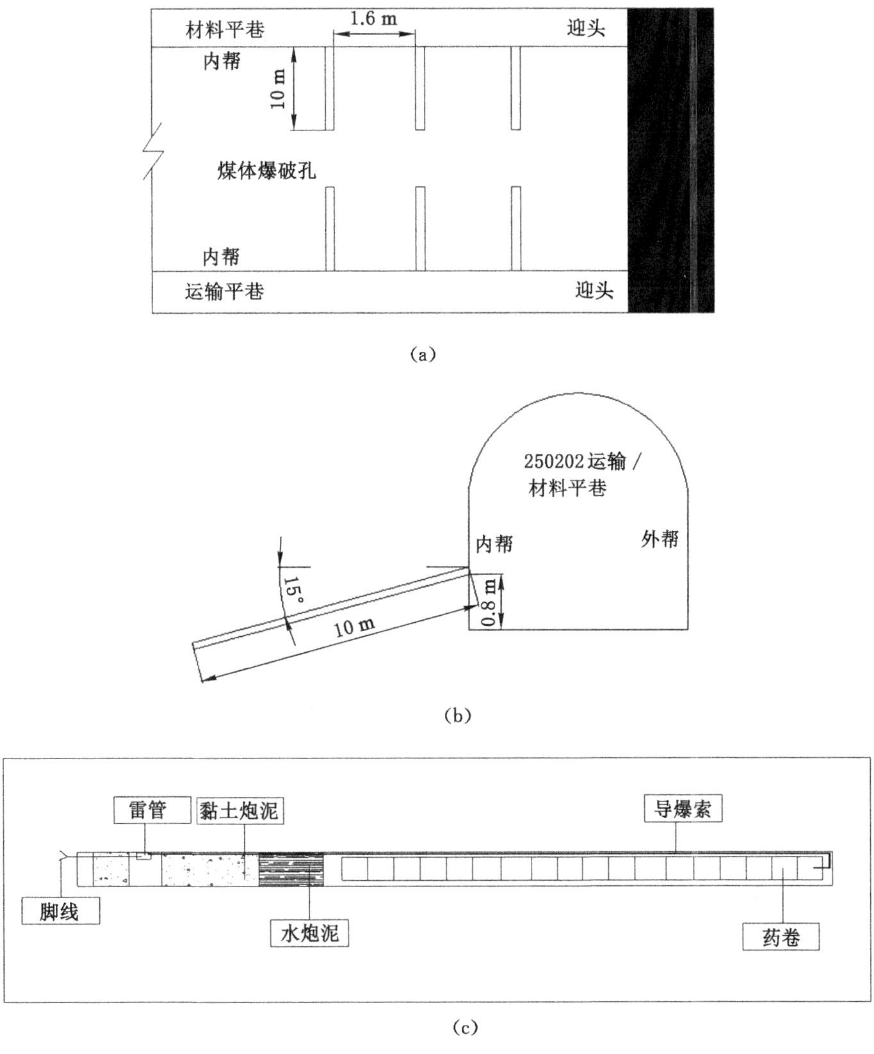

图 5-15　掘进期间巷帮煤体爆破孔布置示意图

(a) 钻孔布置平面图;(b) 钻孔布置剖面图;(c) 钻孔装药示意图

③ 巷帮煤体卸压作业工艺流程

ZQSJ-80/2.8 风动钻机施工:手持风动钻机打孔→装药爆破→效果检测,若检测值超过临界值或钻进过程中有动力现象,则重复前面步骤至冲击地压危险解除。

5.4.2.1.2　迎头超前深孔爆破卸压技术方案

(1) 钻孔施工方式及参数

在迎头实施超前深孔爆破卸压，沿掘进方向垂直于迎头煤壁施工深孔爆破孔进行卸压。根据迎头压力变化情况，可采取单孔、多孔、长短孔差异爆破等布置方式，钻孔布置方式如图 5-16 所示。卸压后可有效释放当日迎头前方 10 m 范围内的应力，具体施工参数如下：

① 12 m 和 15 m 深孔采用 ZQSJ-140/4.2 手持式风动钻机施工，孔径 76 mm，孔口距巷道底板 0.8～1.5 m 范围，钻孔角度 0°～－15°，装药量为 6 kg/孔，装药长度为 3.5 m，正向装药，采用水炮泥与黏土炮泥封孔，封孔必须严实，封孔长度不小于 6 m，采用矿用毫秒电雷管配合导爆索起爆。

② 20 m 深孔采用 ZQJ-300/6 气动架柱式钻机或 ZYJ-270/170 钻机及配套钻杆施工，孔径 65 mm，孔口距巷道底板 0.8～1.5 m 范围，钻孔角度 0°～－15°，装药量为 12 kg/孔，装药长度为 7 m，正向装药，采用水炮泥与黏土炮泥封孔，封孔必须严实，封孔长度不小于 10 m，采用矿用毫秒电雷管配合导爆索起爆。钻孔布置见图 5-16。

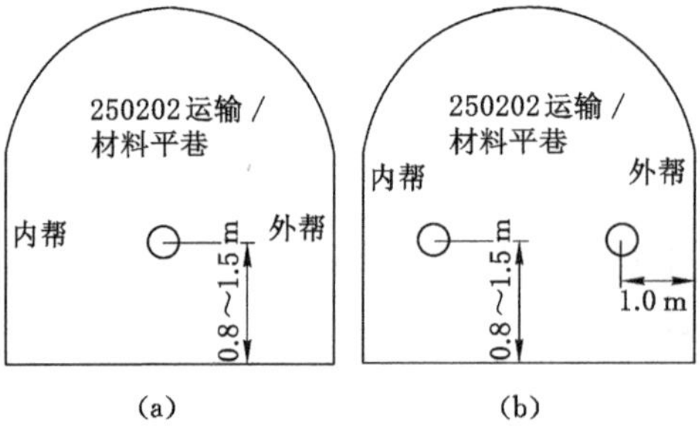

图 5-16　超前煤体爆破卸压孔布置示意图

(a) 单孔布置剖面图；(b) 双孔布置剖面图

③ 内帮 15 m 超前爆破采用 ZQSJ-140/4.2 手持式风动钻机施工，孔径 76 mm，孔深 15 m，孔口距底板 1 m，钻孔与巷道走向夹角 60°，装药量为 6 kg/孔，装药长度为 3.5 m，正向装药，采用水炮泥与黏土炮泥封孔，封孔必须严实，封孔长度不小于 10 m，采用煤矿许用电雷管配合导爆索起爆，正向起爆。钻孔布置如图 5-17 所示。

(2) 迎头超前深孔卸压作业工艺流程

① ZQSJ-140/4.2 手持式风动钻机施工：手持风动钻机打孔→装药爆破→效

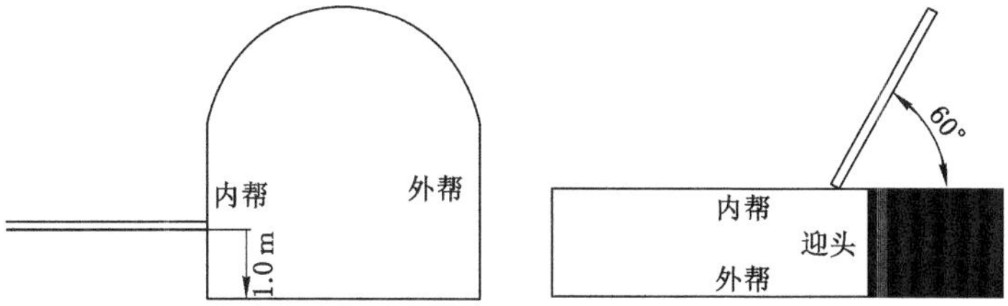

图 5-17　内帮 15 m 超前爆破深孔布置方式

果检测，若检测值超过临界值或钻进过程中有动力现象，则重复前面步骤至冲击地压危险解除。

② ZQJ-300/6 气动架柱式钻机或 ZYJ-270/170 钻机及配套钻杆施工：按照技术措施确定施工地点→架置钻机并固定→调整钻杆倾角及方位角→施工钻孔→装药爆破→效果检测，若检测值超过临界值或钻进过程中有动力现象，则重复前面步骤至冲击地压危险解除。

5.4.2.1.3　顶板爆破卸压设计方案

(1) 工作面回采期间

在一定的采深条件下，煤层上方坚硬厚层砂岩顶板是影响冲击地压发生的主要因素之一。采用顶板爆破卸压，将顶板破断，降低顶板整体强度，释放因压力聚积而产生的能量，可以有效地降低冲击地压危险性。顶板爆破孔由内而外依次施工，不同危险性等级采用不同组间距，回采前按照危险性等级完成工作面警戒区域内卸压作业，正常回采期间在警戒区域外施工。具体施工方式及参数为：在两平巷沿工作面回采方向采用顶板爆破进行卸压，材料平巷采用一组 2 孔、在运输平巷超前支护外采用一组 3 孔布置方式，在运输平巷转载机段向外 10 m 处布置 1 孔，采用 ZYJ270/170 钻机或 ZDY1250L 钻车施工，孔径 65 mm。爆破采用粉状乳化炸药(850 g/ϕ50 mm×0.5 m)，正向装药，钻孔布置在巷道内顶处，采用水炮泥与黏土炮泥封孔，封孔必须严实，封孔长度不少于钻孔长度的 1/3，使用煤矿许用毫秒电雷管配合导爆索起爆。

炮眼必须深入基本顶岩层一定位置，因此钻孔现场施工时，应保证钻孔钻入岩石至少 15 m。冲击地压防治办公室应参照顶板岩心柱状图，优化钻孔深度，以达到预期爆破效果。顶板深孔爆破参数见表 5-8、表 5-9，钻孔布置见图 5-18。

表 5-8 运输平巷不同危险性区域顶板深孔爆破孔参数

冲击危险性	组间距/m	孔号	钻孔倾角/(°)	孔深/m
弱	15	1#	60	40
		2#	70	35
		3#	80	35
中等	10	1#	60	40
		2#	70	35
		3#	80	35
强	8	1#	60	40
		2#	70	35
		3#	80	35

表 5-9 材料平巷不同危险性区域顶板深孔爆破孔参数

冲击危险性	组间距/m	孔号	钻孔倾角/(°)	孔深/m
弱	15	1#	70	30
		2#	80	30
中等	10	1#	70	30
		2#	80	30
强	8	1#	70	30
		2#	80	30

(2) 工作面掘进期间

① 钻孔施工方式及参数。在两平巷沿巷道掘进方向采用 ZYJ-270/170 钻机及配套钻杆施工,具体施工参数为:孔深 30 m,孔径 65 mm,孔间距 8 m,钻孔布置在巷道内顶处,钻孔角度 70°,装药量为 24 kg/孔,装药长度为 14 m,采用水炮泥与黏土炮泥封孔,封孔必须严实,封孔长度不少于 10 m,采用矿用毫秒电雷管配合导爆索起爆。由于顶煤厚度不均,钻孔现场施工时,应保证钻孔钻入岩石至少 15 m,以达到预期爆破效果。顶板爆破钻孔布置见图 5-19。

② 顶板深孔爆破作业流程。ZYJ-270/170 钻机及配套钻杆施工:按照技术措施确定施工地点→架置钻机并固定→调整钻杆倾角及方位角→施工钻孔→装药爆破。

5.4.2.1.4 底板深孔爆破卸压技术方案

(1) 工作面回采期间

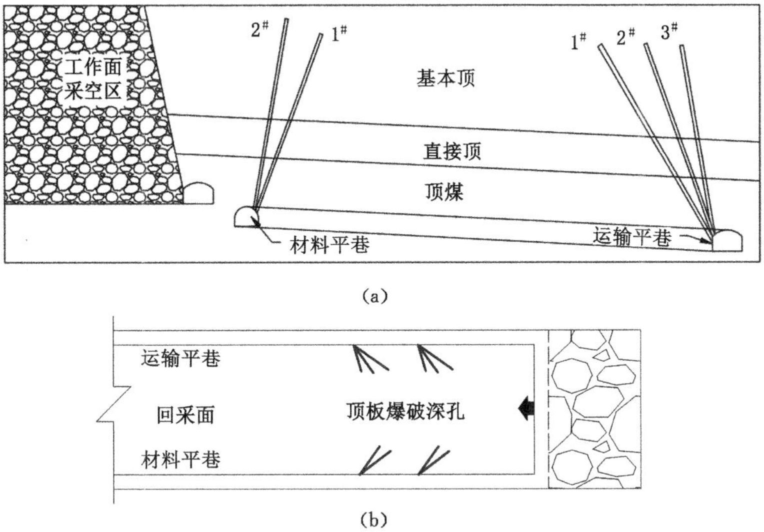

图 5-18　顶板深孔爆破钻孔布置示意图

(a) 钻孔布置剖面图；(b) 钻孔布置平面图

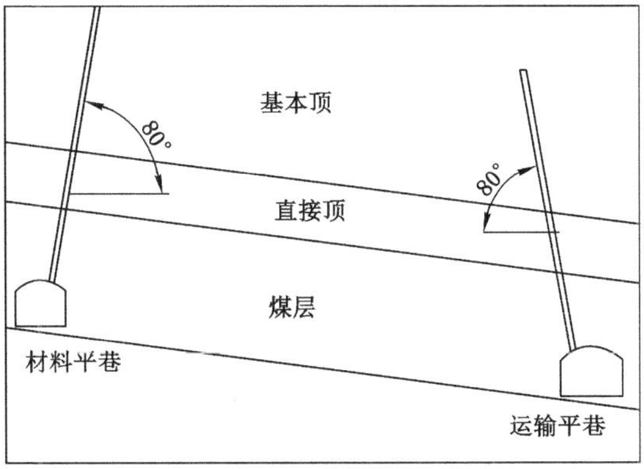

图 5-19　250202上 掘进工作面顶板深孔爆破示意图

采用 12 m 底板爆破卸压可对底板 8～12 m 范围内煤层进行强度弱化，降低水平应力，缓慢释放底板煤层中的变形能，防止瞬间底鼓。钻孔根据孔距沿工作面推进方向依次施工，施工位置应与切顶爆破孔在同一切面位置上，不同危险性等级采用不同布置方式和孔(组)间距，回采前按照危险性等级完成工作面警戒区域内卸压作业。

在两平巷沿巷道内帮下叉角采用 ZQSJ-140/4.2 钻机施工底板深孔卸压爆破，孔深 12 m，孔径 76 mm，炸药采用粉状乳化炸药（850 g/ϕ50 mm×0.5 m），装药量为 6 kg/孔，装药长度为 3.5 m，正向装药，采用水炮泥与黏土炮泥封孔，封孔必须严实，封孔长度不小于 6 m，采用煤矿许用毫秒电雷管配合导爆索起爆。钻孔布置见表 5-10、图 5-20。

表 5-10　两平巷不同危险性区域底板爆破孔参数

冲击危险性	布置方式	布置位置	孔距（组距）/m	钻孔倾角/(°)	钻孔方位
弱	单孔	内帮下叉角	15	45	垂直于巷帮
中等	单孔	内帮下叉角	10	45	垂直于巷帮
强	单孔	内帮下叉角	8	45	垂直于巷帮

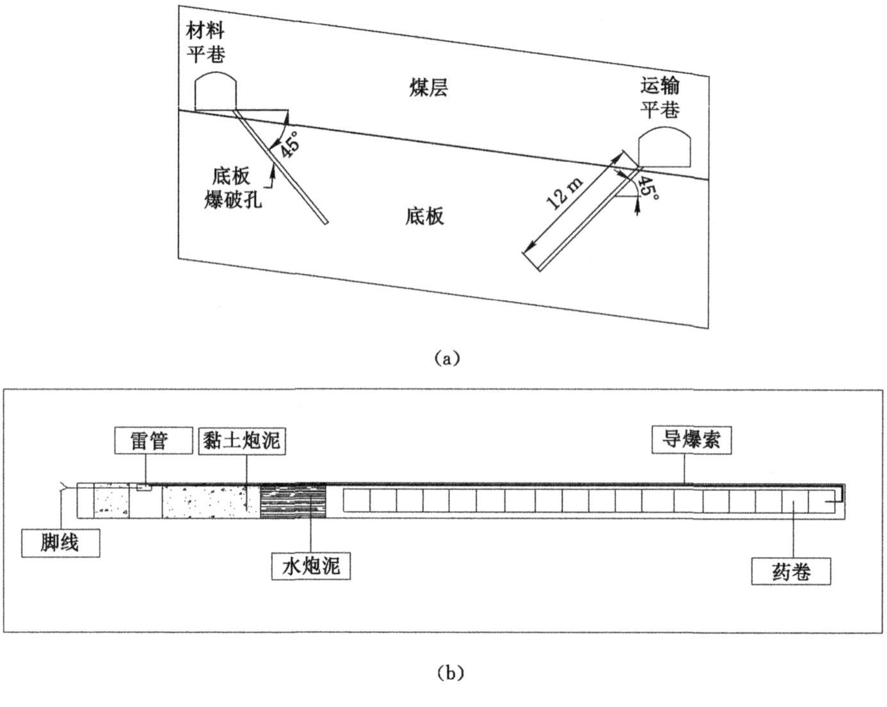

图 5-20　回采期间底板爆破卸压钻孔布置示意图

（a）钻孔布置剖面图；（b）钻孔装药示意图

若孔内积水较多,应先用装药导杆插进钻孔排出积水后再装药,封孔时相应增加封孔长度,确保封孔质量。当 ZQSJ-140/4.2 钻机钻孔施工困难时,可采用 ZYJ-270/170 钻机及配套钻杆施工,孔径 65 mm。

(2) 工作面掘进期间

① 钻孔施工方式及参数。在两平巷沿巷道掘进方向采用 ZQSJ-140/4.2 钻机及配套钻杆施工底板深孔卸压爆破,具体施工参数为:孔深 12 m 或 15 m,孔径 76 mm,孔间距 5 m,孔方位垂直于底板,钻孔角度为−70°,装药量为 6 kg/孔,装药长度为 3.5 m,采用水炮泥与黏土炮泥封孔,封孔必须严实,封孔长度不小于 6 m,正向起爆,一次爆破 1 孔,采用矿用毫秒电雷管配合导爆索起爆。

根据迎头压力变化情况,可采取单孔、一组两孔或两种方式相结合的布置方式,如图 5-21 所示。

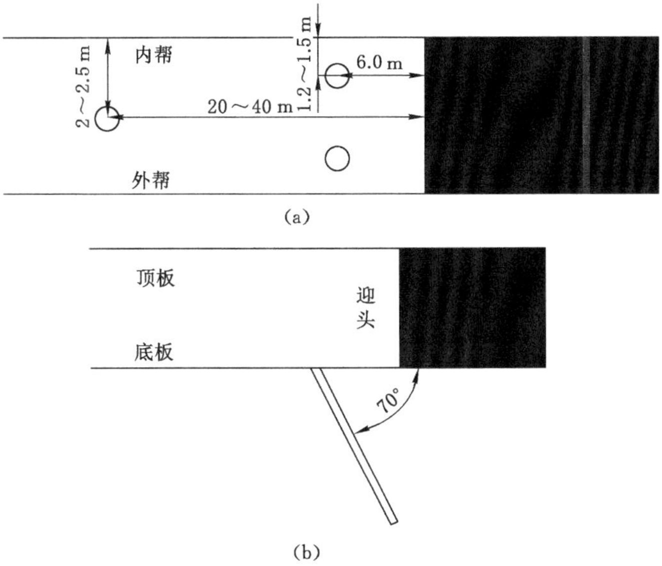

图 5-21　掘进期间底板卸压爆破钻孔布置示意图

(a) 钻孔布置平面图;(b) 钻孔布置剖面图

若孔内积水较多,应先用装药导杆插进钻孔排出积水后再装药,封孔时相应增加封孔长度,确保封孔质量。当 ZQSJ-140/4.2 钻机钻孔施工困难时,可采用 ZYJ-270/170 钻机及配套钻杆施工,孔径 65 mm。

② 底板深孔卸压作业流程。

a. ZQSJ-140/4.2 手持式风动钻机施工：手持风动钻机打孔→装药爆破。

b. ZYJ-270/170 钻机及配套钻杆施工：按照技术措施确定施工地点→架置钻机并固定→调整钻杆倾角及方位角→施工钻孔→装药爆破。

若孔内积水较多，应先用装药导杆插进钻孔排出积水后再装药，封孔时相应增加封孔长度，确保封孔质量。

5.4.2.1.5 大直径钻孔卸压技术方案

(1) 工作面回采期间

根据每日推进度及孔距，在两平巷内帮及底板施工大直径钻孔进行卸压。实施大直径钻孔可缓慢释放煤体应力。回采前按照危险性等级完成工作面警戒区域内巷帮大直径卸压作业，正常回采期间要对警戒区域内巷帮大直径钻孔塌孔进行再次扩孔。巷帮大直径钻孔(15 m、40 m、160 m)、底板大直径钻孔在超前支护外施工。

① 大直径钻孔(15 m)。

采用 ZQSJ-140/4.2 手持式风动钻机在两平巷内帮施工一排卸压钻孔，具体施工参数：钻孔倾角 0°，钻孔方位垂直于推采方向，孔深 15 m，孔口距巷道底板 0.8 m，孔径 115 mm，钻孔间距见表 5-11，钻孔布置见图 5-22。

表 5-11 两平巷不同危险性区域大直径钻孔间距

冲击地压危险性	钻孔间距/m
弱	8
中等	5
强	3.2

② 大直径钻孔(40 m、160 m)。

在运输平巷内帮侧使用 CMS1-4000/55 钻车，材料平巷内帮侧使用 ZYJ-270/170 或 ZQSJ-140/4.2 钻机施工大直径钻孔进行卸压，施工范围为切眼至停采线。施工参数为：运输平巷侧孔深 160 m，材料平巷侧孔深 40 m，孔间距 20 m，孔口距底板 1.5 m(ZQSJ-140/4.2 钻机施工时为 1.0 m)，孔径 108 mm，方位垂直于巷帮，160 m 钻孔倾角与煤层倾角一致(40 m 钻孔倾角为 0°)，钻孔布置参照图 5-23。

③ 大直径钻孔(40 m)。

在运输平巷超前支护外使用 ZDY9000LS 型钻机在内帮侧施工大直径钻

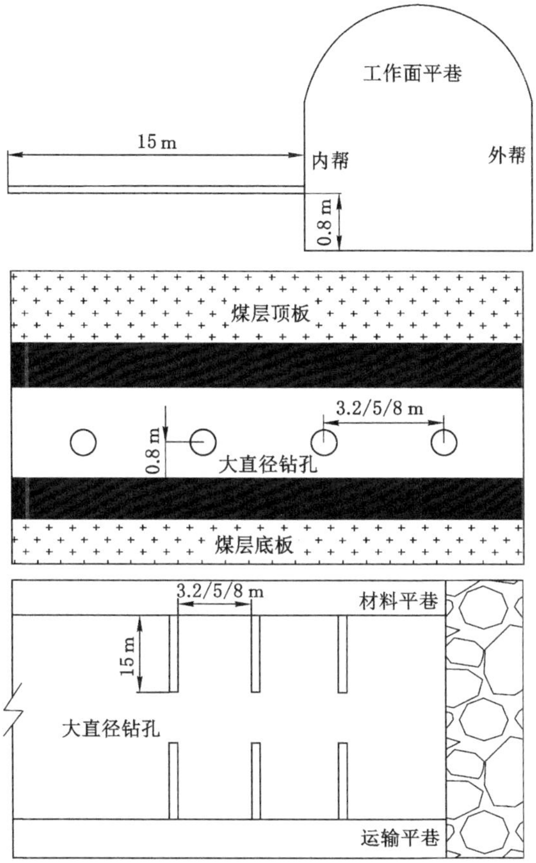

图 5-22　回采期间巷帮大直径钻孔(15 m)布置示意图

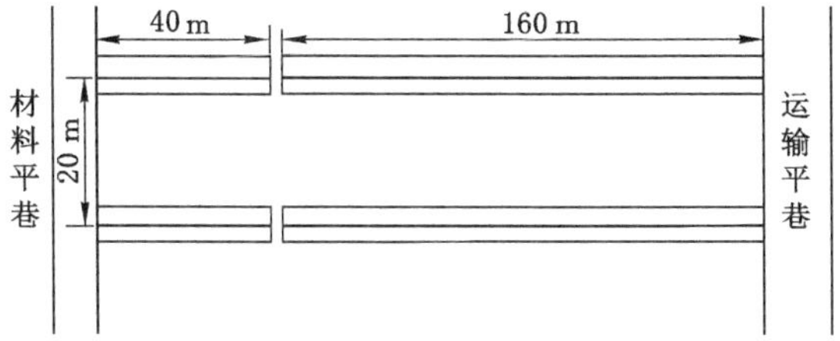

图 5-23　回采期间 160 m 与 40 m 大直径深孔布置示意图

孔,孔深 40 m,孔径 150 mm,钻孔角度为 0°,方位垂直巷帮,孔距 4 m,孔口高度 1.6 m。钻孔布置参照图 5-24。

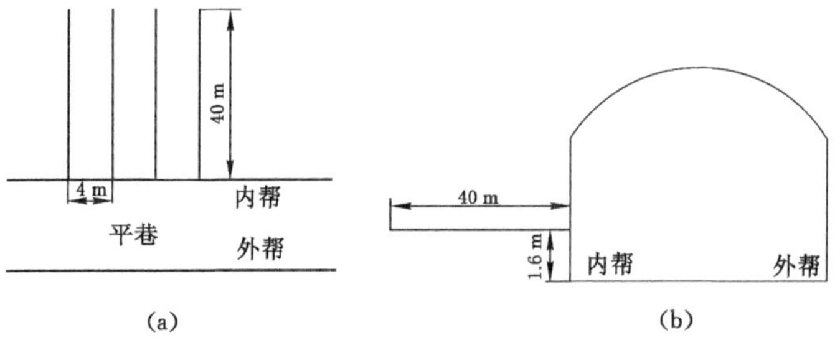

图 5-24　回采期间 40 m 大直径深孔布置示意图
(a) 40 m 大直径深孔布置平面图;(b) 40 m 大直径深孔布置剖面图

④ 底板大直径钻孔。

在运输超前支护段外,沿工作面推采方向,采用 ZDY9000LS 型钻机施工底板大直径钻孔,1 组 3 孔,孔深 15 m,孔径 150 mm,倾角为 60°,方位为巷道走向,每组钻孔间距为 4 m,钻孔水平间距为 0.6 m。钻孔布置见图 5-25。

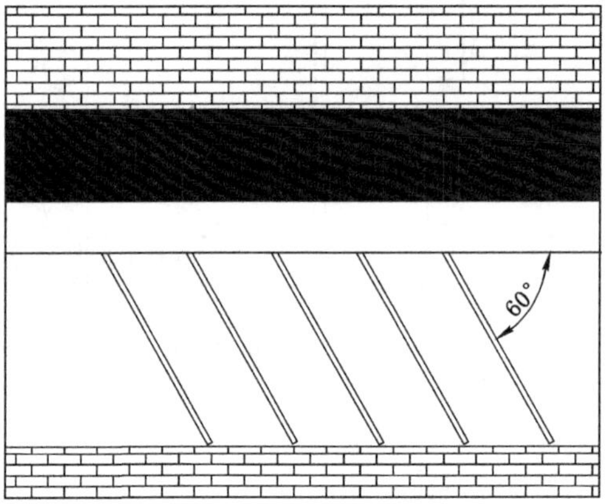

图 5-25　回采期间底板大直径深孔布置示意图

(2) 工作面掘进期间

① 巷帮大直径钻孔卸压。

a. 在 250202上 运输平巷内外帮垂直巷道走向各施工一排卸压钻孔,钻孔角度为煤层角度,钻孔间距为 1.6 m,孔深 15 m,高度距巷底 1.2 m,采用 ZQSJ-140/4.2 手持式风动钻机施工,孔径 76 mm,并用 115 mm 钻头进行扩孔,如图 5-26 所示。

b. 在 250202上 材料平巷内帮垂直巷道走向施工一排卸压钻孔,钻孔角度为煤层角度，钻孔间距为 1.6 m，高度距巷底 1.2 m，采用 ZQSJ-140/4.2 手持式风动钻机施工，孔径 76 mm，并用 115 mm 钻头进行扩孔，如图 5-26 所示。

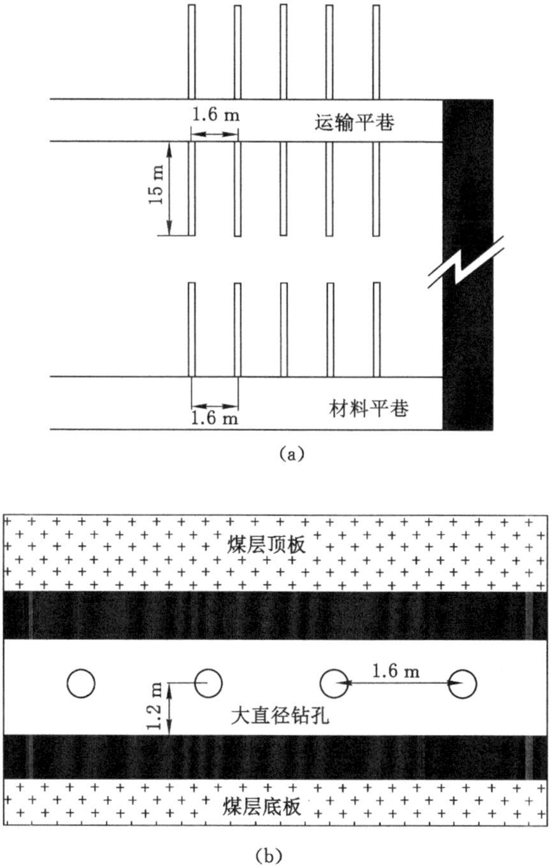

图 5-26　掘进期间巷帮大直径深孔布置示意图

(a) 大直径深孔布置平面图；(b) 大直径深孔布置剖面图

c. 大直径钻孔卸压作业流程。ZQSJ-140/4.2 手持式风动钻机施工：手持风动钻机打孔→效果检测，若检测值超过临界值或钻进过程中有动力现象，则重复前面步骤至冲击地压危险解除。

② 底板的大直径卸压。

钻孔直径大于 110 mm，巷帮孔垂直平巷方向，与水平方向成 60°；中央孔沿平巷方向斜向下 60°，朝向掘进头端。两巷掘进头孔深 15 m，切眼掘进头孔深 20 m，钻孔间距为 5 m。钻孔布置如图 5-27 所示。

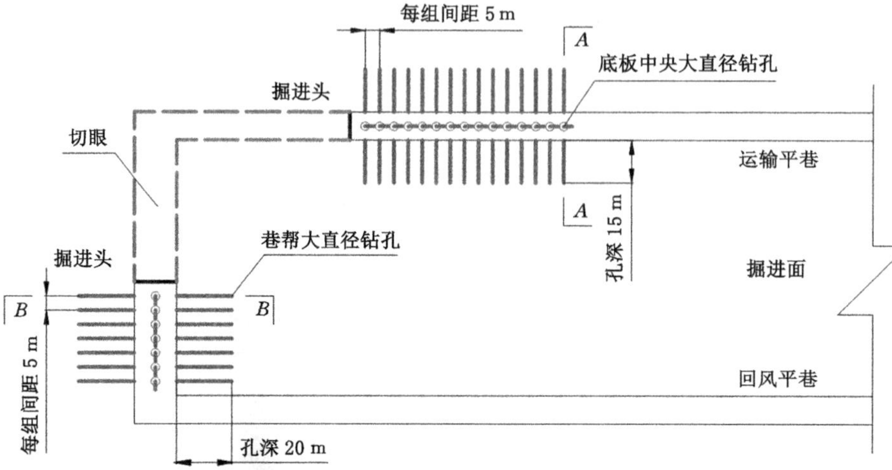

图 5-27　掘进过程中底板大直径卸压钻孔布置示意图

5.4.2.2　150214 工作面卸压方案

5.4.2.2.1　煤体爆破卸压

(1) 工作面回采期间

① 150214 联络巷煤体爆破卸压。

在 150214 联络巷迎头向后 40 m 范围，内、外帮实施煤体爆破卸压，采用手持式 ZQSJ-80/2.8 风动钻机施工，每隔 3.2 m 布置一个卸压孔，在巷道底板以上 1.0 m 处，钻孔方位垂直巷帮，钻孔倾角 0°，孔深 10 m，孔径 45 mm，采用粉状乳化炸药(150 g/ϕ32 mm×0.2 m)，装药量为 3 kg/孔，装药长度 4 m，正向装药，孔内串联，孔间串联，采用水炮泥与黏土炮泥封孔，封孔必须严实，封孔长度不小于 4 m，施工完成后每3～5孔孔间使用串联爆破，每孔采用 3 发煤矿许用毫秒电雷管起爆。煤体卸压孔布置见图 5-28。

② 回风平巷巷帮煤体爆破卸压。

在 150214 回风平巷迎头向后 40 m 范围，内、外帮实施煤体爆破卸压，采用手持式 ZQSJ-80/2.8 风动钻机施工，每隔 3.2 m 布置一个卸压孔，在巷道底板以上 1.0 m 处，钻孔方位垂直巷帮，钻孔倾角 0°，孔深 10 m，孔径 45 mm，采用粉状乳化炸药(150 g/ϕ32 mm×0.2 m)，装药量为 3 kg/孔，装药长度 4 m，正向装药，孔内串联，孔间串联，采用水炮泥与黏土炮泥封孔，封孔必须严实，封孔长度不小于 4 m，施工完成后每 3～5 孔使用炮线串联爆破，采用 3 发煤矿许用毫秒

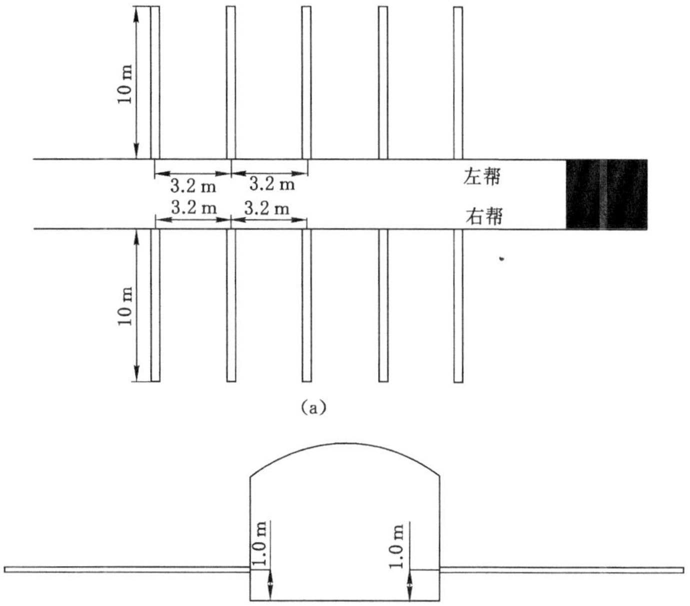

(b)

图 5-28　联络巷煤体爆破卸压钻孔布置示意图

(a) 爆破钻孔布置平面图；(b) 爆破钻孔布置剖面图

电雷管起爆。爆破示意图见图 5-29。

③ 运输平巷巷帮煤体爆破卸压。

在 150214 运输平巷迎头向后 40 m 范围，内、外帮实施煤体爆破卸压，采用手持式 ZQSJ-80/2.8 风动钻机施工，每隔 3.2 m 布置一个卸压孔，在巷道底板以上1.0 m处，钻孔方位垂直巷帮，钻孔倾角 0°，孔深 10 m，孔径 45 mm，采用正向装药，装药量为 3 kg/孔，装药长度 4 m，连线采用孔内、孔间串联，采用水炮泥与黏土炮泥封孔，封孔必须严实，封孔长度不小于 4 m，施工完成后每 3～5孔使用炮线串联爆破，每孔采用 3 发煤矿许用毫秒电雷管起爆。爆破示意图见图 5-30。

(2) 工作面掘进期间

在巷道两帮(巷道掘进 10～30 m 范围)采用深孔煤体爆破进行卸压，一组 2 孔，孔间距 5 m，采用 ZYJ-270/170 钻机施工，孔深 15 m，孔径65 mm，装药 6 kg/孔，装药长度 3.5 m，钻孔倾角 0°，方位垂直于巷帮，爆破采用粉状乳化炸药(850 g/ϕ50 mm×0.5 m)，正向装药，采用水炮泥与黏土炮泥封孔，封孔必

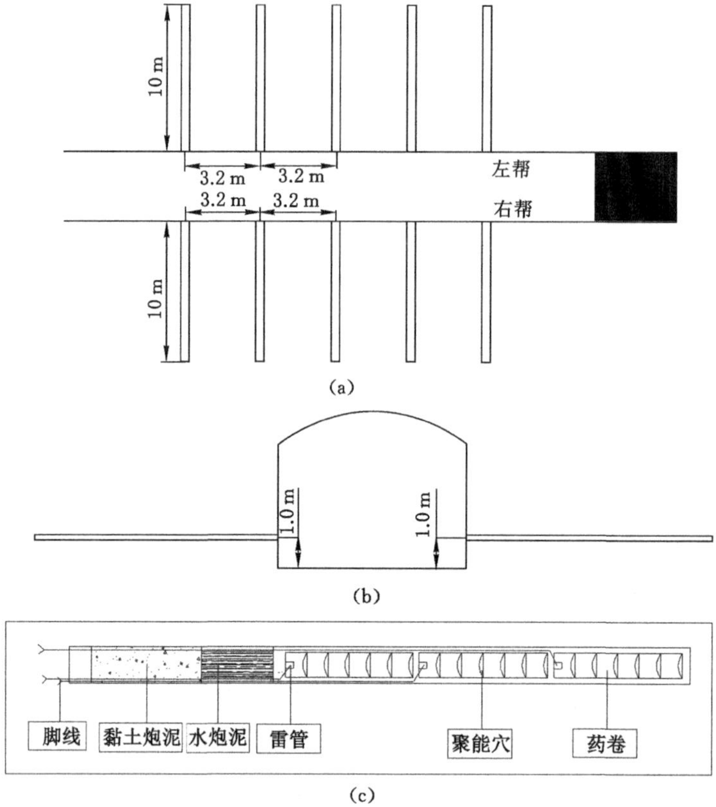

图 5-29　回风平巷煤体爆破卸压钻孔布置示意图

(a) 爆破钻孔布置平面图;(b) 爆破钻孔布置剖面图;(c) 钻孔装药示意图

须严实,封孔长度不少于 6 m,使用煤矿许用电雷管配合导爆索起爆,见图 5-31。

5.4.2.2.2　超前深孔爆破卸压

(1) 在掘进迎头实施掘进工作面超前深孔爆破卸压。采用 ZQSJ-140/4.2 手持式风动钻机或 ZYJ-270/170 钻机施工,沿掘进方向在茬面距巷道底板 1 m 处布置 2 孔,孔间距 1.5 m,钻孔倾角为 0°,方位垂直于茬面煤壁,孔径为 76 mm/65 mm,孔深 12 m。炸药采用粉状乳化炸药(850 g/ϕ50 mm×0.5 m),装药量为 6 kg/孔,装药长度 3.5 m,正向装药,采用水炮泥与黏土炮泥封孔,封孔必须严实,封孔长度不小于 6 m,采用煤矿许用毫秒电雷管配合导爆索起爆。钻孔布置如图 5-32 所示。

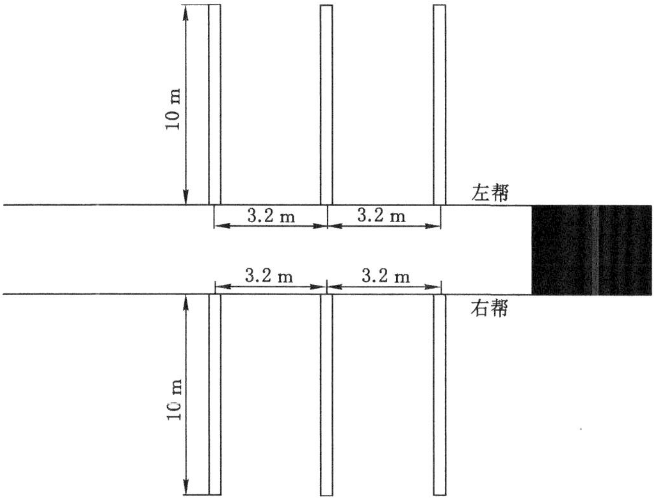

(a)

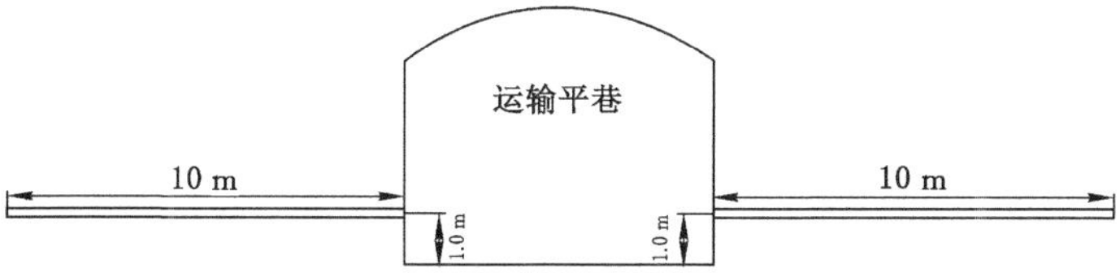

(b)

图 5-30　运输平巷煤体爆破卸压钻孔布置示意图

(a) 爆破钻孔布置平面图;(b) 爆破钻孔布置剖面图

(2) 在掘进迎头实施掘进工作面超前深孔爆破卸压。采用 ZQSJ-140/4.2 手持式风动钻机或 ZYJ-270/170 钻机施工,沿掘进方向在茬面正中距巷道底板 1.5 m 处布置 1 孔,钻孔倾角为 0°,方位垂直于茬面煤壁,孔径为 76 mm/65 mm,孔深20 m。炸药采用粉状乳化炸药(850 g/ϕ50 mm×0.5 m),装药量为 12 kg/孔,装药长度 7 m,正向装药,采用水炮泥与黏土炮泥封孔,封孔必须严实,封孔长度不小于 8 m,采用煤矿许用毫秒电雷管配合导爆索起爆。钻孔布置如图 5-33 所示。

5.4.2.2.3　底板深孔爆破卸压

(1) 工作面回采期间

采用 12 m 底板爆破卸压可对底板 8～12 m 范围内煤层进行强度弱化,降低水平应力,缓慢释放底板煤层中的变形能,防止瞬间底鼓。在巷道掘进正规

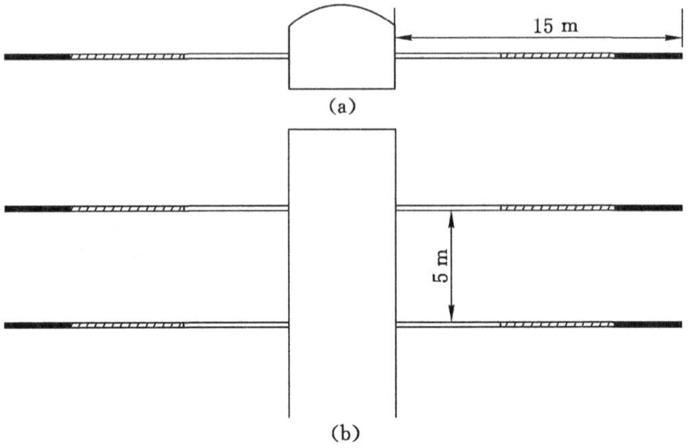

图 5-31　掘进期间两帮煤体深孔爆破卸压钻孔布置示意图
(a) 爆破钻孔布置剖面图;(b) 爆破钻孔布置平面图

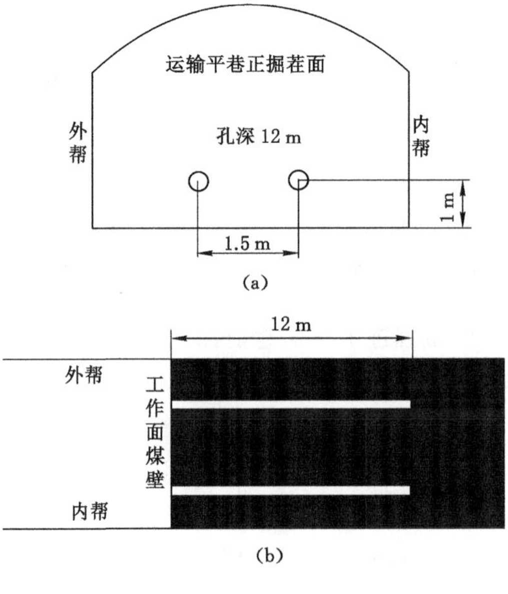

图 5-32　超前深孔爆破卸压钻孔布置示意图(1)
(a) 爆破钻孔布置剖面图;(b) 爆破钻孔布置平面图

循环作业时,对不同危险性区域采用不同卸压孔间距以保证卸压效果。具体施工方式如下:150214 两平巷底板沿巷道走向每隔 3.2 m 布置 1 孔底板深孔,运输平巷底板钻孔布置在内帮下叉处,钻孔倾角 30°,冲击地压防治办公

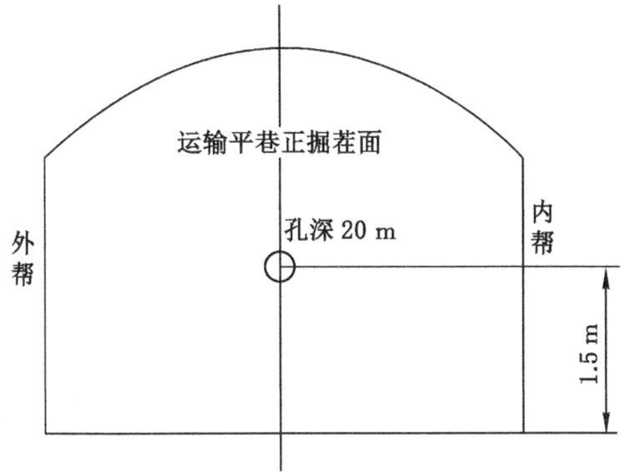

图 5-33　超前深孔爆破卸压钻孔布置示意图(2)

室根据底煤变化情况随时调整钻孔参数。回风平巷钻孔布置在巷道底板距内帮 2 m 处，采用 ZQSJ-140/4.2 手持式风动钻机施工，钻孔倾角 70°，孔径 76 mm，孔深 12 m，炸药采用粉状乳化炸药(850 g/ϕ50 mm×0.5 m)，装药量为 6 kg/孔，装药长度3.5 m，正向装药，采用水炮泥与黏土炮泥封孔，封孔必须严实，封孔长度不小于 6 m，采用煤矿许用毫秒电雷管配合导爆索起爆。钻孔布置如图 5-34 所示。

若孔内积水较多，应先用装药导杆插进钻孔排出积水后再装药，封孔时相应增加封孔长度，确保封孔质量。当 ZQSJ-140/4.2 钻机钻孔施工困难时，可采用 ZYJ-270/170 钻机及配套钻杆施工，孔径 65 mm。

(2) 工作面掘进期间

① 在巷道底板下叉处(巷道掘进 10～30 m 范围)，采用底板爆破进行卸压，一组 2 孔，组间距 5 m，采用 ZYJ-270/170 钻机施工，孔深 15 m，孔径 65 mm，装药量为 6 kg/孔，装药长度 3.5 m，钻孔倾角为－60°，方位垂直于巷帮，爆破采用粉状乳化炸药(850 g/ϕ50 mm×0.5 m)，正向装药，采用水炮泥与黏土炮泥封孔，封孔必须严实，封孔长度不少于 6 m，使用煤矿许用电雷管配合导爆索起爆。

② 在掘进迎头附近，紧跟茬面煤壁实施 2 孔底板爆破卸压。采用 ZQSJ-140/4.2 手持式风动钻机施工，钻孔倾角为－25°，方位垂直于茬面煤壁，孔径为 76 mm，孔深 12 m，采用粉状乳化炸药(850 g/ϕ50 mm×0.5 m)，装药量为 6 kg/孔，装药长度 3.5 m，正向装药，采用水炮泥与黏土炮泥封孔，封孔必须严实，封孔长度不小于 6 m，采用煤矿许用毫秒电雷管配合导爆索起爆。

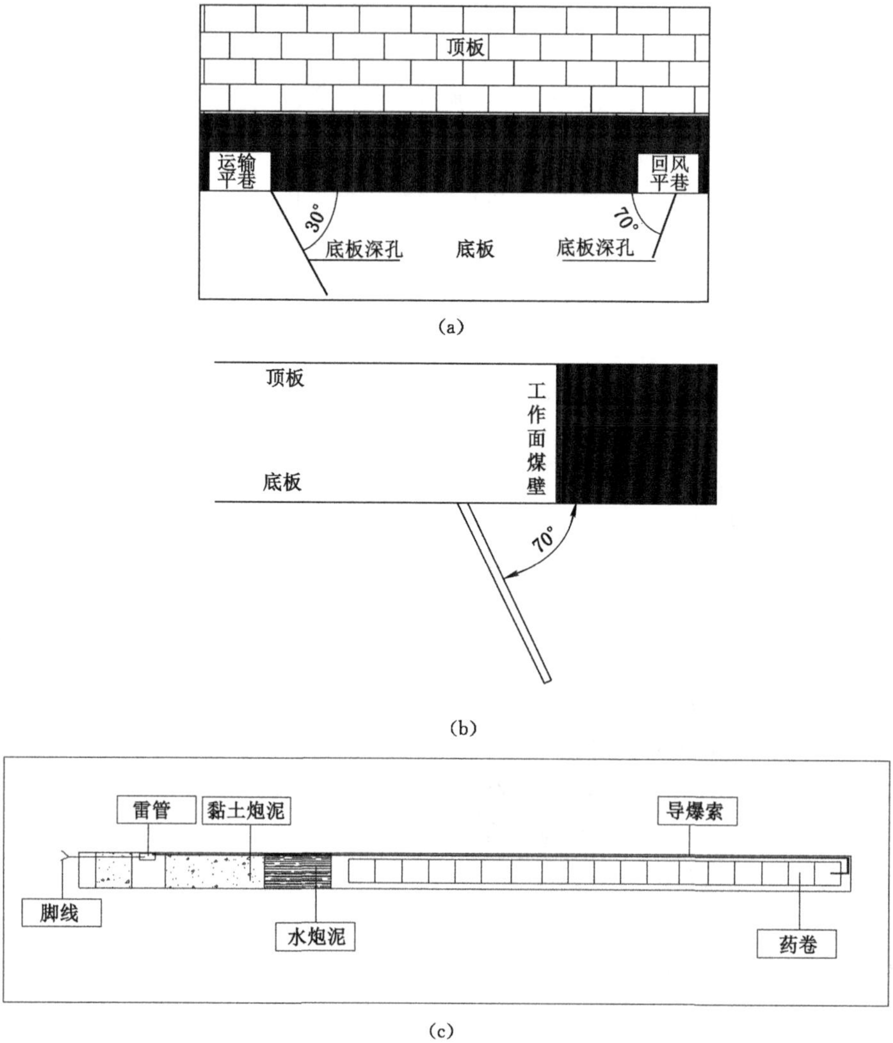

图 5-34　回采期间底板深孔爆破卸压钻孔布置示意图

(a) 底板深孔爆破钻孔布置剖面图；(b) 底板深孔爆破钻孔布置平面图；(c) 钻孔装药示意图

钻孔布置如图 5-35 所示。

5.4.2.2.4　巷帮大直径钻孔卸压

工作面回采期间：

(1) 在 150214 联络巷掘进期间内、外帮垂直巷道走向各施工一排大直径卸压钻孔（150214 运输平巷外帮不实施），如图 5-36 所示。

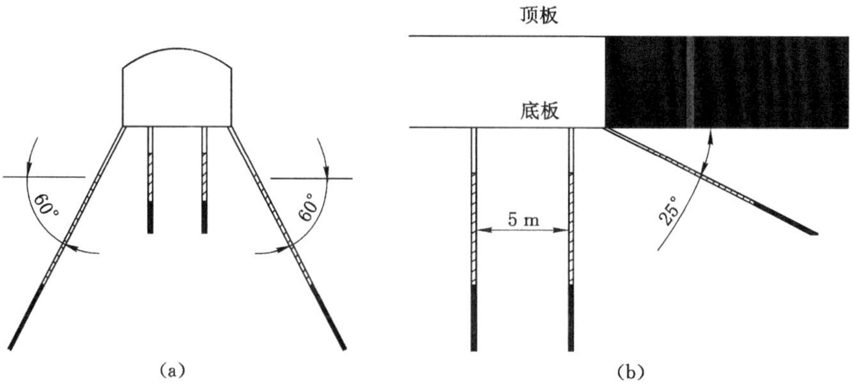

图 5-35　掘进期间底板深孔爆破卸压钻孔布置示意图

(a) 卸压孔布置平面图;(b) 卸压孔布置剖面图

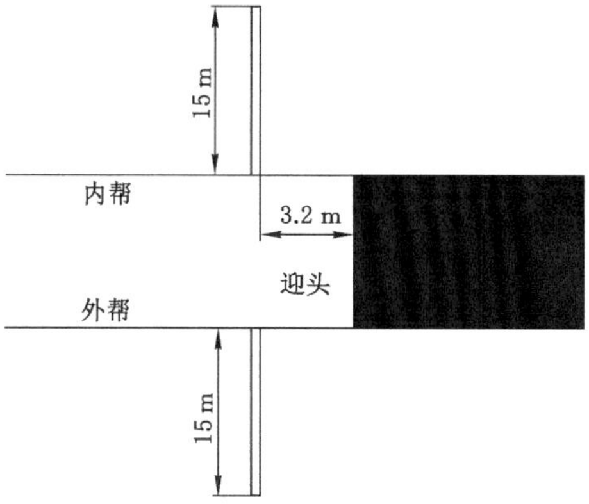

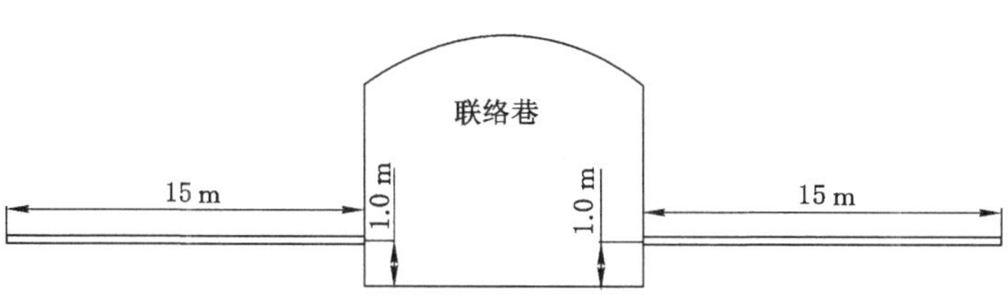

图 5-36　大直径钻孔布置示意图

(a) 大直径钻孔布置平面图;(b) 大直径钻孔布置剖面图

(2) 150214 运输平巷开口位置至 1 号拐点段实施，150214 回风平巷整条巷道实施。

(3) 钻孔参数：采用 ZQSJ-140/4.2 手持式风动钻机施工，钻孔方位垂直巷帮，钻孔倾角 0°，钻孔水平间距 3.2 m，孔深 15 m，孔径 115 mm，孔口距巷道底板 1.0 m。

5.4.2.2.5 底板大直径钻孔卸压

150214 两平巷底板大直径卸压钻孔采用 ZYJ-270/170 架柱式液压钻机施工，在巷道迎头底板向后每间隔 3.2 m 布置 2 孔底板大直径钻孔，依次向外施工，孔深钻至底板岩石位置为止，钻孔倾角 70°，钻孔孔径 76 mm/65 mm，如图 5-37 所示。

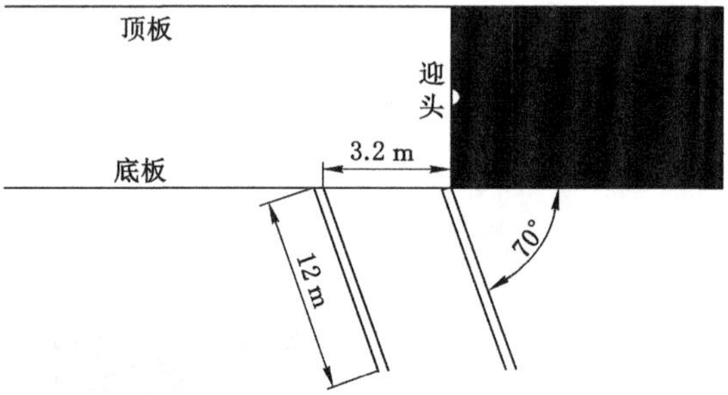

图 5-37 底板大直径钻孔布置示意图

5.4.3 特殊区域卸压解危方案

5.4.3.1 严重冲击危险区域掘进巷道卸压

5.4.3.1.1 增加卸压频次

250202上 工作面运输平巷掘进穿过区域煤岩应力高，经过每天早班单班防治，中班压力释放较为平稳，但夜班掘进时震动频繁，难以保证安全掘进，故增加卸压频次，将原早班一班防治变为早夜班两班防治，具体安排为：两班掘进，两班卸压，掘进时间为 12:00 至 20:00 和 23:00 至次日 8:00，卸压时间为 8:00 至 12:00 和 20:00 至 23:00。两班防治有效降低了当班掘进工作面积聚的应力，保证了安全掘进。

5.4.3.1.2 交替防治方法

将一班防治变为两班防治，原一班防治任务量叠加了，但防治效果并未出现叠加，并且出现过度卸压现象，造成煤体破碎，支护困难。矿压防治办公室根据这一情况，将早班防治作为主要卸压，夜班防治作为辅助卸压，早班防治任务两天一循环，夜班防治任务量适当减少。早班防治任务安排为：第一天 1 孔迎头 20 m 深孔，2 孔底板爆破孔，大直径钻孔按照孔间距依次施工；第二天 1 孔内帮 15 m 深孔，2 孔迎头 12 m 深孔，2 孔底板爆破孔，大直径钻孔按照孔间距依次施工。夜班防治任务每天相同，具体安排为：每天 2 孔迎头 12 m 深孔，转载机桥架处 1 孔底板爆破孔，内外帮各 2 孔帮部煤体爆破孔。

5.4.3.2　综采工作面回采末期临空侧卸压

(1) 加大两平巷煤壁侧卸压弱化带宽度，增强巷道抗冲击能力。具体措施为：将两平巷原来施工 15 m 大直径孔从煤壁向外 20 m 处开始装药进行爆破，每天爆破 4 孔，钻孔间距为 1.6 m(隔孔装药)，采用正向装药，装药量为6 kg/孔，药卷采用矿用乳化炸药，药卷直径 50 mm，长度 0.5 m，孔内串联，孔间串联，采用水炮泥与黏土炮泥封孔，封孔必须严实，封孔长度不得小于 8 m，完毕后 4 孔同时起爆。要求对爆破孔相邻的大直径钻孔进行封孔。钻孔布置如图 5-38 所示。

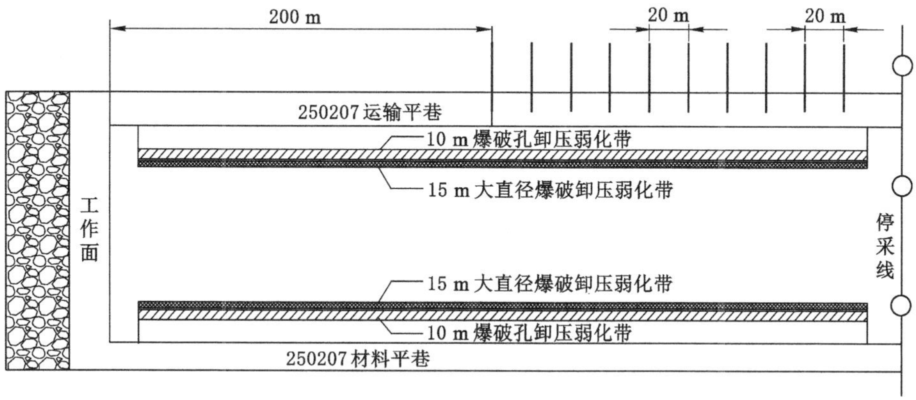

图 5-38　爆破钻孔布置示意图

(2) 针对 2502 采区工作面，加强破断临空侧顶板，弱化压力传递强度，降低煤岩体中弹性能，破坏冲击地压发生的能量条件。具体措施为：在运输平巷超前支护段外，巷道顶板正中间每隔 20 m 施工一组切顶深孔，一组 2 孔，钻孔倾角为 70°、80°，钻孔深度 40 m(进入岩层 23 m)，装药量为 36 kg/孔，药卷采用矿用乳化炸药，药卷直径 50 mm，长度 0.5 m，装药时应用绝缘导杆将药卷轻轻送入孔底，正向连续耦合装药，采用水炮泥与黏土炮泥封孔，封孔必须严实，封孔长度 15 m，使用矿用毫秒电雷管和导爆索起爆。钻孔布置如图 5-39 所示。

5.4.3.3　巷道贯通点卸压

根据砚北煤矿掘进工作面防冲经验，巷道贯通点前后，特别是当小断面打通还未完全贯通时，易发生冲击地压显现。此范围卸压时不宜再采用超前卸压，通

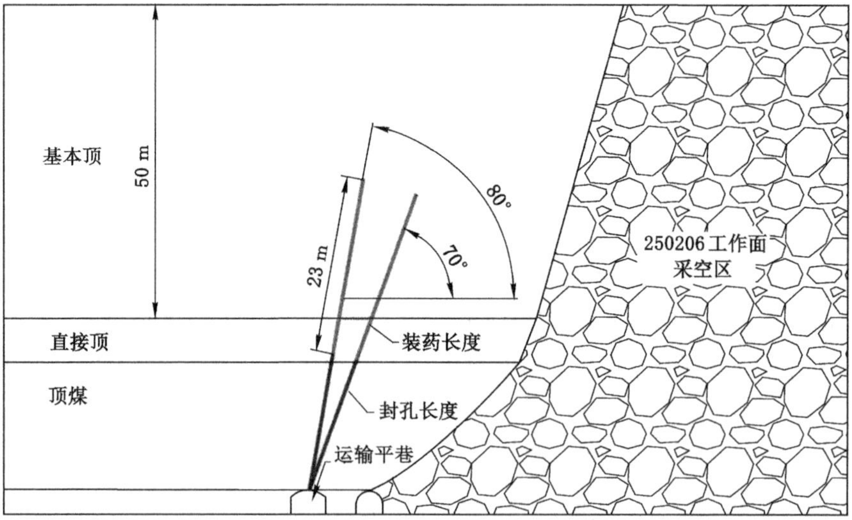

图 5-39 顶板爆破钻孔布置示意图

过矿压防治办公室对卸压方案优化调整，采用大直径钻孔与底板爆破孔配合的卸压方式，具体方法为：当贯通距离小于 15 m 时，在工作面煤壁每班布置 6 孔大直径钻孔，打透为止，施工参数为：钻孔仰角 5°～8°，孔径 76 mm，采用手持式 ZQSJ-140/4.2 风动钻机施工；同时，在工作面煤壁下方施工底板爆破孔，一次布置 2～3 孔，孔深 12 m，孔径 76 mm，孔方位沿巷道轴向，钻孔倾角为－70°，装药量为 6 kg/孔，装药长度 3.5 m，采用水炮泥与黏土炮泥封孔，封孔必须严实，封孔长度不小于 6 m，正向起爆，采用矿用毫秒电雷管配合导爆索起爆。这样，一是大直径钻孔可以降低工作面煤壁应力集中，起到卸压作用；二是一旦工作面具备了冲击显现的临界条件，通过底板爆破可以提前诱发显现，防止掘进作业过程中显现伤人。

贯通后，为保证贯通点残余应力卸压释放，不能立即停止卸压，应在贯通点前后继续布置 1～2 d 卸压。

250202^{上} 运输平巷贯通期间迎头大直径钻孔布置示意图，如图 5-40 所示。

5.4.3.4 切眼区域卸压

切眼下口切顶作业：在运输平巷掘进后期发现切眼下隅角处压力大，煤爆频繁，经分析主要受 250206 工作面上部顶板的影响，根据爆破半径计算值，空间上采用一组 3 孔立体爆破，平面上采用扇形布置，形成立体扇形爆破，保证隅角处断顶效果。具体布置方式为：在 250207^{上} 切眼硐室外帮侧实施顶板深孔爆破

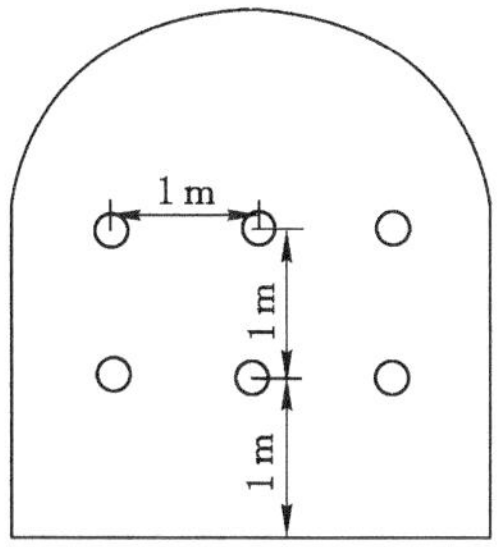

图 5-40　250202上 运输平巷贯通期间迎头大直径钻孔布置示意图

孔，施工位置见图 5-41，从第 1 组开始施工，具体参数为：每隔 5 m 同一切面上布置一组深孔（3 孔）进行爆破卸压，其中拐角处 3 组间距为 2 m，卸压孔垂直巷帮距底板 1.5 m、2 m、2.5 m 处布置，倾角分别为 85°、70°、55°，孔深为 30 m，孔径为 65 mm，装药量为 24 kg/孔，封孔长度不小于 10 m，用炮泥捣实，爆破采用矿用毫秒电雷管导爆索和乳化炸药。爆破破碎区半径理论值为 4.1 m。卸压孔详细参数如图 5-41 所示。

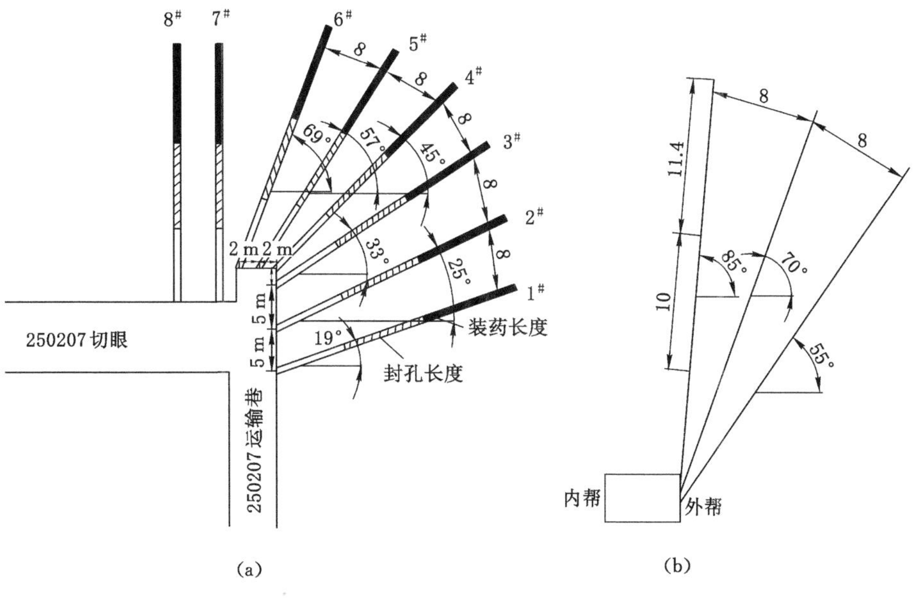

图 5-41　250207 下隅角切顶爆破孔布置图

(a) 250207 下隅角切顶爆破孔布置平面图；(b) 250207 下隅角切顶爆破孔布置剖面图

此项措施实施以后，切眼及下口外帮顶板应力集中降低，阻断了采空区顶板及外帮煤柱应力向切眼方向转移，在一定程度上降低了矿压显现发生的危险性，确保了井下作业人员的安全，为掘进工作的顺利进行提供了有力的安全保障。

5.4.3.5　高应力区茬面煤壁卸压

采用 ZQSJ-80/2.8 风动钻机配合 1 m 麻花杆在茬面进行浅孔爆破卸压，具体参数为：孔深 2 m，孔径 42 mm，钻孔倾角 0°，钻孔方位布置如图 5-42 所示，装药量为 0.6 kg/孔(4 卷)，反向装药，炮泥封实，封孔长度不小于 0.8 m，使用矿用毫秒电雷管，5 孔与茬面深孔同时起爆。

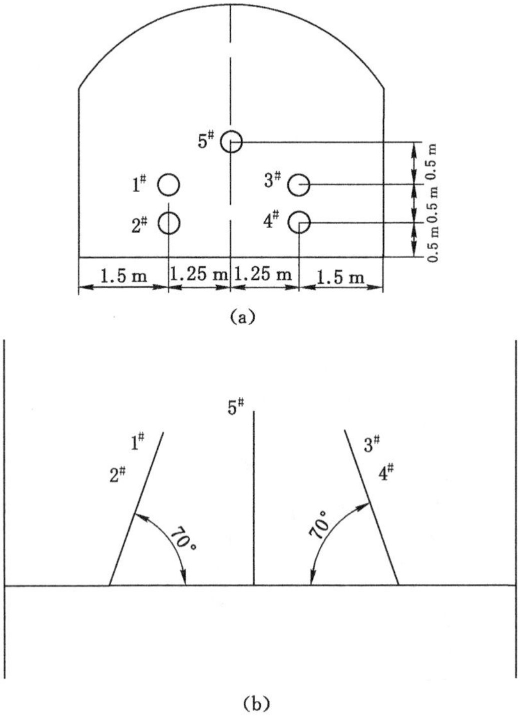

图 5-42　高应力区茬面煤壁卸压孔布置

(a) 高应力区茬面煤壁卸压孔布置平面图；(b) 高应力区茬面煤壁卸压孔布置剖面图

5.4.4　卸压方案现场施工及标准

冲击地压防治工程验收遵照以下标准，符合标准要求，即为工程质量合格。

5.4.4.1　技术参数

(1) 钻孔角度施工偏差≤±2°，钻屑监测、效果检验孔施工偏差≤±1°；

(2) 钻孔高度施工偏差≤±0.1 m；

(3) 钻孔深度施工偏差不大于设计值的 10%；

(4) 钻孔间距施工偏差不大于设计值的 5%；

(5) 装药方式及单孔装药量必须严格遵守规程、措施要求；

(6) 封孔必须采用水炮泥与黏土炮泥封孔，封孔长度不得小于规程、措施规定；

(7) 钻孔数量必须严格按照《采掘工作面冲击地压防治任务安排日报表》执行；

(8) 爆破后不存在冲孔现象。

5.4.4.2　异常情况处置

遇到煤质破碎、钻孔密集和钻孔渗水时为避免冲孔和确保防治效果，可以适当调整施工参数，但必须在第一时间向冲击地压防治办公室汇报并在施工验收单注明详细原因及处置方法。

5.4.4.3　牌板管理

(1) 冲击地压防治队按照防冲作业规程要求对施工钻孔进行挂牌管理，牌板要整齐美观，无污渍，字迹清晰、粗细一致，钻孔管理牌板应正确注明钻孔名称、角度、孔径、方位、装药量、封孔长度、施工负责人、施工日期等信息，底板孔可悬挂在巷帮煤壁上，超前爆破孔必须在巷帮使用红漆标注。

(2) 挂牌管理的卸压钻孔种类有大直径钻孔、顶板爆破钻孔、帮部煤体爆破孔、底板爆破孔、效果检验钻孔、钻屑取样钻孔、水力冲孔等。

(3) 挂牌工作由每班班长负责填写并挂设。挂设范围为：

① 距综采工作面 200 m 范围内施工的所有卸压钻孔。

② 距掘进工作面 60 m 范围内施工的所有卸压钻孔。

5.4.5　卸压效果检验

所有具有冲击危险的采掘作业面必须按照危险等级开展卸压作业，卸压完成后，必须采用微震法、钻屑法对工作面冲击地压防治效果进行现场检验，检验值小于临界值时，方可组织开采活动。

5.4.5.1　效果检验方法

5.4.5.1.1　微震法

微震监测 24 h 实时监测，记录微震活动。通过震动频次、震动能量、活动率偏差、顶底板损伤深度指数、岩体破裂速率指数 5 项指标变化趋势，来判断卸压效果。

5.4.5.1.2　钻屑法

采用钻屑法可在当班冲击地压防治区域内取 3～5 孔，帮部钻孔间距为 20 m，严格按照取屑施工要求施工，详细记录钻屑值及动力现象，由跟班队长或班长计算判断是否超过临界值，并及时将监测数据上报冲击地压防治办公室进行分析处理。取屑时要做好详细记录，包括钻孔时间、地点、深度、每米钻孔的排粉量、施工中的动力效应及生产地质条件等。

5.4.5.2 效果检验标准

在防治结束半小时后，在防治区域各取 3～4 孔钻屑孔，孔间距为 20 m，进行防治效果检验，钻屑值小于临界值，取屑时无动力现象且微震指标 3 项及以上无异变趋势即可认为无冲击危险。

第 6 章　砚北煤矿冲击地压管理技术措施

依据砚北煤矿实际情况，从冲击地压管理机构、人员防护、警戒区域设置、采掘工作面支护、采掘速度、物料及设备限位、爆破等方面提出砚北煤矿冲击地压防治管理技术措施，从管理技术层次最大程度保障井下工作人员的人身安全和矿井的安全生产。

6.1　冲击地压管理机构

冲击地压管理机构包括组织领导机构和专门防冲机构。组织领导机构为以矿长为组长的冲击地压防治领导小组，强化部门之间的协调配合，进一步落实安全生产责任，保障冲击地压防治工作的顺利开展。专门防冲机构为冲击地压防治办公室和冲击地压防治队，配备专门冲击地压防治技术人员。

6.1.1　冲击地压防治领导小组

砚北煤矿成立矿冲击地压防治领导小组，冲击地压防治领导小组办公室设在冲击地压防治办公室，由冲击地压防治办公室主任兼任冲击地压防治领导小组办公室主任。

冲击地压防治领导小组负责领导协调冲击地压防治办公室、冲击地压防治队和涉及防冲工作的单位冲击地压防治工作开展，决策防治冲击地压重大问题。

冲击地压防治领导小组由组长、副组长、成员组成：

组长：矿长。

副组长：党委书记、矿总工程师、副矿长。

成员：冲击地压副总工程师、冲击地压防治办公室主任、生产调度室主任、安全检查科科长、生产技术科科长、地质测量科科长、通灭管理科科长、机电动力科科长、综采队队长、综掘队队长、生产服务队队长、冲击地压防治队队长、通灭队队长、机电各队队长、运输各队队长等。

6.1.2　冲击地压专门防治机构

砚北煤矿成立专门冲击地压防治机构——冲击地压防治办公室和冲击地压防治队，配备专门冲击地压防治技术人员。冲击地压防治办公室负责冲击地压防治日常工作开展，冲击地压防治队负责现场防治工作落实。

6.1.3 其他相关机构

为提高冲击地压防治工作开展效率，确保活动开展效果，可以临时成立相关领导组织小组，负责活动组织、考核等日常管理工作。

6.2 人员防护管理

6.2.1 劳动保护

在研究震动对人体的影响因素时最重要的一条是确定允许震动加速度与脉冲持续时间之间的关系，可以确定垂直方向允许的加速度值比水平方向的要高。而在冲击地压发生时，其震动持续时间一般为 0.01～0.1 s，因此，发生冲击地压时，大的震动加速度是人体受伤和死亡的主要原因。

分析结果表明，发生冲击地压后，人员受伤的主要部位是脑部，占 91.65%；其次是胸部的机械损伤，包括肋骨折断等，占 60.41%；而内部器官的损坏主要是肺、心、胃等，占 18.75%；再次为上下肢的折断。从这里可以得出对矿工劳动保护的要求，凡进入具有冲击地压危险区域的所有人员必须穿好防护服，系紧安全帽绳。

同时在具有冲击地压危险的区域作业时，煤炮现象频繁，此时易产生大量煤尘，对作业人员产生职业病危害，因此要求凡进入具有冲击地压危险区域的所有人员需佩戴专用防尘口罩。

6.2.2 人员安全防护措施

冲击地压具有巨大破坏性、突发性、复杂性、瞬时震动性等特点，难防难控。冲击地压发生时，作业人员由于操作不当、安全防范意识不强、在高危点作业等会加剧受伤害概率。

6.2.2.1 采掘工作面人员安全防护规定

冲击地压发生时会引起煤岩体的瞬时震动，直接造成放置在巷道内的材料、设备飞起或移位，容易给作业人员造成人身伤害。因此规定任何人不得坐在轨道和机电设备上作业或休息，严禁在瓦斯抽采管道下休息。同时采煤机司机、架间清煤工等工作面工作人员应加强自保意识，严防工作面冲击地压显现时煤壁大面积片帮伤人。

在对转载机实现远距离操控时，转载机司机须在工作面下口支架下监控及操作设备，禁止工作人员进入高危区操作设备，以保证工作人员自身安全。

6.2.2.2 卸压作业人员安全防护规定

卸压作业人员身处一线危险区域，因此作业时更需注重自身保护，进行钻机操作必须严格按照其操作规程进行。风钻开启时,必须慢慢开启风阀,严禁一次将风阀开到位。施工结束后,必须先关闭高压风管上的风阀和钻机风阀,将高压风胶管从钻机上卸下,盘好后与钻机一起放在指定的安全地点。作业操作流程严格按照规章制度进行,以确保作业人员安全。

6.2.2.3 防止诱发冲击伤人安全防护措施

卸压人员作业前,必须按照个体防护要求做好个体防护工作。作业时,作业点一定范围内严禁进行诱发冲击地压的作业,例如:① 150 m 范围内综掘工作面严禁有割煤作业;② 300 m 范围内严禁有其他爆破作业;③ 50 m 范围内严禁有起底或挑顶作业。因为近距离的采掘活动容易对卸压作业区域产生应力叠加影响,从而增大冲击危险性,对作业人员人身安全带来隐患。

施工作业过程中必须严格执行钻机操作规程,使用架柱式或其他大型钻机时必须使用标准器具将钻器具固定牢靠,防止钻机倾倒伤人。

6.2.2.4 远程监控视频应用

6.2.2.4.1 掘进工作面应用

使用远程监控视频,具体方法为在转载机机尾部分安装 2 台 SCB-2001PH 矿用隔爆光纤摄像仪,在掘进机上安装 1 台 JBY0.25/127-01 液晶防爆 2 路监视器,由掘进机司机通过监视器对带式输送机机尾进行远程监控,从而将带式输送机机尾看护工隔离出 300 m 警戒区域。

6.2.2.4.2 采煤工作面应用

采煤工作面监控点主要由 3 台 SCB-2001PH 矿用隔爆光纤摄像仪组成,其中 1 台安装在转载机处,1 台安装在破碎机处,1 台安装在带式输送机机尾处。采煤工作面监视器用 1 台 JBY0.25/127-01 液晶防爆 4 路监视器在靠运输平巷侧第 3 副过渡架下安装,同时显示转载机卡口、破碎机卡口和带式输送机机尾的视频画面。远程监控视频安装示意图如图 6-1 所示。

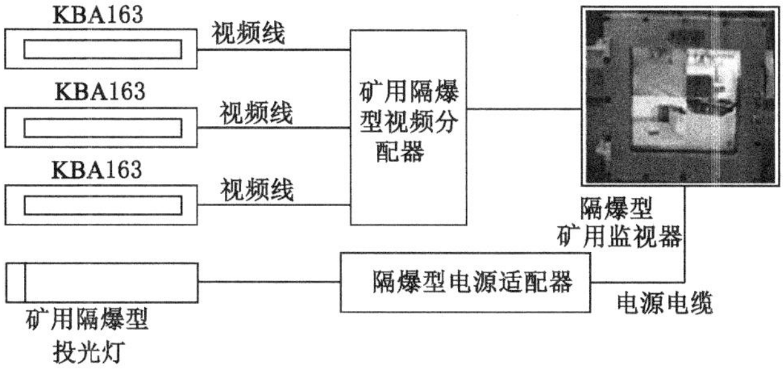

图 6-1 远程监控视频安装示意图

工作人员在井下安全监视点就可以直观地监测冲击危险区域的转载机、破碎机、带式输送机机尾的运转情况，对运输平巷转载机、破碎机、带式输送机机尾岗位点进行远程监控，取得了较好的防护效果，从根本上解决了综采工作面矿压高危区域生产期间的人员躲避问题，实现了矿压高危区域无人化管理，最大限度保证了作业人员人身安全。

6.2.3 压风自救系统设置

有冲击地压危险的采掘工作面必须设置压风自救系统，间距不大于 200 m，并且在距采掘工作面 25～40 m 的巷道内、爆破地点、撤离人员与警戒人员所在位置、回风巷有人作业处等地点，至少设置 1 组压风自救装置。压风自救系统管路可以采用耐压胶管，每 10～15 m 预留 0.5～1.0 m 的延展长度。

6.3 警戒区域设置

井下冲击危险区域的划定对于矿井安全管理有着重大影响，危险区域划定、设置警戒区是保障井下人员生命安全的一项重要措施。

6.3.1 生产警戒区域设置

6.3.1.1 危险区划分依据

砚北煤矿以往冲击地压发生区域主要为 1502 采区、1504 采区、2502 采区各采掘工作面，根据砚北煤矿冲击地压破坏数据统计，采煤工作面破坏主要集中在工作面运输平巷回采前方0～200 m 巷道段，掘进工作面主要集中在茬面向后0～60 m巷道中，破坏主要表现形式为顶沉底鼓、支护破坏、机电设备损坏等，在采掘工作面 200 m 外极少发生冲击地压。

据此，结合采煤工作面压力实际显现情况，确定生产警戒区域。

6.3.1.2 采煤工作面冲击地压警戒区域划分及标准

工作面两平巷前方 200 m 范围为冲击地压警戒区域，生产期间，分别在工作面上口、下口、工作面煤壁线沿两平巷距工作面 200 m 处设置 4 处警戒，警戒实行首尾全封闭式管理，两平巷 200 m 处的警戒由当班安检员负责，上、下口的警戒由综采队跟班队长指定专人负责(警戒设置人员站立在支架下安全地点)，并在两平巷 200 m 处悬挂冲击地压警示牌板，且随着工作面推进，要求及时移设警示牌板。2502 采区所有综采面的运输平巷警戒区域为 300 m。

生产期间、生产结束后的 30 min 以内、爆破卸压结束后的 30 min 以内，工作面两平巷警戒范围内实行无人化管理，转载机实施视频监控、远程操作(操作人员站立在工作面液压支架下安全地点)，任何人员严禁进入两平巷警戒区域。

6.3.1.3　掘进工作面冲击地压警戒区域划分及标准

掘进工作面割煤期间，工作面煤壁往外 200 m 范围为冲击地压警戒区域，警戒由掘进队跟班队长负责，安检员进行现场监督，并指定专人负责在距工作面 200 m 处悬挂警示牌板，且随着工作面推进及时移设警示牌板。工作面割煤期间迎头向外 200 m 以内实行严格的限员管理制度，除掘进机司机与带式输送机机尾看护人员外，其他人员严禁进入警戒区域。

6.3.2　爆破警戒区域设置

根据《煤矿安全规程》第二百四十条规定：采用煤层爆破措施时，起爆点到爆破点的距离不得小于 300 m。

卸压爆破时，躲炮点距爆破点不得小于 300 m，躲炮人员要选择支护完好、巷道较宽敞的安全地点站立躲炮，躲炮时间不得小于 30 min，严禁坐在机电设备或巷帮码放的材料上躲炮。

6.4　支护管理

6.4.1　采煤工作面支护管理

根据《煤矿安全规程》第二百四十四条规定：冲击地压危险区域的巷道必须加强支护，采煤工作面必须加大上下出口和巷道的超前支护范围和强度。严重冲击地压危险区域，必须采取防底鼓措施。

工作面超前支护采用单体柱与“一”字梁、“十”字梁相配合支护方式，具体为：2502 采区工作面两平巷超前支护距离为 100 m；1502、1504 采区顶板侧巷道支护距离为 80 m，底板侧为 50 m。当采用门式支架、远距离供液设备时，可根据工作面压力情况、地质条件等因素，适当减小支护距离。

另外，为加强支护强度，可采用无反复支撑式超前支护成套设备配合单体柱进行超前支护，支护范围保持不变，现场支护效果如图 6-2 所示。

图 6-2　现场支护情况图

6.4.2 掘进工作面支护管理

6.4.2.1 顶板支护方案

运输平巷布置:用 ϕ22-M24-L2800 mm 的高强预应力锚杆方形布置,锚杆间距为 800 mm,排距为 800 mm,每排 10 根锚杆,靠近两帮的 2 根锚杆与铅垂线呈 75°角,其他锚杆与巷顶轮廓线垂直。每根锚杆使用 1 支 K2335 和 1 支 Z2360 树脂锚固剂全长锚固。锚索采用 D22-L8300 和 D22-L4600 配套 300 mm×300 mm×12 mm 托盘,每排 5 根长锚索,间距为 1 600 mm,排距为 1 600 mm。巷顶铺设 B950-L4550 钢筋网,横向受力筋 12 mm,纵向筋 12 mm,网孔 100 mm×100 mm,顶网之间、顶帮网间搭接不少于 150 mm,并用托盘压实压牢。

材料平巷布置:用 ϕ22-M24-L2800 mm 的高强预应力锚杆方形布置,锚杆间距为 700 mm,排距为 800 mm,每排 8 根锚杆,靠近两帮的 2 根锚杆与铅垂线呈 75°角,其他锚杆与巷顶轮廓线垂直。每根锚杆使用 1 支 K2335 和 1 支 Z2360 树脂锚固剂全长锚固。锚索采用 D22-L8300,每排 5 根,间距为 1 400 mm,排距为 1 600 mm;每根锚索使用 1 支 K2335 和 2 支 Z2360 锚固剂。巷顶铺设 B950-L4550 钢筋网,横向受力筋 12 mm,纵向筋 12 mm,网孔 100 mm×100 mm,顶网之间、顶帮网间搭接不少于 150 mm,并用托盘压实压牢。

6.4.2.2 两帮支护方案

巷道两帮锚杆采用 ϕ22-M24-L2800 mm 的高强预应力锚杆方形布置,锚杆间距为 700 mm,排距为 800 mm,每排两帮各 3 根锚杆,锚杆与巷帮轮廓线垂直。采用 1 支 K2335 和 4 支 Z2360 树脂锚固剂全长锚固,另两帮底角处锚杆与水平呈 15°夹角。当巷帮压力大、煤体破碎时,根据情况垂直巷帮补打巷帮锚索加强支护。在施工中要根据矿压显现情况不断完善支护设计,确保支护质量,有效控制顶板。两平巷在过背斜轴和向斜轴时前后 50 m 根据现场实际情况要加强支护。两帮各铺设 B950-L4550 钢筋网,并用托盘压实压牢。

巷道掘进期间,现场支护情况如图 6-3 所示。

图 6-3 掘进支护情况图

6.5　工作面采掘速度管理

《防治煤矿冲击地压细则》第二十五条规定：在冲击地压危险区域采掘作业时，应当按冲击地压危险性评价结果明确采掘工作面安全推进速度，确定采掘工作面的生产能力。结合砚北煤矿冲击地压监测及危险区域划分情况，对各采掘工作面安全推进速度进行确定，流程如图 6-4 所示。

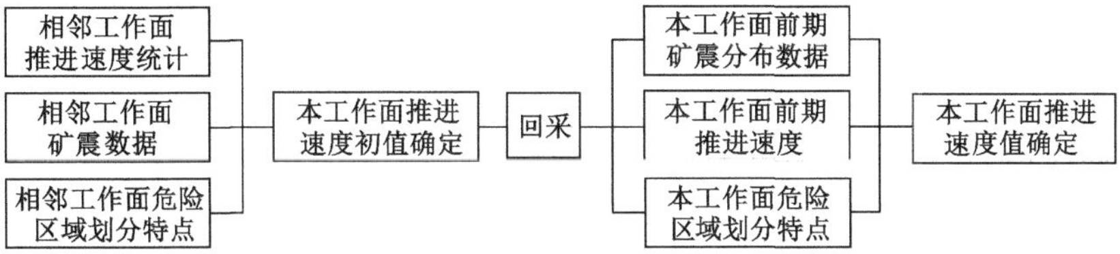

图 6-4　推进速度确定流程图

推进速度管控措施如下：

(1) 采掘各队必须严格按照规定安全生产能力组织生产，坚持均衡生产，正规循环作业，调度室做好生产协调及监督管理。

(2) 当地质及采掘技术条件发生重大变化，需对采掘安全掘进速度进行变更时，由总工程师组织召开专题会，进行讨论决议。

(3) 在采掘安全掘进速度变更期间，冲击地压防治办公室加强监测，一旦出现监测数据异常变化，必须立即汇报总工程师，停止变更。

(4) 冲击地压防治办公室根据不少于 1 个月的监测数据变化情况，确定工作面压力显现平稳，正式下发变更通知并严格执行。

6.5.1　典型采煤工作面推进速度确定

150402 工作面东部为东沟煤矿保护煤柱，北东部(上部)为 150401 工作面采空区，南西部为 1504 采区未开采区域，采用走向长壁水平分段综采放顶煤开采，全部垮落法管理顶板。工作面位于向斜构造东翼，切眼位于向斜轴部，冲击危险区域划分见表 6-1。

表 6-1　150402 工作面回采期间冲击危险区域划分

序号	巷道名称	位置	影响因素	危险程度
1	运输平巷（距切眼）	0～50 m	初次来压、见方、留底煤	强冲击危险
2		50～758 m	上分层开采、工作面拐点、留底煤	中等冲击危险
3		758～1 930 m	上分层开采、停采线	弱冲击危险

表 6-1(续)

序号	巷道名称	位置	影响因素	危险程度
4	材料平巷（距切眼）	0～135 m	褶曲构造附近、初次来压、见方、留底煤	强冲击危险
5		135～1 896 m	留底煤、工作面拐点、巷道交叉、停采线	中等冲击危险
6	运输平巷	停采线前方 50 m	受到超前支承压力影响	强冲击危险
7	材料平巷	停采线前方 50 m	受到超前支承压力影响	强冲击危险
8	运输平巷	停采线前方 50～100 m	受到超前支承压力影响	中等冲击危险
9	材料平巷	停采线前方 50～100 m	受到超前支承压力影响	中等冲击危险

150402 工作面自 2017 年 8 月 15 日开始回采，截至 2018 年 8 月 10 日已推采约 960 m，推采范围基本位于中等冲击危险区域，平均推进速度为 3.4 m/d，平均产量为 4 133 t/d，最大推进速度为 5.4 m/d，最大产量为 6 321 t/d，工作面压力显现平稳。根据工作面正规循环作业推进速度、日产量与震动数据关系分析（见图 6-5～图 6-8），150402 工作面推进速度在 3.5～4.5 m/d、产量在 5 000～5 500 t/d 时震动能量、震动频次最高，能量、频次变化基本处于均衡状态，无突变异常。

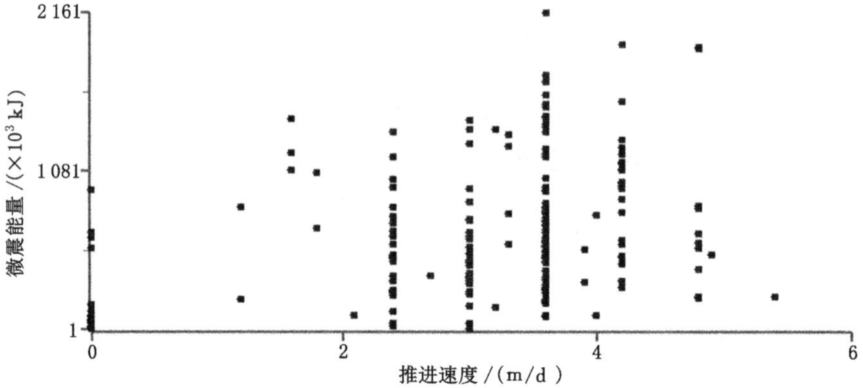

图 6-5　推进速度与微震能量散点图

根据冲击地压监测及工作面已推采情况，将 150402 工作面安全生产能力暂定为：强冲击危险区域安全推进速度不超过 5.0 m/d，产量不超过 4 500 t/d；中等冲击危险区域安全推进速度不超过 6.0 m/d，产量不超过 6 000 t/d；弱冲击危险区域安全推进速度不超过 7.0 m/d，产量不超过 7 500 t/d。

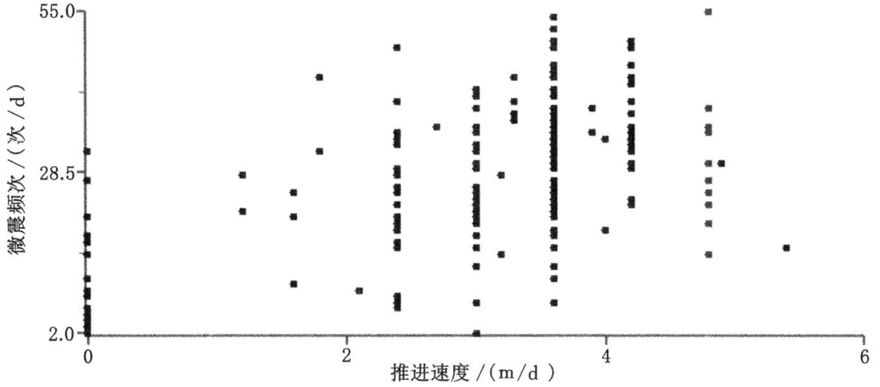

图 6-6　推进速度与微震频次散点图

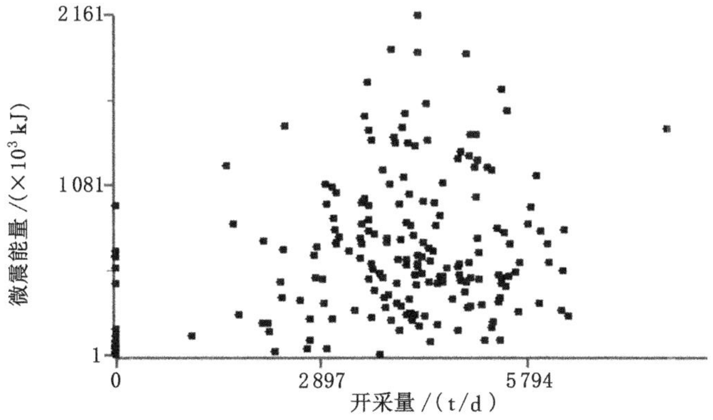

图 6-7　开采量与微震能量散点图

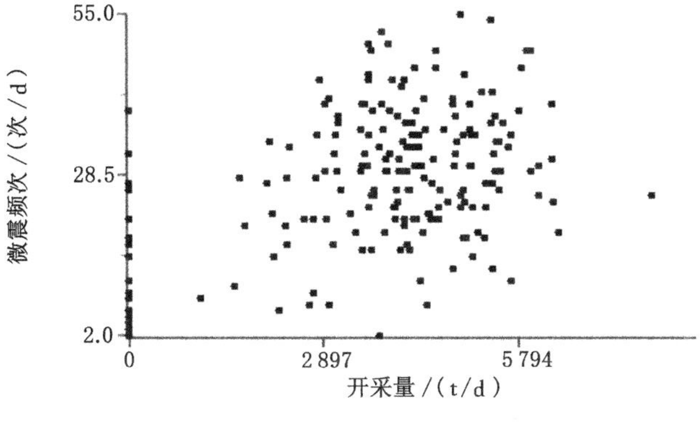

图 6-8　开采量与微震频次散点图

6.5.2 典型掘进工作面掘进速度确定

掘进巷道冲击地压显现主要发生在掘进迎头。在巷道掘进过程中，受掘进扰动影响，迎头及附近区域围岩应力剧烈变化，对周围岩体反复加载，易导致岩层断裂、能量释放，产生显现。掘进速度越快，应力变化越剧烈，越容易产生显现。因此，冲击地压显现与掘进速度密切相关。对砚北煤矿现各采掘工作面正规循环掘进速度、微震震动数据及压力显现情况进行统计，见表 6-2。据统计情况，在现掘进速度下，各掘进工作面压力显现较为平稳，砚北煤矿掘进速度主要受限于卸压保护带范围和掘进能力。

表 6-2 各掘进工作面数据统计

序号	工作面名称	平均进尺/(m/d)	最大进尺/(m/d)	微震数据/(次/m)	已掘进区域冲击危险等级
1	250208上 材料平巷	6.3	8	0.1	中等-弱
2	250208上 运输平巷	4.5	8.8	0.9	强-中等
3	150214 运输平巷	4.6	7.2	0.4	强-中等
4	150214 回风平巷	5.1	7.6	0.5	中等
平均值		5.1	7.9	0.5	基本处于中等区域

将各掘进工作面安全掘进速度暂定为：强冲击危险区域安全掘进速度不超过 5.0 m/d，中等冲击危险区域安全掘进速度不超过 9.0 m/d，弱冲击危险区域安全掘进速度不超过 12.0 m/d。

6.6 物料及设备限位管理

冲击地压发生时会引起煤岩体的瞬时震动，直接造成放置在巷道内的材料、设备飞起或移位，容易给作业人员造成人身伤害。为规范冲击地压危险区域内的材料、设备管理，砚北煤矿制定了《采掘工作面警戒区域管理及材料码放限位规定》，以保证作业人员安全。

6.6.1 采煤工作面材料及设备限位管理规定

为规范采煤工作面冲击地压危险区域内的材料、设备管理，要求所有材料、设备、物件等存放在材料硐室内且采取有效限位措施。

6.6.1.1 大型器具限位

大型器具限位架统一规格为长×宽×高为 2.2 m×0.8 m×0.8 m；小型器具限位料箱统一规格为长×宽×高为 1.4 m×0.8 m×0.8 m；轨道、风水管、瓦斯抽采管采用两副材料架进行限位管理，要求对每副材料架两侧采用锚链进行限位。如图 6-9 所示。

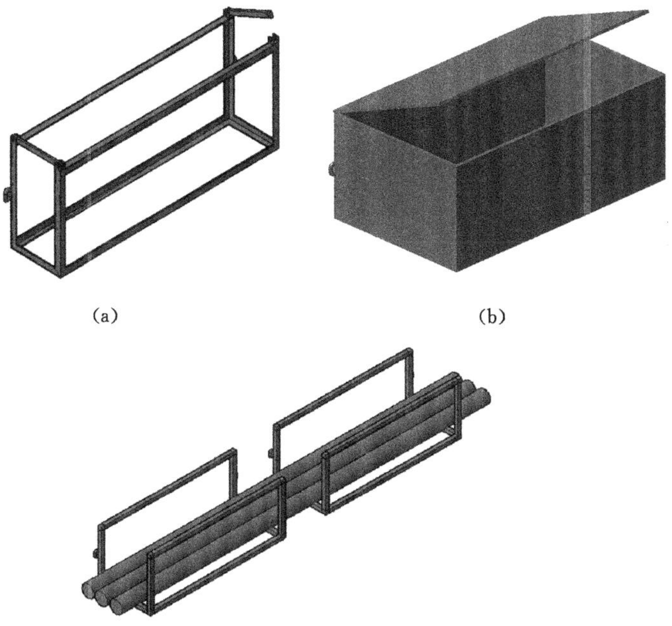

(a)　(b)　(c)

图 6-9　器具管理限位设计示意图

(a) 材料限位架设计示意图；(b) 工器具箱限位设计示意图；(c) 限位架设计示意图

6.6.1.2　设备列车限位

工作面设备列车采用单体柱作为防倒柱进行限位。防倒柱打设方式采用 4 m 工字钢梁配合 DW35-300/110XL 型单体柱，一梁四柱，紧靠设备列车，要求单体柱与承载平板车边沿水平距离不大于 0.1 m，遇到顶板不平或空洞处用枕木垫实，每节列车不少于 1 柱。单体柱柱头必须采用双股 8 号铁丝牢固绑扎在巷顶网片或钢筋托梁上，单体支柱初撑力不得小于额定值(11.4 MPa)的 80%。

同时，设备列车处于斜坡段(坡度大于 5‰)时必须在轨道上设置限位桩防止跑车。

6.6.2　掘进工作面材料及设备限位管理规定

为规范掘进工作面冲击地压危险区域内的材料、设备管理，要求所有材料、设备、物件等存放在材料硐室内且采取有效限位措施。

6.6.2.1 锚杆、托梁及皮带架杆限位

锚杆、托梁及皮带架杆必须上架管理，限位架统一规格为长×宽×高为2.2 m×0.8 m×0.8 m；小型工器具必须装箱管理，料箱统一规格为长×宽×高为1.4 m×0.8 m×0.8 m；对于锚杆托板、锚索托板管理，限位架统一规格为长×宽×高为2.2 m×0.8 m×0.8 m；采用锚链对上述材料架两侧进行限位。托板限位架示意图如图6-10所示。

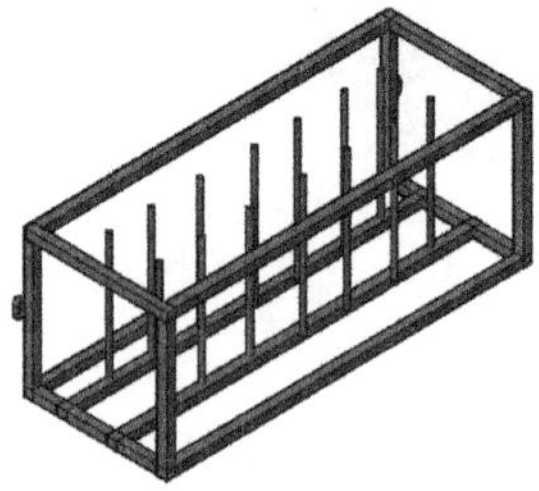

(a)

(b)

图6-10 托板限位架示意图

(a) 限位架设计效果图；(b) 现场效果图

6.6.2.2 轨道限位

各采掘区队巷道内敷设轨道每50 m用长度为800 mm的10# 槽钢进行限位，槽钢两端用轨道压板和16 mm×60 mm螺栓固定，限位槽钢中部打眼用锚杆固定在巷道底板，锚杆长度为2 600 mm，直径为24 mm。轨道限位示意图如图6-11所示。

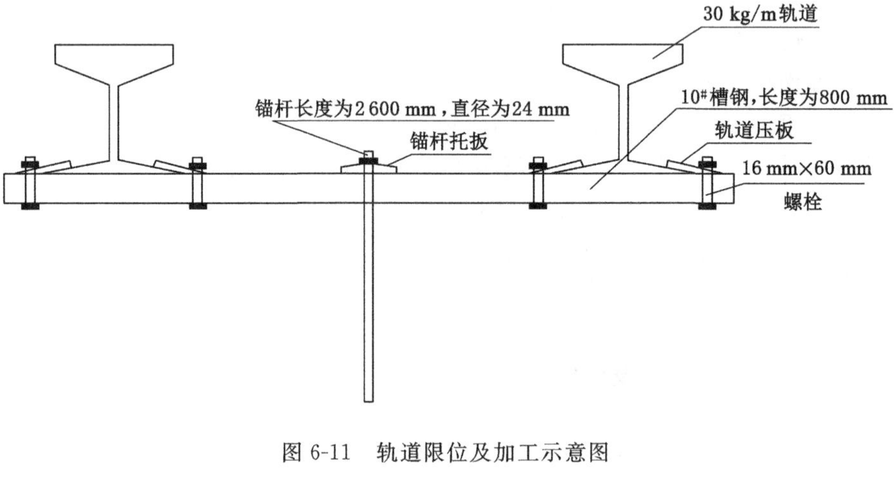

图6-11 轨道限位及加工示意图

6.6.2.3　大型掘进设备限位

（1）掘进机非割煤期间，综掘机行人侧履带前后轴位置各平顶一个限位枕木，枕木断面尺寸不小于 200 mm，枕木垂直巷帮，必要时使用木楔保证枕木两端与巷帮下叉履带靠实。切割头要落地并加盖防护罩，后支撑必须落地且确保支撑有力，在铲板和后支撑两侧分别用锚链分四处固定在巷道帮部下叉角锚杆上。

（2）转载机桥架在电动滚筒以里 1 m 处两侧分别进行固定限位，在行人侧转载机桥架中部采用锚链将其与缓冲架固定；带式输送机机尾采用锚链分别牢靠固定在两侧锚杆上。

（3）缓冲架在尾端两侧采用锚链进行限位固定。

（4）掘进机、转载机桥架、缓冲架、机尾等限位时，必须先将行人侧牢固限位，再进行非行人侧限位。行人侧限位不得影响行人，非行人侧禁止行人。

6.7　爆破管理

6.7.1　爆破基本管理规定

煤矿爆破区范围的不断扩大对井下爆破过程的安全性提出了更高要求，安全性是井下爆破作业的首要要求，是提高煤矿经济效益的基础条件。在爆破作业过程中采取完善的爆破安全控制措施，可以及时发现并排除爆破过程中存在的各种安全隐患，降低爆破安全事故的发生率，确保爆破过程顺利进行。进行爆破作业时，需严格遵守《煤矿安全规程》中的相关规定，以确保作业安全。

例如，井下爆破 30 min 后，爆破工要对爆破情况进行详细检查，发现有残爆、拒爆等情况，必须及时处理，并做好详细记录。处理残爆、拒爆必须在班组长直接指导下进行，并应在当班处理完毕。

6.7.2　瞎炮处理

（1）当班装药钻孔应在当班全部爆破结束。装药不到位的钻孔若不易引爆时按瞎炮处理。

（2）爆破 30 min 后，爆破工要对爆破情况进行详细检查，发现有残爆、拒爆等情况，必须及时处理。

（3）处理拒爆时，由跟班队长或班长指派专人负责设置警戒，警戒距离为 300 m，在拒爆处理完毕以前，警戒区域内严禁进行与处理拒爆无关的工作。

（4）处理残爆、拒爆必须在跟班队长或班组长直接指导下进行，并应在当班处理完毕。如果当班未能处理完毕，当班爆破工必须在现场向下一班爆破工交接清楚。

(5) 通电以后拒爆时，爆破工必须先取下把手或钥匙，并将爆破母线从电源上摘下，扭结短路，并立即切断工作面其他电源，等待 15 min 后，由爆破工沿线路检查，找出拒爆的原因，进行处理。

(6) 处理瞎炮时首先用全阻仪对网路进行检测，对因连线不良、错连、漏连造成的瞎炮可重新连线，经确认起爆线路完好时，方可重新起爆。

(7) 经现场监测查勘确认因孔内其他原因造成的瞎炮，由冲击地压防治队跟班队长立即向调度室、冲击地压防治办公室汇报，采用炮棍确定钻孔方位，在距瞎炮炮眼不少于 10 倍炮孔直径处另打平行眼，重新装药起爆。

(8) 严禁用镐刨或者从炮眼中取出原放置的起爆药卷，或者从起爆药卷中拉出电雷管。不论有无残余炸药，严禁将炮眼残底继续加深；严禁使用打孔的方法往外掏药；严禁使用压风吹拒爆、残爆炮眼。

6.7.3 爆破材料运输与储存

井下爆破人员，包括爆破工、班(组)长、井下爆破器材库保管员、送药和装药人员必须熟悉爆破器材性能和《煤矿安全规程》的有关规定，必须严格遵守爆破器材的领退制度和运送制度，防止爆破器材的丢失，正确使用爆破器材。这就要求所有的井下爆破人员，必须树立高度的责任心，强化煤矿井下爆破安全责任意识，熟悉爆破器材的主要技术性能。

(1) 爆炸材料必须装在耐压和抗冲、防震、防静电的非金属容器内。电雷管和炸药严禁装在同一容器内，严禁将爆炸材料装在衣袋内。

(2) 卸压用电雷管必须由爆破工亲自运送，炸药应由爆破工或在爆破工监护下由其他人员运送。运送人员不准携带发爆器、爆破母线等器材。

(3) 领到爆炸材料后，应直接送到工作地点，严禁中途逗留。

(4) 不准用人车同时运送炸药、雷管和导爆索。

(5) 两平巷及工作面用到电、氧焊时，禁止将炸药、雷管运送到电、氧焊使用地点 200 m 范围内。电、氧焊使用完毕后，使用地点要再次洒水降温，并检查瓦斯等有害气体的浓度，待全部恢复正常后再将炸药、雷管运送到指定地点。

6.8 监测设备管理

(1) 作业单位负责对作业范围内的冲击地压监测设备进行保护，不得随意破坏。

(2) 材料及设备配件不得靠放在拾震器旁边，在拾震器附近作业时，必须采取措施防止破坏拾震器。

(3) 拾震器、地音监测探头必须挂放标识牌，注明名称、编号。

(4) 综采队在拉移前置架的过程中，要注意保护两平巷安装的拾震器及监测电缆，人为因素造成监测系统损坏的，对责任人及单位负责人进行处罚。

6.9 应急处置

6.9.1 应急处置基本原则

(1) 坚持以人为本、保护人员安全优先的原则；

(2) 坚持积极抢救、控制事故蔓延优先的原则；

(3) 坚持自救互救、通信畅通的原则；

(4) 坚持统一指挥、高效协调的原则；

(5) 坚持“早期预警、有备无患”的原则；

(6) 坚持“救援由外向内”的原则。

6.9.2 预防与预警

6.9.2.1 危险源监控预警

冲击地压防治办公室对冲击地压危险区域采用微震、钻屑法进行监测预报，根据矿井生产的实际情况和以往冲击地压事故的教训可知，工作面冲击地压发生前可能有如下预兆：煤炮明显增多、有片帮现象、工作面压力较大、微震事件突然增多等。有冲击地压危险时立即预警，冲击地压防治办公室负责监督卸压措施落实工作。

6.9.2.2 冲击地压事故防范措施

(1) 从采区设计、巷道布置、生产接续上合理安排，避免形成应力集中区，采取综合治理措施，降低冲击地压的强度。

(2) 掘进过程中落实超前煤体爆破、巷帮煤体爆破、底板爆破、大直径钻孔等综合卸压措施，保证巷道安全掘进。

(3) 加强巷道支护强度，提高巷道抗冲击地压能力。

(4) 加强材料存放管理。

(5) 加强冲击地压安全管理各项制度的现场落实。

6.9.2.3 应急处置

(1) 发生冲击地压后，要立即让事故地点人员撤至安全地点，并及时向调度室汇报，并通知附近施工人员撤至安全地点，以防止冲击地压连续发生造成人员受伤事故。发生冲击地压时，被堵到独头巷道的人员要保持冷静；若巷道破坏不严重，应立即协助抢救人员扒通巷道；因冲击地压造成巷道变形严重时，要耐心找到透风地点或砸开压风管路，静坐等待营救。造成现场作业人员轻伤时需按照事故汇报程序逐级向领导进行汇报，并组织护送受伤人员及时升井医治。

(2) 区队现场第一负责人详细查看现场后要及时向生产调度室汇报，汇报内容：人员安全、巷道受损、机电设备、生产影响等情况。同时，安排专人观察顶板及周围支护情况，检查通风、瓦斯、煤尘，防止次生灾害发生。

(3) 调度室根据汇报情况作出相应调度指令。

① 值班调度员通知冲击地压防治办公室值班人员对冲击地压进行震源和能量的计算分析，判断再次发生冲击地压灾害的可能性。

② 冲击地压造成现场作业人员被困时须立即启动矿井应急救援预案组织救援，迅速恢复灾区通风。救援时，必须加强巷道支护，保证通行空间。巷道破坏严重、有冒顶危险时，必须采取防止二次冒顶措施。

③ 冲击地压造成巷道严重破坏、存在重大安全隐患、不能正常生产时，调度室应立即电话请示相关领导并通知评估小组成员(科室长、区队长)立即入井现场查看，制订维修方案。

参考文献

[1] 蔡美峰,乔兰,李华斌.地应力测量原理和技术[M].北京:科学出版社,1995.

[2] 蔡武,窦林名,李振雷.断层型冲击矿压的动静载叠加诱发原理及其监测预警[M].徐州:中国矿业大学出版社,2017.

[3] 曹安业,窦林名.采动煤岩冲击破裂孕育机制与震动效应[M].徐州:中国矿业大学出版社,2016.

[4] 曹安业.采动煤岩冲击破裂的震动效应及其应用研究[D].徐州:中国矿业大学,2009.

[5] 陈凡,曹安业,窦林名,等.基于区域划分与主控因素辨识的冲击危险性评价方法[J].煤炭学报,2018,43(3):607-615.

[6] 陈学华.构造应力型冲击地压发生条件研究[D].阜新:辽宁工程技术大学,2004.

[7] 窦林名,曹安业,巩思园,等.采矿地球物理学矿山震动[M].徐州:中国矿业大学出版社,2016.

[8] 窦林名,何江,曹安业,等.煤矿冲击矿压动静载叠加原理及其防治[J].煤炭学报,2015,40(7):1469-1476.

[9] 窦林名,何学秋.冲击矿压防治理论与技术[M].徐州:中国矿业大学出版社,2001.

[10] 窦林名,李俊,丁映杰,等.华亭煤矿特厚煤层覆岩煤柱型冲击地压防治研究[R].华亭:华亭煤业集团华亭煤矿,2010.

[11] 窦林名,牟宗龙,曹安业,等.煤矿冲击矿压防治[M].北京:科学出版社,2017.

[12] 窦林名,牟宗龙,陆菜平,等.采矿地球物理理论与技术[M].北京:科学出版社,2014.

[13] 窦林名,赵从国,杨思光,等.煤矿开采冲击矿压灾害防治[M].徐州:中国矿业大学出版社,2006.

[14] 窦林名.煤矿冲击地压新理论与新技术:中国矿业大学研究进展[R].徐州:中国矿业大学煤炭资源与安全开采国家重点实验室,2010.

[15] 巩思园,窦林名.煤矿冲击矿压震动波 CT 预测原理与技术[M].徐州:中国矿业大学出版社,2013.
[16] 顾士坦,蒋邦友,徐斌.典型条件下冲击地压发生机理与危险辨识方法及应用[M].徐州:中国矿业大学出版社,2018.
[17] 井广成,曹安业,窦林名,等.煤矿褶皱构造区冲击矿压震源机制[J].煤炭学报,2017,42(1):203-211.
[18] 井广成.褶皱构造区厚煤层开采应力演化与冲击矿压孕育规律研究[D].徐州:中国矿业大学,2017.
[19] 刘虎.煤矿冲击地压灾害防治专题培训教材[M].徐州:中国矿业大学出版社,2016.
[20] 刘少虹.动载冲击地压机理分析与防治实践[D].北京:煤炭科学研究总院,2013.
[21] 孟祥军,邓小林.煤矿动力灾害防治理论与实践[M].北京:煤炭工业出版社,2012.
[22] 牟宗龙,窦林名,李位民.顶板岩层诱发冲击矿压的机理[M].徐州:中国矿业大学出版社,2013.
[23] 牟宗龙,巩思园,刘广建.深部矿井冲击地压灾害防治研究[M].徐州:中国矿业大学出版社,2016.
[24] 潘立友,张立俊,刘先贵.冲击地压预测与防治实用技术[M].徐州:中国矿业大学出版社,2006.
[25] 潘一山.冲击地压发生和破坏过程研究[D].北京:清华大学,1999.
[26] 平健,李仕雄,陈虹燕,等.微震定位原理与实现[J].金属矿山,2010(1):167-169.
[27] 齐庆新,窦林名.冲击地压理论与技术[M].徐州:中国矿业大学出版社,2008.
[28] 钱鸣高,石平五,许家林.矿山压力与岩层控制[M].徐州:中国矿业大学出版社,2010.
[29] 宋维源,潘一山.煤层注水防治冲击地压的机理及应用[M].沈阳:东北大学出版社,2009.
[30] 孙学会.复杂开采条件下冲击地压及其防治技术[M].北京:冶金工业出版社,2009.
[31] 王桂峰,窦林名,巩思园.冲击矿压灾害综合防治新技术与装备[M].徐州:中国矿业大学出版社,2014.
[32] 王佳硕.砚北矿特厚煤层冲击矿压规律及防治研究[D].徐州:中国矿业大